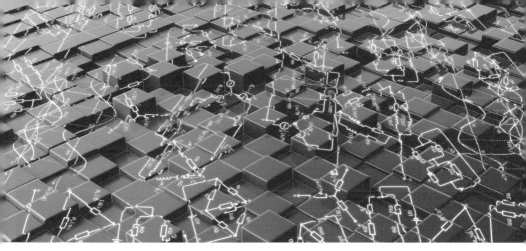

# 基礎から学ぶ
# 電気回路計算

 著 第3版

Ohmsha

# はじめに

　我が国では，工学分野をめざし活躍する人の進出に期待が寄せられています．期待された人々は頑張り屋で広い専門知識と技術を持つことが要求されます．

　電気工学エンジニアとして活躍する人は，基礎として計算力，電気理論，電気回路の知識が必要ですが，本書は，電気回路の知識および解析力を身につけるための手助けをいたします．

　めざすのはオームの法則とキルヒホッフの法則を理解することであります．オームの法則は，1827年に出版された彼の「電気回路の数学的研究」の中で明らかにされました．そして，1845年にはキルヒホッフの法則が発表されました．これらの法則によって複雑な電気回路も解析できるようになったのです．しかしながら，sinやcosを用いて表される交流回路の電圧・電流の計算は複雑で面倒でした．ところが，1897年，スタインメッツは，複素数を交流回路計算に応用し，比較的容易な手法で計算できることを明らかにしてくれたのです．

　これからみなさんと共にめざすのは，こうした先人たちの研究によって導かれた**オームの法則**，**キルヒホッフの法則**，**スタインメッツの記号法**を理解し，応用できるようになることです．

　各章は，基礎的な解説からはじまります．つづく設問に自分の力で解答できたら，次の設問に進んでください．もし，理解できないときは解説をじっくりと再読してください．法則，計算法，考え方を解説しています．設問はだんだん難しくなりますが，みなさんはノート・エンピツ・電卓を持ち，粘り強くがんばってください．

　各章の設問を終えた方には自習問題が待っています．解答できたときは，その喜びを静かにたっぷり味わってください．それは，困難を乗り越えた人だけに与えられた喜びであり実力でありますから．そういうこともあり，あっさりとした解説としてあります．

　なお電気の歴史についての記述・資料は，東京工業大学名誉教授・山崎 俊雄先生／同名誉教授・木本 忠昭先生および元全国工業高等学校長協会理事長・岩本 洋先生の成書等によります．お礼申し上げます．最後になりましたが，本書が電気回路を学ぶみなさんと出会う機会を与えてくださったオーム社に感謝いたします．

2023年11月1日

永田 博義

もくじ

## 第1章　直流回路計算❶　オームの法則

オームの法則 ……………………………………………………………… 10
電流・電圧・抵抗 …………………………………………………………… 10
電力と電力量 ……………………………………………………………… 11
湯沸かし器の電力と電力量 ……………………………………………… 12
抵抗の直列接続 …………………………………………………………… 13
直列回路の電力 …………………………………………………………… 14
キルヒホッフの電圧則 (第2法則) ……………………………………… 15
電圧源の直列接続 ………………………………………………………… 16
抵抗と分圧 (電圧の分割) ………………………………………………… 17
抵抗の並列接続 …………………………………………………………… 18
並列回路の合成抵抗 ……………………………………………………… 20
並列回路とコンダクタンス ……………………………………………… 21
キルヒホッフの電流則 (第1法則) ……………………………………… 22
未知電流 …………………………………………………………………… 23
分流式 ……………………………………………………………………… 24
直並列回路 ………………………………………………………………… 26
抵抗と消費電力 …………………………………………………………… 27
ラダー回路 ………………………………………………………………… 28
電圧源と内部抵抗 ………………………………………………………… 29
電位と電位差 ……………………………………………………………… 31
電位差 ……………………………………………………………………… 32
3端子可変抵抗器と負荷抵抗 …………………………………………… 33
倍率器 ……………………………………………………………………… 34
2台の電圧計による電圧測定 …………………………………………… 35
電圧計の内部抵抗 ………………………………………………………… 36
分流器 ……………………………………………………………………… 37
2台の電流計で測定 ……………………………………………………… 38
電流を1:2に分割 ………………………………………………………… 39
文字式計算 ………………………………………………………………… 40
電流を2倍にする ………………………………………………………… 41
短絡した時の電流 ………………………………………………………… 41
電池1個の内部抵抗 ……………………………………………………… 42
ブリッジ回路と平衡条件 ………………………………………………… 44
ホイートストンブリッジ ………………………………………………… 45
最大消費電力 ……………………………………………………………… 46

自習問題 (問1-1～問1-42) 　　　　　　　　　　　　48～56

## 第2章　直流回路計算❷　キルヒホッフの法則とべんりな定理

キルヒホッフの法則と枝路電流法 ……………………………………… 58
ループ電流法 ……………………………………………………………… 60
行列式を用いた連立方程式の解法 (クラメルの公式) …………………… 62

クラメルの公式による解法 ……………………………………………… 63
クラメルの公式 ………………………………………………………… 66
3線式電線路 …………………………………………………………… 67
電圧源と電流源-1 ……………………………………………………… 68
電圧源と電流源-2 ……………………………………………………… 70
電圧源と電流源-3 ……………………………………………………… 71
重ね合わせの理-1 ……………………………………………………… 72
重ね合わせの理-2 ……………………………………………………… 73
負荷Δ−Y変換 ………………………………………………………… 74
負荷Y−Δ変換 ………………………………………………………… 76
ブリッジ回路の合成抵抗 ……………………………………………… 78
節点電圧法-1 …………………………………………………………… 78
節点電圧法-2 …………………………………………………………… 80
ミルマンの定理-1 ……………………………………………………… 81
ミルマンの定理-2 ……………………………………………………… 84
テブナンの定理-1 ……………………………………………………… 85
テブナンの定理-2 ……………………………………………………… 86
ノートンの定理 ………………………………………………………… 88
ブリッジ回路の電流 …………………………………………………… 89
可逆の定理 ……………………………………………………………… 90

自習問題（問2-1～問2-35）　　　　　　　　　　　92～99

## 第3章　交流回路計算❶　オームの法則と記号法

正弦波交流電圧と電流の瞬時値式 …………………………………… 102
最大値・角速度・周波数 ……………………………………………… 104
交流電圧と電流の波形 ………………………………………………… 104
ラジアンと度数 ………………………………………………………… 106
平均値と実効値 ………………………………………………………… 108
電流の和 ………………………………………………………………… 110
複素数の四則計算 ……………………………………………………… 111
S表示（スタインメッツ表示）………………………………………… 115
掛け算と割り算はS表示 ……………………………………………… 117
四則計算とベクトル …………………………………………………… 119
瞬時値式とS表示 ……………………………………………………… 121
直交表示による電流の和 ……………………………………………… 122
電流の和 ………………………………………………………………… 123
インピーダンス$\dot{Z}$[Ω] ………………………………………… 124
$R−L−C$回路 ………………………………………………………… 126
$R−L$直列回路のインピーダンス …………………………………… 128
交流回路におけるオームの法則 ……………………………………… 129
直列回路のインピーダンス$\dot{Z}$[Ω] …………………………… 130
インピーダンスの端子間電圧$\dot{V}$[V] ………………………… 131
未知インピーダンス …………………………………………………… 132

$R-C$ 直列回路 ……………………………………………… 133
$R-L-C$ 直列回路 …………………………………………… 134
電圧分割式 ………………………………………………… 135
$R-L$ 並列回路 …………………………………………… 137
並列回路のインピーダンス $\dot{Z}$ [Ω] ……………………… 137
分流式 ……………………………………………………… 138
$R-L-C$ 並列回路とアドミタンス $\dot{Y}$ [S] ……………… 139
位相差 ……………………………………………………… 142
インピーダンス $\dot{Z}$ [Ω] とアドミタンス $\dot{Y}$ [S] の関係 ……… 143
電圧測定と未知インピーダンス …………………………… 144
未知リアクタンス ………………………………………… 145
有効電力 $P$ [W], 無効電力 $Q$ [var], 皮相電力 $S$ [V・A] … 146
電力三角形 ………………………………………………… 150
力率改善 …………………………………………………… 151
直交表示による有効・無効電力計算 …………………… 152
並列回路の電力三角形 …………………………………… 154
周波数変化と力率 ………………………………………… 155
直列共振回路 ……………………………………………… 156
直列共振周波数 …………………………………………… 159
理想並列共振回路 ………………………………………… 159
並列共振回路 ……………………………………………… 161
並列共振周波数-1 ………………………………………… 163
並列共振周波数-2 ………………………………………… 164

自習問題（問3-1～問3-43）　　　　　　　165～173

## 第4章　交流回路計算❷　キルヒホッフの法則とべんりな定理

枝路電流法 ………………………………………………… 176
枝路電流法とループ電流法 ……………………………… 177
ループ電流と電力 ………………………………………… 180
重ね合わせの理 …………………………………………… 181
電圧源と電流源 …………………………………………… 182
節点電圧法-1 ……………………………………………… 184
重ね合わせの理と節点電圧法-2 ………………………… 185
テブナンの定理とノートンの定理 ……………………… 188
ブリッジ回路の電流 ……………………………………… 190
節点電圧法-3 ……………………………………………… 191
節点電圧法-4 ……………………………………………… 192
負荷 Δ−Y 変換 …………………………………………… 193
Δ−Y 負荷のインピーダンス …………………………… 196
最大消費電力定理 ………………………………………… 199
最大消費電力-1 …………………………………………… 200
最大消費電力-2 …………………………………………… 201
可逆の定理-1 ……………………………………………… 202

可逆の定理-2 ································································ 203
ひずみ波回路 ····························································· 204
ひずみ波の波形 ························································· 205
ひずみ波回路の電圧と電流 ········································ 206
ひずみ波電圧・電流の実効値 ······································ 207
ひずみ波電流の実効値計算 ········································ 208
ひずみ波回路の皮相電力, 消費電力, 力率 ···················· 209
ひずみ波回路の消費電力-1 ········································· 210
ひずみ波回路の消費電力-2 ········································· 210
ひずみ波回路の消費電力-3 ········································· 211
ひずみ波回路の消費電力-4 ········································· 212

自習問題（問4-1～問4-43）                    213～222

## 第5章　交流回路計算❸　三相回路

三相交流電源 ····························································· 224
Y電源とΔ電源 ·························································· 225
相電圧と線間電圧 ······················································ 226
Y負荷とΔ負荷 ·························································· 228
Y−Y回路の電力 ······················································ 229
Δ−Δ回路の電力 ······················································ 232
線間電圧・線電流と電力 ·············································· 235
Δ負荷回路の電力 ······················································ 236
Y負荷回路の電力 ······················································ 238
負荷のΔ−Y変換およびY−Δ変換 ······························· 239
負荷Y−Δ変換 ·························································· 241
負荷Δ−Y変換 ·························································· 242
三相電力 ··································································· 243
三相電力の測定 ························································· 245
不平衡Y負荷-1 ························································· 248
不平衡Y負荷-2 ························································· 249
不平衡Δ負荷 ···························································· 250

自習問題（問5-1～問5-32）                    252～265

## 第6章　過渡現象　過渡現象の計算

微分方程式の解法1 ····················································· 268
微分方程式の解法2 ····················································· 271
微分方程式の解法3 ····················································· 273
微分方程式の解法4 ····················································· 275

自習問題（問6-1～問6-8）                    278～282

## 自習問題解答

1章自習問題解答 ……………………………………………………… 283〜290
2章自習問題解答 ……………………………………………………… 290〜296
3章自習問題解答 ……………………………………………………… 296〜302
4章自習問題解答 ……………………………………………………… 303〜309
5章自習問題解答 ……………………………………………………… 310〜316
6章自習問題解答 ……………………………………………………… 316

付録：理解しておこう／覚えておこう　基本法則と公式　317〜323

直流回路／交流回路／直角三角形と三角比／三角関数の公式／
微分・積分の公式

### ●人物コラム

オーム (Georg Simon Ohm) ……………………………………………… 9
キルヒホッフ (Gustav Robert Kirchhoff) …………………………… 57
スタインメッツ (Charles Proteus Steinmetz) …………………… 101
アンペール (André Marie Ampére) …………………………………… 175
ドブロヴォリスキー (Dolivo Dobrowolski) ………………………… 223

### ●学習コラム

最小定理 ………………………………………………………………… 47
覚えておこう三角形と三角比 ………………………………………… 65
電圧源と電流源の相互変換法 ………………………………………… 70
電圧 $\dot{V}$ [V], 電流 $\dot{I}$ [A], インピーダンス $\dot{Z}$ [Ω] の・(ドット)とは？ …… 103
平均値とは……………………………………………………………… 109
実効値とは……………………………………………………………… 110
忘れないでピタゴラス (三平方) の定理……………………………… 114
交流か直流か？ 交直論争……………………………………………… 118
覚えておこう「辺3, 4, 5の直角三角形」…………………………… 132
ギリシャ文字を再確認しておこう …………………………………… 140
直列・並列回路のまとめ……………………………………………… 141
二つの商用周波数……………………………………………………… 150
電気の研究小史………………………………………………………… 164
Y−Δ回路の相電圧と線間電圧および相電流と線電流の測定 ……… 237
Y負荷回路の線間電圧と相電圧および線電流と相電流の測定 ……… 239
平衡負荷Δ−Y, Y−Δ変換 …………………………………………… 243
時定数 $\tau$ の単位は [s] ………………………………………………… 277

# 第1章
# 直流回路計算①

## オームの法則

　直流・交流回路の解析で主役を演じるのはオームの法則とキルヒホッフの法則です．電気エンジニアのみなさんは，この二つの法則を理解し納得しなければなりません．簡単な式や言葉で表現された法則ですが，深い内容を秘めています．これより二つの法則について一歩一歩勉強していきますが，みなさんは，法則および問題解決法を理解したところで，章末の自習問題に挑戦し，理解力をアップしてください．

　電卓片手にエンピツを走らせ，粘り強く挑戦し，解答できたときの喜びを心から味わってください．困難を乗り越えた人だけに実力と喜びが与えられるのです．

### オーム (Georg Simon Ohm, ドイツ, 1789～1854年)

　オームは1789年，ドイツに生まれました．大学に入学し物理と数学を専攻したものの経済的理由で中退しました．しかしその後復学し，学位を取得，高校教師になっています．

　1817年，出版した研究成果が認められ，ケルン王立学校の物理学教授になりました．そして1827年，オームの法則の原典『電気回路の数学的研究』を出版しました．実験を繰り返すことによって，電圧・電流・抵抗の間の定量的関係を明らかにしたのです．その功績は英国ロンドン王立学会で認められ，その後，自国ドイツでもたたえられました．

　オームの業績にちなみ，1881年，パリ第1回国際電気会議において，抵抗の単位をオーム[Ω]にすることが決まりました．

## ■オームの法則

**問1**　オームの法則について説明しなさい.

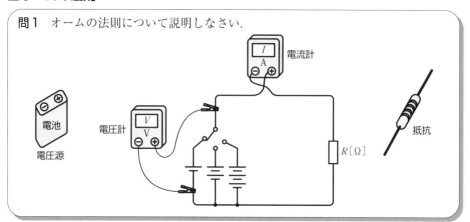

【解説】　オームは電気回路に関する研究を積み重ねました. 1827年, 著書『電気回路の数学的研究』の中で, 電気回路の電圧 $V$ [V]・電流 $I$ [A]・抵抗 $R$ [Ω] の間には次式の関係があることを明らかにしました.

$$I = \frac{V}{R} \ [\text{A}] \quad (\text{電流式}) \quad (1)$$

すなわち, **電流 $I$ [A] は電圧 $V$ [V] に比例し, 抵抗 $R$ [Ω] に反比例する**というのです. 上式は次のように変形して用いることができます.

$$V = RI \ [\text{V}] \quad (\text{電圧式}) \quad (2) \qquad R = \frac{V}{I} \ [\text{Ω}] \quad (\text{抵抗式}) \quad (3)$$

上の三つの式をまとめて**オームの法則**と呼びます.

オームの法則が発表されたことで, 電気分野の研究は定性的なものから定量的な学問へと発展し現在に至ります.

## ■電流・電圧・抵抗

**問2**　図1, 図2, 図3における電流 $I$ [A], 電圧 $V$ [V], 抵抗 $R$ [Ω] を求めなさい.

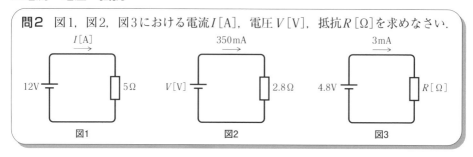

【解説】 オームの法則の電流式，電圧式，抵抗式を適用し求めます．

(a)　$I = \dfrac{V}{R} = \dfrac{12}{5} = 2.4\,[\mathrm{A}]$

(b)　$V = RI = 2.8 \times 350 \times 10^{-3} = 2.8 \times 0.35 = 0.98\,[\mathrm{V}]$

(c)　$R = \dfrac{V}{I} = \dfrac{4.8}{3 \times 10^{-3}} = 1.6 \times 10^3 = 1.6\,[\mathrm{k\Omega}]$

ところで，電圧，電流，抵抗の単位には次のような**補助単位 M，k，m，$\boldsymbol{\mu}$** が用いられます．その扱いに慣れておきましょう．

| メガ | M | $10^6$ |
|------|---|--------|
| キロ | k | $10^3$ |
| ミリ | m | $10^{-3}$ |
| マイクロ | $\mu$ | $10^{-6}$ |

（例）

$50{,}000\,(5\,万)\,[\mathrm{V}] = 50 \times 10^3\,[\mathrm{V}] = 50\,[\mathrm{kV}]$

$0.03\,[\mathrm{V}] = 30 \times 10^{-3}\,[\mathrm{V}] = 30\,[\mathrm{mV}]$

$1{,}230\,[\mathrm{A}] = 1.230 \times 10^3\,[\mathrm{A}] = 1.23\,[\mathrm{kA}]$

$0.0035\,[\mathrm{A}] = 3.5 \times 10^{-3}\,[\mathrm{A}] = 3.5\,[\mathrm{mA}]$

$3{,}300{,}000\,(330\,万)\,[\Omega] = 3.3 \times 10^6\,[\Omega] = 3.3\,[\mathrm{M\Omega}]$

$4{,}500\,[\Omega] = 4.5 \times 10^3\,[\Omega] = 4.5\,[\mathrm{k\Omega}]$

## ■電力と電力量

> **問3** 図に示す回路において，電力量および電力について説明しなさい．

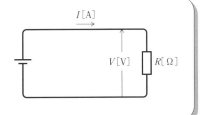

【解説】 高いところから流れ落ちる水は水車を回転させ発電します．このようにある物体が仕事をする能力を持っているとき，**エネルギー**を持っているといいます．エネルギーは**仕事量**と同じ単位[J]（ジュール）で表します．

図示の電気回路も仕事をします．抵抗 $R\,[\Omega]$ に電圧 $V\,[\mathrm{V}]$ を加え，電流 $I\,[\mathrm{A}]$ を $t\,[\mathrm{s}]$（セカンド）間流したときの仕事量 $W\,[\mathrm{J}]$ は，次式で表せます（**ジュールの実験**）．

$$W = VIt = RI^2t = \frac{V^2}{R}\,t \ [\mathrm{J}] \qquad (1)$$

なお，以前使われていた単位[cal]（カロリー）とは次の関係です．

$$H = \frac{1}{4.19}\,RI^2t = 0.24\,RI^2t \ [\mathrm{cal}] \qquad (2)$$

(1)式は$t$[s]間に行う仕事量ですが，これを時間$t$[s]で割ると単位時間(1[s])当たりの仕事量になります．これを**電力**といい，記号$P$で表します．単位は[J/s]であるべきところですが，電気回路では[W]を用います．すなわち[W]＝[J/s]です．

電力$P$は，(1)式から次のように表すことができます．

$$P = VI \ [\text{W}] \tag{3}$$

$$P = RI^2 \ [\text{W}] \tag{4}$$

$$P = \frac{V^2}{R} \ [\text{W}] \tag{5}$$

電力$P$[W]に時間$t$[s]を掛けると仕事量$W$[J]になりますが，電気回路ではこれを**電力量**と呼び，単位[W・s]（＝[J]）を用いて表します．すなわち，

$$W = Pt \ [\text{W・s}] \tag{6}$$

ところで，時間の単位が[s]（秒）では小さすぎるときは，[h]（時間）を用います．そのときの電力量の単位は[W・h]を用います．さらに，大きな単位[kW・h]もしばしば用います．

　1[W・s]＝1[J]，1[W・h]＝3,600[W・s]，1[kW・h]＝1,000[W・h]

## ■湯沸かし器の電力と電力量

**問4**　図のように，抵抗12.5Ωの湯沸かし器に電圧100Vを加え，30分間使用した．次の値を求めなさい．ただし，損失はないものとする．

(1) 電流$I$[A]

(2) 電力$P$[W]

(3) 電力量$W$[W・h]

**【解説】**

(1) 湯沸かし器に流れる電流$I$は，

$$I = \frac{V}{R} = \frac{100}{12.5} = 8 \ [\text{A}]$$

(2) 湯沸かし器が消費している電力$P$は，

$$P = VI = 100 \times 8 = 800 \ [\text{W}] \qquad P = RI^2 = 12.5 \times 8^2 = 800 \ [\text{W}]$$

$$P = \frac{V^2}{R} = \frac{100^2}{12.5} = 800 \,[\mathrm{W}]$$

この電力が**熱(ジュール熱)**となって湯沸かしをするのです.

(3) 湯沸かし器が消費した電力量$W$は,

$$W = Pt = 800 \times 0.5 = 400 \,[\mathrm{W \cdot h}]$$

## ■抵抗の直列接続

**問5** 図のように抵抗$R_1\,[\Omega]$と$R_2\,[\Omega]$を直
列接続したときの合成抵抗を求めな
さい.

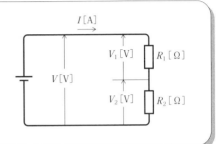

【**解説**】 複数の抵抗を1本の帯状に接続したものを**直列接続**または**直列回路**といいま
す. そして,組み合わせた抵抗の抵抗値を**合成抵抗**といいます.

図に示すように,直列接続された抵抗$R_1$と$R_2$に電圧$V\,[\mathrm{V}]$を加えたとき,電流$I\,[\mathrm{A}]$
が流れていると仮定します.

各抵抗の端子間電圧$V_1$および$V_2$は,オームの法則により,

$$V_1 = R_1 I \,[\mathrm{V}] \qquad V_2 = R_2 I \,[\mathrm{V}] \tag{1}$$

です. 電圧$V$, $V_1$, $V_2$の間には次式が成り立ちます(キルヒホッフの電圧則).

$$V = V_1 + V_2 = R_1 I + R_2 I = (R_1 + R_2)I \,[\mathrm{V}] \tag{2}$$

電源から見た合成抵抗$R_t\,[\Omega]$は,電圧$V\,[\mathrm{V}]$と電流$I\,[\mathrm{A}]$の比であり,

$$R_t = \frac{V}{I} = \boldsymbol{R_1 + R_2}\,[\boldsymbol{\Omega}] \tag{3}$$

すなわち,**直列接続の合成抵抗は各抵抗の和**です.

## ■直列回路の電力

問6　図に示す回路において，次の値を求めなさい．

(1) 合成抵抗 $R_t$ [Ω]

(2) 電圧源から流れ出る電流 $I$ [A]

(3) 各抵抗の端子間電圧
　　$V_1$，$V_2$，$V_3$ [V]

(4) 各抵抗の消費電力
　　$P_1$，$P_2$，$P_3$ [W]

(5) 電圧源が供給する
　　電力 $P$ [W]

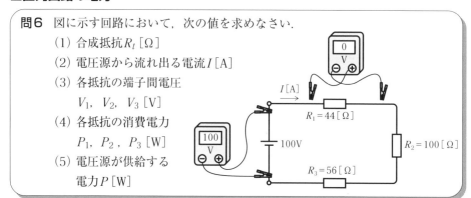

**【解説】**

(1) 図の回路は，抵抗 $R_1$，$R_2$，$R_3$ の直列接続です．したがって，合成抵抗 $R_t$ は，

$$R_t = R_1 + R_2 + R_3 = 44 + 100 + 56 = 200\,[\Omega]$$

(2) 電圧源から流れ出る電流 $I$ は，

$$I = \frac{V}{R_t} = \frac{100}{200} = 0.5\,[\text{A}]$$

(3) 各抵抗の端子間電圧 $V_1$，$V_2$，$V_3$ は，オームの法則を適用して，

$$V_1 = R_1 I = \quad 44 \times 0.5 = \quad 22\,[\text{V}]$$
$$V_2 = R_2 I = 100 \times 0.5 = \quad 50\,[\text{V}]$$
$$V_3 = R_3 I - \quad 56 \times 0.5 = \quad 28\,[\text{V}]$$

(4) 各抵抗が消費する電力 $P_1$，$P_2$，$P_3$ は，

$$P_1 = R_1 I^2 = \quad 44 \times 0.5^2 = \quad 11\,[\text{W}]$$
$$P_2 = R_2 I^2 = 100 \times 0.5^2 = \quad 25\,[\text{W}]$$
$$P_3 = R_3 I^2 = \quad 56 \times 0.5^2 = \quad 14\,[\text{W}]$$

(5) 電圧源が供給する電力 $P$ [W] は，

$$P = P_1 + P_2 + P_3 = 11 + 25 + 14 = \quad 50\,[\text{W}]$$
$$P = V \times I = 100 \times 0.5 = \quad 50\,[\text{W}]$$

## ■キルヒホッフの電圧則(第2法則)

問7　図に示す回路における電圧 $V_1$, $V_2$, $V_3$ [V] を求め, キルヒホッフの電圧則を確かめなさい.

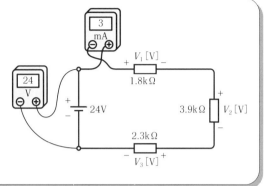

**【解説】**　図示の閉回路(へいかいろ)中のすべての電圧を, 向きを考慮して加えると, 常に $0$ [V] になる, というのがキルヒホッフの電圧則です.

図示の閉回路には, 電圧源の持つ電圧 $V$, 各抵抗の端子間電圧 $V_1$, $V_2$, $V_3$ がありますが, 閉回路をたどる向きを**時計方向**(時計の針と同じ回転方向)に定め, **時計方向の電圧には＋, 逆向き(反時計方向)には－を付けて, すべてを加えると0になる**というのが電圧則です.

さて, 回路は抵抗 $R_1$, $R_2$, $R_3$ の直列接続ですから, 合成抵抗 $R_t$ は,

$$R_t = 1.8 \times 10^3 + 3.9 \times 10^3 + 2.3 \times 10^3 = 8 \times 10^3 \, [\Omega]$$

回路に流れる電流 $I$ は,

$$I = \frac{V}{R_t} = \frac{24}{8 \times 10^3} = 3 \times 10^{-3} = 3 [\text{mA}]$$

各抵抗の端子間電圧 $V_1$, $V_2$, $V_3$ は**電流の向きと逆向きに発生**し,

$$V_1 = 1.8 \times 10^3 \times 3 \times 10^{-3} = 5.4 [\text{V}]$$
$$V_2 = 3.9 \times 10^3 \times 3 \times 10^{-3} = 11.7 [\text{V}]$$
$$V_3 = 2.3 \times 10^3 \times 3 \times 10^{-3} = 6.9 [\text{V}]$$

です. これらの端子間電圧の極性(＋, －)を図中に示しましたが, この極性を考慮し, すべての電圧を加えると,

$$(+24) + (-5.4) + (-11.7) + (-6.9) = 24 - 5.4 - 11.7 - 6.9 = 0$$

となり, 確かにキルヒホッフの電圧則を満たしています.

上記の内容を一般式で書き表すと次式となります.

$$V - V_1 - V_2 - V_3 = 0 \qquad (1)$$

言葉では, **閉回路中の電圧の代数和は0である**と表現します.

(1)式は次のように表現することもできます.

$$V = V_1 + V_2 + V_3 \qquad\qquad (2)$$

すなわち, **閉回路中における時計方向の電圧の和は反時計方向の電圧の和に等しい**. これは**キルヒホッフの電圧則**の表現を変化したものです.

## ■電圧源の直列接続

問8 図1に示す回路において, 次の問に答えなさい.

(ⅰ) 電流 $I$ を求めなさい.

(ⅱ) 電圧 $V_1$, $V_2$, $V_3$, $V_4$ を求めなさい.

(ⅲ) 電圧源が供給する電力 $P$ を求めなさい.

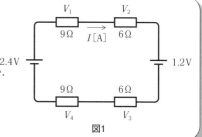

図1

【解説】 電圧は**極性**（きょくせい）を持っています. 極性を +, − で表示するのも一つの方法ですが, →印 (矢印) で表現する方が見た目もわかりやすくなります. →印の頭を +, お尻を − と約束し, 電圧の向き(極性)を→印で表すことにしましょう.

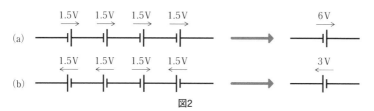

図2

たとえば図2(a), (b)に示すように, 複数の電圧源が直列接続されているときは, それらの代数和を求め, 一つの電圧源に置き換えることが許されます. したがって, 問題の回路は図3のように表すことができます.

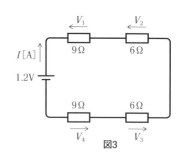

図3

(ⅰ) さて, 図1に示す回路は, 図3に示す単一電圧源回路と**等価**です.

　　合成抵抗 $R_l$ を求めます.

$$R_l = 9 + 6 + 6 + 9 = 30 \ [\Omega]$$

したがって，電流 $I$ は，

$$I = \frac{V}{R_t} = \frac{1.2}{30} = 0.04 = 40 \times 10^{-3} = 40\,[\text{mA}]$$

(ⅱ) 抵抗の端子間電圧（電流の方向と逆方向）を求めます．

$$V_1 = V_4 = 9 \times 40 \times 10^{-3} = 0.36\,[\text{V}]$$
$$V_2 = V_3 = 6 \times 40 \times 10^{-3} = 0.24\,[\text{V}]$$

(ⅲ) 電圧源が供給する電力を求めます．

$$P = VI = 1.2 \times 40 \times 10^{-3} = 48\,[\text{mW}]$$

## ■抵抗と分圧（電圧の分割）

問9　図に示す回路における各抵抗の端子間電圧を，合成抵抗を用いて求めなさい．

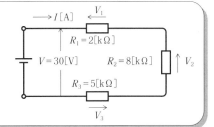

【解説】　図の回路における各抵抗の端子間電圧を求める手順は，次のように合成抵抗 $R_t\,[\Omega]$ および電流 $I\,[\text{A}]$ を求め，つづいて端子間電圧を求めるのが一つの方法です．

合成抵抗　　$R_t = 2 \times 10^3 + 8 \times 10^3 + 5 \times 10^3 = 15\,[\text{k}\Omega]$　　　　(1)

電流　　　　$I = \dfrac{V}{R_t} = \dfrac{30}{15 \times 10^3} = 2 \times 10^{-3} = 2\,[\text{mA}]$　　　(2)

したがって，各抵抗の端子間電圧は，

$$\left.\begin{array}{l}V_1 = R_1 I = 2 \times 10^3 \times 2 \times 10^{-3} = 4\,[\text{V}] \\ V_2 = R_2 I = 8 \times 10^3 \times 2 \times 10^{-3} = 16\,[\text{V}] \\ V_3 = R_3 I = 5 \times 10^3 \times 2 \times 10^{-3} = 10\,[\text{V}]\end{array}\right\}\quad(3)$$

となります．

　ところで，(3)の各式に(2)式を代入して，次のように計算することができます．

$$V_1 = R_1 \frac{V}{R_t} = \frac{R_1}{R_t} V = \frac{2 \times 10^3}{15 \times 10^3} \times 30 = \boxed{4\,[\mathrm{V}]}$$

$$V_2 = R_2 \frac{V}{R_t} = \frac{R_2}{R_t} V = \frac{8 \times 10^3}{15 \times 10^3} \times 30 = \boxed{16\,[\mathrm{V}]} \qquad (4)$$

$$V_3 = R_3 \frac{V}{R_t} = \frac{R_3}{R_t} V = \frac{5 \times 10^3}{15 \times 10^3} \times 30 = \boxed{10\,[\mathrm{V}]}$$

すなわち，次の公式を得ます.

$$V_i = \frac{R_i}{R_t} \ V\,[\mathrm{V}] \qquad (5)$$

上式を**分圧式**と呼ぶことにします.

ところで，(4)式から次式を得ます.

$$V_1 : V_2 : V_3 = R_1 : R_2 : R_3 \qquad (6)$$

すなわち，**直列回路において端子間電圧の比は抵抗の比**です.

### ■抵抗の並列接続

**問10**　図1に示す回路における次の値を
　　　求めなさい.
　　（ⅰ）各枝路電流 $I$, $I_1$, $I_2$
　　（ⅱ）各抵抗の消費電力 $P_1$, $P_2$
　　　　　および全消費電力 $P$
　　（ⅲ）電源から見た合成抵抗 $R_t$

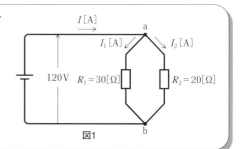

図1

**【解説】**　図のa点やb点のように，複数の素子（電源や抵抗）が接続されている点を**節点**と呼びます．そして，複数の抵抗が一つの節点に接続されていることを**並列接続**といいます.

　抵抗 $R_1$ および $R_2$ は，節点aおよびbの間に接続されており並列接続です.

（ⅰ）並列接続された抵抗 $R_1$ および $R_2$ には，電圧 $V = 120\,[\mathrm{V}]$ が等しく加わっています．
　したがって，流れる電流は，

$$I_1 = \frac{V}{R_1} = \frac{120}{30} = \boxed{4\,[\mathrm{A}]} \qquad (1)$$

$$I_2 = \frac{V}{R_2} = \frac{120}{20} = \boxed{6\,[\mathrm{A}]} \qquad (2)$$

$$I = I_1 + I_2 = 4 + 6 = \boxed{10\,[\mathrm{A}]} \qquad (3)$$

（ii）それぞれの抵抗が消費する電力は，

$$P_1 = VI_1 = 120 \times 4 = \quad 480\,[\mathrm{W}]$$

$$P_2 = VI_2 = 120 \times 6 = \quad 720\,[\mathrm{W}]$$

電源はこれらすべての電力を供給します．

$$P = P_1 + P_2 = 480 + 720 = \quad 1{,}200\,[\mathrm{W}]$$

$$P = VI = 120 \times 10 = \quad 1{,}200\,[\mathrm{W}]$$

（iii）電源から見た合成抵抗$R_t$は，電圧$V$と電流$I$の比ですが，(1)，(2)，(3)式から，

$$I = \frac{V}{R_1} + \frac{V}{R_2} = \left( \frac{1}{R_1} + \frac{1}{R_1} \right) V\,[\mathrm{A}]$$

$$R_t = \frac{V}{I} = \frac{1}{\dfrac{1}{R_1} + \dfrac{1}{R_2}} \qquad (4)$$

並列接続した抵抗の**合成抵抗**は，各抵抗の逆数の和の逆数です．

(4)式は，次のように変形できます．

$$R_t = \frac{R_1 \times R_2}{R_1 + R_2}\,[\Omega] \quad （和分の積） \qquad (5)$$

**並列接続された二つの抵抗の合成抵抗$R_t$は，和分の積**と覚えましょう．

したがって，

$$R_t = \frac{30 \times 20}{30 + 20} = 12\,[\Omega]$$

となります．

ところで，図2に示すように，$R_1$と$R_2$に比例する高さの直線をグラフ用紙上に立て，タスキ掛けの線を引きます．タスキ掛けの交点pの高さが合成抵抗$R_t$です．

重要なことは，この図で示すように**合成抵抗$R_t$は，$R_1$，$R_2$のいずれよりも小さな値**であることです．

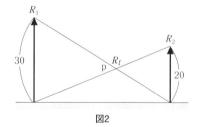

図2

## ■並列回路の合成抵抗

問11 図(a)，(b)，(c)，(d)に示す回路の合成抵抗を求めなさい．

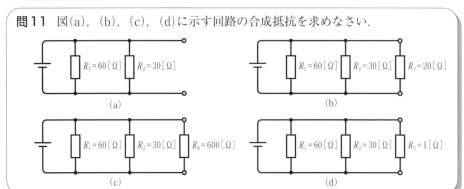

(a)

(b)

(c)

(d)

【解説】

(a) 二つの並列抵抗の合成抵抗は**和分の積**でした．したがって，

$$R_a = \frac{R_1 \times R_2}{R_1 + R_2} = \frac{60 \times 30}{60 + 30} = 20\,[\Omega]$$

• 合成抵抗20Ωは，各抵抗より小さいことを確認しておきましょう．

(b) 問題図(b)の合成抵抗は，

$$R_b = \frac{R_a \times R_3}{R_a + R_3} = \frac{20 \times 20}{20 + 20} = 10\,[\Omega]$$

• **同じ値の二つの抵抗を並列接続すると，合成抵抗は半分**になります．

(c) 問題図(c)の合成抵抗は，

$$R_c = \frac{R_a \times R_4}{R_a + R_4} = \frac{20 \times 600}{20 + 600} = 19.35\,[\Omega]$$

• $R_a = 20\,[\Omega]$に大きな抵抗$R_4 = 600\,[\Omega]$（30倍）を並列接続しても，合成抵抗はあまり変化しません．

(d) 問題図(d)の合成抵抗は，

$$R_d = \frac{R_a \times R_5}{R_a + R_5} = \frac{20 \times 1}{20 + 1} = 0.952\,[\Omega]$$

• $R_a = 20\,[\Omega]$に小さな抵抗$R_5 = 1\,[\Omega]$（1/20）を並列接続すると，合成抵抗は小さい抵抗に近づきます．

## ■並列回路とコンダクタンス

**問12** 図1の回路の合成抵抗$R_t$および合成コンダクタンス$G_t$を求めなさい.

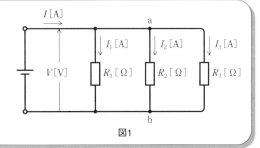

図1

【解説】　図1の回路は，図2 (a)，(b)のように表現されることもあります.

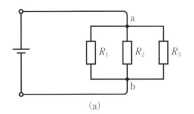

(a)

図2

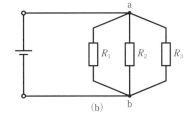

(b)

　三つの抵抗$R_1$，$R_2$，$R_3$は，節点a，bに接続されており，並列接続です．各抵抗には電圧$V$[V]が等しく加わっているので，各抵抗に流れる電流は，

$$I_1 = \frac{V}{R_1} \text{[A]} \qquad I_2 = \frac{V}{R_2} \text{[A]} \qquad I_3 = \frac{V}{R_3} \text{[A]} \qquad (1)$$

であり，電圧源を流れ出る電流$I$は，

$$I = I_1 + I_2 + I_3$$

$$I = \frac{V}{R_1} + \frac{V}{R_2} + \frac{V}{R_3} = \left( \frac{1}{R_1} + \frac{1}{R_2} + \frac{1}{R_3} \right) V \text{[A]} \qquad (2)$$

です．合成抵抗$R_t$は，電圧$V$と電流$I$の比ですから，

$$R_t = \frac{V}{I}$$

$$R_t = \frac{1}{\dfrac{1}{R_1} + \dfrac{1}{R_2} + \dfrac{1}{R_3}} \text{[Ω]} \qquad (3)$$

です．すなわち，**並列接続の合成抵抗は，各抵抗の逆数の和の逆数です．**

　上式は次のように表現することもできます.

$$\frac{1}{R_t} = \frac{1}{R_1} + \frac{1}{R_2} + \frac{1}{R_3} \qquad (4)$$

以上のように，並列回路の計算では抵抗の逆数がたびたび登場します．それならば，抵抗の逆数を主役にした計算法が好都合ではないかということになります．

そこで，**抵抗の逆数をコンダクタンスと呼び，単位[S]**を用いて表します．

$$G_1 = \frac{1}{R_1} \text{ [S]} \qquad G_2 = \frac{1}{R_2} \text{ [S]} \qquad G_3 = \frac{1}{R_3} \text{ [S]}$$
$$G_t = \frac{1}{R_t} \text{ [S]}$$
$$\left.\right\} \quad (5)$$

コンダクタンスを用いると，(1)，(2)，(4)式は次のように表現することができます．

$$I_1 = G_1 V \text{ [A]} \qquad I_2 = G_2 V \text{ [A]} \qquad I_3 = G_3 V \text{ [A]} \tag{6}$$

$$I = (G_1 + G_2 + G_3)\ V \text{ [A]} \tag{7}$$

$$G_t = G_1 + G_2 + G_3 \text{ [S]} \tag{8}$$

$$I = G_t V \text{ [A]} \tag{9}$$

$G_t$を**合成コンダクタンス**と呼んでいます．

## ■キルヒホッフの電流則（第1法則）

> **問13** 図に示す回路における各枝路電流を求め，キルヒホッフの電流則を確かめなさい．
>
>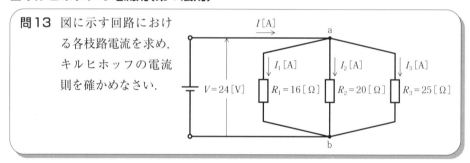

**【解説】** キルヒホッフの電流則について説明しましょう．

図の回路の各枝路には電流(枝路電流)が流れていますが，節点aまたはbにおいて，**節点に流れ込む電流の代数和は0である**というのが**キルヒホッフの電流則**です．すなわち，次式を満たすことになります．

$$I - I_1 - I_2 - I_3 = 0 \tag{1}$$

上式は次のように表すこともできます．

$$I = I_1 + I_2 + I_3 \tag{2}$$

上式を見ると，電流則は，**節点に流れ込む電流の和は流れ出る電流の和に等しい**と表現してもよいことに気がつきます．

電流則が成り立つことを確かめましょう．まず，各抵抗のコンダクタンスおよび合成コンダクタンスを求めます．

$$\left.\begin{array}{l} G_1 = \dfrac{1}{R_1} = \dfrac{1}{16} = 0.0625\,[\text{S}] \\[2mm] G_2 = \dfrac{1}{R_2} = \dfrac{1}{20} = 0.05\,[\text{S}] \\[2mm] G_3 = \dfrac{1}{R_3} = \dfrac{1}{25} = 0.04\,[\text{S}] \end{array}\right\} \qquad (3)$$

$$G_t = G_1 + G_2 + G_3 = 0.0625 + 0.05 + 0.04 = 0.1525\,[\text{S}]$$

したがって，各枝路電流は，

$$I_1 = G_1 V = 0.0625 \times 24 = 1.5\ [\text{A}]$$
$$I_2 = G_2 V = 0.05 \quad\ \times 24 = 1.2\ [\text{A}]$$
$$I_3 = G_3 V = 0.04 \quad\ \times 24 = 0.96\,[\text{A}]$$
$$I\ \ = G_t V = 0.1525 \times 24 = 3.66\,[\text{A}]$$

となります．節点a（またはb）に電流則を適用すると，

$$3.66 - 1.5 - 1.2 - 0.96 = 0 \qquad 3.66 = 1.5 + 1.2 + 0.96$$

であり，電流則を満たしています．

## ■未知電流

問14 図1の回路における未知電流$I_1$，$I_2$, $I_3$, $I_4$の値と向きを求めなさい．

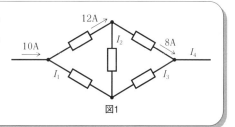

図1

【解説】 キルヒホッフの電流則を適用すると問題は解決します．

問題の回路における未知電流の方向が示されていません．そこで図2のように，未知電流の方向を**仮定します**．その上で各節点に電流則を適用します．

節点aにおいて，

$$10 - 12 - I_1 = 0 \rightarrow I_1 = -2\,[\text{A}]$$

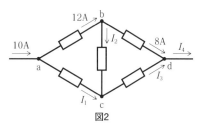

図2

節点bにおいて,

$12 - 8 - I_2 = 0 \rightarrow I_2 = \boxed{4}$ [A]

節点cにおいて,

$I_1 + I_2 - I_3 = 0 \rightarrow -2 + 4 - I_3 = 0 \rightarrow I_3 = \boxed{2}$ [A]

節点dにおいて,

$8 + I_3 - I_4 = 0 \rightarrow 8 + 2 - I_4 = 0 \rightarrow I_4 = \boxed{10}$ [A]

となります.

こうして各枝路電流が求まりました.

ところで,電流 $I_1 = -2$ [A] となりましたが,これは電流の向きが**仮定とは逆である**ことを示します.したがって,各枝路電流は図3のように流れていることになります.

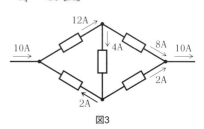

図3

## ■分流式

問15　次の問に答えなさい.

（ⅰ）図1に示す回路の電流 $I_1$ および $I_2$ を求めなさい.

（ⅱ）図2に示す回路の電流 $I_1$, $I_2$ および $I_3$ を求めなさい.

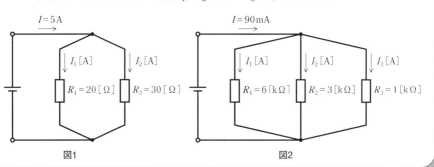

図1　　　　　　図2

【解説】　電流が節点に流れ込むと電流は分かれて流れる（**分流する**）のですが,分流の仕方を調べてみましょう.

（ⅰ）図1の回路の合成抵抗 $R_t$ は,和分の積で,

$$R_t = \frac{R_1 \times R_2}{R_1 + R_2} \ [\Omega]$$

合成抵抗に電流 $I$ が流れているとき,その端子間電圧 $V$ は,

$$V = R_t I = \frac{R_1 \times R_2}{R_1 + R_2} I \, [\text{V}]$$

したがって，各枝路電流は，

$$I_1 = \frac{V}{R_1} = \frac{1}{R_1} \times \frac{R_1 \times R_2}{R_1 + R_2} I = I \times \frac{R_2}{R_1 + R_2} \, [\text{A}] \qquad (1)$$

$$I_2 = \frac{V}{R_2} = \frac{1}{R_2} \times \frac{R_1 \times R_2}{R_1 + R_2} I = I \times \frac{R_1}{R_1 + R_2} \, [\text{A}] \qquad (2)$$

で表されます．これは電流 $I$ が二つの抵抗に分流するときの**分流式**です．

したがって，枝路電流は分流式を用いて，次のように解決できます．

$$I_1 = 5 \times \frac{30}{20 + 30} = 3\,[\text{A}] \qquad I_2 = 5 \times \frac{20}{20 + 30} = 2\,[\text{A}]$$

**小さな抵抗に多くの電流が流れる**ことに留意しましょう．

(ⅱ) つづいて，三つの抵抗に分流する場合の公式を導いてみましょう．

各抵抗と合成抵抗の間には次式の関係があります．

$$\frac{1}{R_t} = \frac{1}{R_1} + \frac{1}{R_2} + \frac{1}{R_3} \, [\text{S}] \qquad (3)$$

そして，合成抵抗の端子間電圧 $V$ は，

$$V = R_t I \, [\text{V}]$$

です．したがって，各枝路電流は，

$$I_1 = \frac{V}{R_1} = I \times \frac{R_t}{R_1} \, [\text{A}] \qquad I_2 = \frac{V}{R_2} = I \times \frac{R_t}{R_2} \, [\text{A}]$$

$$I_3 = \frac{V}{R_3} = I \times \frac{R_t}{R_3} \, [\text{A}]$$

となります．上式の一般式（**分流式**）は，次のように表されます．

$$I_i = I \times \frac{R_t}{R_i} \, [\text{A}] \qquad (4)$$

上の分流式を用いて，解答に移りましょう．(3)式から合成抵抗 $R_t$ を求めます．

$$\frac{1}{R_t} = \frac{1}{6 \times 10^3} + \frac{1}{3 \times 10^3} + \frac{1}{1 \times 10^3}$$

$$= 0.1667 \times 10^{-3} + 0.333 \times 10^{-3} + 1 \times 10^{-3} = 1.5\,[\text{mS}]$$

上式から，

$$R_t = \frac{1}{1.5 \times 10^{-3}} = 0.667 \times 10^3 \, [\Omega]$$

となり，分流式(4)を適用して，

$$I_1 = 90 \times 10^{-3} \times \frac{0.667 \times 10^3}{6 \times 10^3} = \frac{60}{6 \times 10^3} = 10 \times 10^{-3} = 10\,[\mathrm{mA}]$$

$$I_2 = 90 \times 10^{-3} \times \frac{0.667 \times 10^3}{3 \times 10^3} = \frac{60}{3 \times 10^3} = 20 \times 10^{-3} = 20\,[\mathrm{mA}]$$

$$I_3 = 90 \times 10^{-3} \times \frac{0.667 \times 10^3}{1 \times 10^3} = \frac{60}{1 \times 10^3} = 60 \times 10^{-3} = 60\,[\mathrm{mA}]$$

が得られます．

　端子間電圧を先に求め，各抵抗値で割ることでも可能です．

## ■直並列回路

問16　図に示す回路の電流 $I_1$, $I_2$ および $I$ を求めなさい．

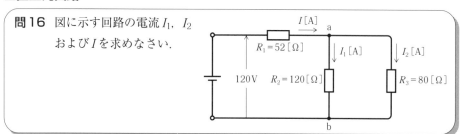

【解説】　図の回路は**直並列回路**です．電源から見た合成抵抗 $R_t$ を求めます．

$$R_t = 52 + \frac{120 \times 80}{120 + 80} = 100\,[\Omega]$$

電流 $I$ は，

$$I = \frac{120}{100} = 1.2\,[\mathrm{A}]$$

分流式を適用して，

$$I_1 = 1.2 \times \frac{80}{120 + 80} = 0.48\,[\mathrm{A}] \qquad I_2 = 1.2 \times \frac{120}{120 + 80} = 0.72\,[\mathrm{A}]$$

であることがわかります．

　ところで，a-b間の電圧 $V_{ab}$ を求めて，次のように計算してもよいでしょう．

$$V_{ab} = 120 - 52 \times 1.2 = 57.6\,[\mathrm{V}]$$

したがって，

$$I_1 = \frac{57.6}{120} = 0.48\,[\mathrm{A}] \qquad I_2 = \frac{57.6}{80} = 0.72\,[\mathrm{A}]$$

## ■抵抗と消費電力

**問17** 図1に示す回路の各抵抗は，図2に示すような定格電力10W，15W，20Wのものが用意されている．抵抗$R_1$，$R_2$および$R_3$は何ワットのものを使用すべきか，直近上位の数値で答えなさい．

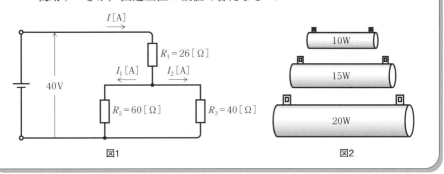

図1　　　　　　　　図2

**【解説】** 抵抗$R$[Ω]に電流$I$[A]が流れていると，$P = RI^2$[W]の電力を消費します．消費電力は熱（ジュール熱）となりますが，限度を超えた熱では焼損する恐れがあります．そこで，それぞれの抵抗には抵抗値と共に消費可能な最大ワット数（**定格電力$P_o$**）が記入されています（図2）．

$R$[Ω]の抵抗器を使用する場合，定格電力$P_o$[W]の範囲内で使用しなければなりません．

抵抗$R$[Ω]に電流$I$[A]が流れるとき，電力$P$[W]は，

$P = RI^2$[W]

ですから，次式を満たす範囲の電流で使用しなければなりません．

$$RI^2 \leqq P_o \;\Rightarrow\; I \leqq \sqrt{\frac{P_o}{R}} \;[\text{A}] \qquad (1)$$

また，$P = \dfrac{V^2}{R}$[W]ですから，抵抗に加えることができる電圧$V$は次式を満たす範囲内でなければなりません．

$$\frac{V^2}{R} \leqq P_o \;\Rightarrow\; V \leqq \sqrt{P_o \times R}\,[\text{V}] \qquad (2)$$

さて，問題の解答に移りましょう．まず，合成抵抗$R_t$を求めます．

$$R_t = 26 + \frac{60 \times 40}{60 + 40} = 50\,[\Omega]$$

つづいて，各枝路電流$I$，$I_1$，$I_2$を求めます．

$$I = \frac{40}{50} = 0.8\,[\mathrm{A}]$$

$$I_1 = 0.8 \times \frac{40}{60 + 40} = 0.32\,[\mathrm{A}] \qquad I_2 = 0.8 \times \frac{60}{60 + 40} = 0.48\,[\mathrm{A}]$$

したがって，各抵抗の消費電力は，

$$P_1 = 26 \times 0.8^2 = 16.64\,[\mathrm{W}] \qquad P_2 = 60 \times 0.32^2 = 6.14\,[\mathrm{W}]$$

$$P_3 = 40 \times 0.48^2 = 9.22\,[\mathrm{W}]$$

以上のことから，26Ωは 20W，60Ωは 10W，40Ωはやはり 10W を選びます．

### ■ラダー回路

**問18** 図の回路における電流 $I$ は 1A である．次の値を求めなさい．

（ⅰ）電源電圧 $E\,[\mathrm{V}]$

（ⅱ）電源から見た
　　　合成抵抗 $R_t\,[\Omega]$

（ⅲ）電圧源 $E = 100$
　　　$[\mathrm{V}]$ であるとき，
　　　電流 $I\,[\mathrm{A}]$

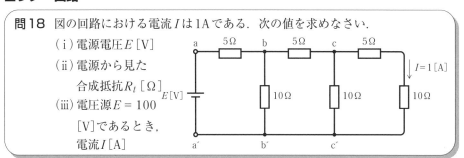

**【解説】**　これまでの学習中で，電圧には2種類あることに気づいたでしょうか．**電圧源（電池や発電機）が持っている電圧**と，電流が流れることによって抵抗の端子間に生じる電圧（**電圧降下**）の2種類です．

　電圧源が持っている電圧であることを明確に表現したいときは**起電力**と呼び，記号 $E$ を用いて，$E = 12\,[\mathrm{V}]$ のように書き表します．しかしながら，両者の区別を認識したうえで，起電力も単に電圧と呼ぶことも一般的です．

　さて，解答に移りましょう．図の回路のように抵抗を**梯子状**に配列したものをラダー回路と呼んでいます．

（ⅰ）与えられたラダー回路の電圧源の電圧を求めるには，右の端子間電圧 $V_{cc'}$ から順に求めていきます．

　$(5 + 10)\,[\Omega]$ に 1A が流れていることから，

$$V_{cc'} = (5 + 10) \times 1 = 15\,[\mathrm{V}]$$

したがって，c - c′ 間の 10Ω に流れる電流 $I_{cc'}$ は，

$$I_{cc'} = \frac{15}{10} = 1.5\,[\mathrm{A}]$$

b−c 間$(5\,\Omega)$を流れる電流$I_{bc}$は,

$$I_{bc} = 1.5 + 1 = 2.5\,[\mathrm{A}]$$

となります. 同様に考えて,

$$V_{bc} = 5 \times 2.5 = 12.5\,[\mathrm{V}]$$

$$V_{bb'} = 12.5 + 15 = 27.5\,[\mathrm{V}] \qquad I_{bb'} = \frac{27.5}{10} = 2.75\,[\mathrm{A}]$$

$$I_{ab} = 2.75 + 2.5 = 5.25\,[\mathrm{A}] \qquad V_{ab} = 5 \times 5.25 = 26.3\,[\mathrm{V}]$$

$$V_{aa'} = 26.3 + 27.5 = 53.8\,[\mathrm{V}]$$

こうして,$E = V_{aa'} = 53.8\,[\mathrm{V}]$ であることがわかります.

(ii) 電源から見た合成抵抗ですが,c−c′間の合成抵抗から順に求めます.

$$R_{cc'} = \frac{10 \times 15}{10 + 15} = 6\,[\Omega] \qquad R_{bb'} = \frac{10 \times 11}{10 + 11} = 5.24\,[\Omega]$$

$$R_{aa'} = 5 + 5.24 = 10.24\,[\Omega]$$

電源から見た合成抵抗は,$R_t = R_{aa'} = 10.24\,[\Omega]$ となります.

(iii) 起電力が$E = 100\,[\mathrm{V}]$であるとき,電源を流れ出る電流$I_t$は,

$$I_t = \frac{100}{10.24} = 9.77\,[\mathrm{A}]$$

右端の抵抗$10\,\Omega$に流れる電流は,分流式を適用して,

$$I = 9.77 \times \frac{10}{10 + 11} \times \frac{10}{10 + 15} = 1.86\,[\mathrm{A}]$$

となります.

## ■電圧源と内部抵抗

問19 図1のように電圧源が内部抵抗
$r\,[\Omega]$を持っているとき,回路に流
れる電流$I\,[\mathrm{A}]$と負荷の端子間電
圧$V_\ell\,[\mathrm{V}]$の関係を求めなさい.

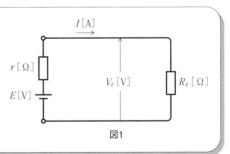

図1

【解説】 一般に,電源(電池や発電機)は内部に抵抗を持っています. これを**内部抵抗**
と呼んでいます.

　図の回路は，起電力$E$[V]，内部抵抗$r$[Ω]の電圧源に負荷抵抗$R_\ell$[Ω]が接続された状態を示しています．

　負荷抵抗に流れる電流$I$は次式です．

$$I = \frac{E}{r + R_\ell} \quad [\text{A}] \tag{1}$$

　負荷抵抗の端子間電圧$V_\ell$は，

$$\boldsymbol{V_\ell = E - rI \ [\text{V}]} \tag{2}$$

となります．

　いま，起電力$E = 10$[V]，内部抵抗$r = 1$[Ω]であったとしましょう．負荷抵抗$R_\ell$が9Ω，4Ω，…，1Ωと変化したときの端子間電圧$V_\ell$[V]の変化を求めます．

　$R_\ell = 9$[Ω]のとき，電流$I$は，

$$I = \frac{10}{1 + 9} = 1[\text{A}] \ \text{で，} \ V_\ell = 10 - 1 \times 1 = 9[\text{V}]$$

$$R_\ell = 4[\Omega] \ \text{のとき，} \ I = 2[\text{A}] \ \text{で，} \ V_\ell = 8[\text{V}]$$

$$R_\ell = 1[\Omega] \ \text{のとき，} \ I = 5[\text{A}] \ \text{で，} \ V_\ell = 5[\text{V}]$$

となり，端子間電圧$V_\ell$は起電力の半分になります．

　電流$I$[A]と端子間電圧$V_\ell$[V]の関係をグラフで表すと図2となります．

　グラフから理解できることは，電流$I$[A]が大きくなる（負荷抵抗が小さい）と，端子間電圧$V_\ell$は低くなることです．

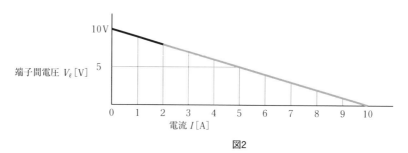

図2

　なお，負荷抵抗$R_\ell$が$r$の10倍以上であれば，端子間電圧$V_\ell$は起電力$E$の90％以上となります．さらに，内部抵抗$r$が$R_\ell$に対して非常に小さいときはこれを無視することができます．**問に内部抵抗が記入されていないときは$r \ll R_\ell$であると解釈してください**．

## ■電位と電位差

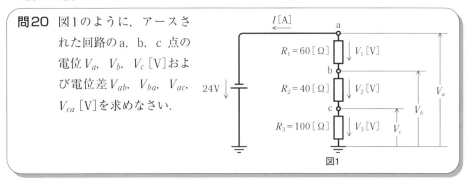

**問20** 図1のように，アースされた回路のa，b，c点の電位 $V_a$, $V_b$, $V_c$ [V]および電位差 $V_{ab}$, $V_{ba}$, $V_{ac}$, $V_{ca}$ [V]を求めなさい．

図1

【解説】 図1の回路の実体図を図2に示します．銅板またはアルミ板の上に回路を構成していますが，銅板の電圧（電位）を0Vと規定します．そして記号 ⏚ は銅板に接続していることを表し，**アース**と呼びます．アースとアースの間は銅板で接続されていることになります．

アース（0V）に対するa点の電圧 $V_a$ を**電位**といいます．

b点の電位が $V_b$ [V]であるとき，電位の差，

$$V_{ab} = V_a - V_b \ [\text{V}] \tag{1}$$

をa点とb点の**電位差**，または**b点に対するa点の電位**といいます．

さて，図1は電圧源の＋端子をアースしていますから，＋端子が電位0Vです．したがって，電圧源の－端子の電位は－24Vです．

回路の合成抵抗 $R_\ell$ および電流 $I$ [A]を求め，各抵抗の端子間電圧 $V_1$, $V_2$, $V_3$ を求めます．

$$R_\ell = 60 + 40 + 100 = 200 \,[\Omega] \qquad I = \frac{24}{200} = 0.12 \,[\text{A}]$$

となり，

$$V_1 = 60 \times 0.12 = 7.2 \,[\text{V}] \qquad V_2 = 40 \times 0.12 = 4.8 \,[\text{V}]$$
$$V_3 = 100 \times 0.12 = 12 \,[\text{V}]$$

です．そしてc，b，a点の電位 $V_c$, $V_b$, $V_a$ は，

$$V_c = -12 \,[\text{V}]$$
$$V_b = (-12) + (-4.8) = -16.8 \,[\text{V}]$$
$$V_a = -24 \,[\text{V}]$$

上式から，電位差 $V_{ab}$, $V_{ba}$, $V_{ac}$, $V_{ca}$ を求めます．

$$V_{ab} = V_a - V_b = (-24) - (-16.8) = -7.2\,[\mathrm{V}]$$
$$V_{ba} = V_b - V_a = (-16.8) - (-24) = 7.2\,[\mathrm{V}]$$
$$V_{ac} = V_a - V_c = (-24) - (-12) = -12\,[\mathrm{V}]$$
$$V_{ca} = V_c - V_a = (-12) - (-24) = 12\,[\mathrm{V}]$$

電位差の添え字に十分注意してください. $V_{ab}$ はb点に対するa点の電位であり, $V_{ba}$ はa点に対するb点の電位です.

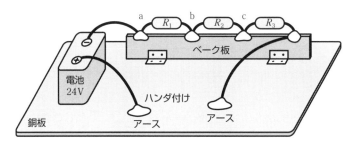

図2

## ■電位差

**問21** 図の回路における次の値を求めなさい.

（ⅰ）電流 $I_b$, $I_c$, $I\,[\mathrm{A}]$

（ⅱ）電位差 $V_{ab}$, $V_{bg}$, $V_{ac}$, $V_{cg}\,[\mathrm{V}]$

（ⅲ）電位差 $V_{bc}\,[\mathrm{V}]$

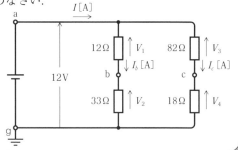

**【解説】**

（ⅰ）各枝路電流を求めます. b点およびc点を流れる電流を, それぞれ $I_b$, $I_c$ とします.

$$I_b = \frac{12}{12 + 33} = 0.267\,[\mathrm{A}] \qquad I_c = \frac{12}{82 + 18} = 0.12\,[\mathrm{A}]$$

$$I = I_b + I_c = 0.267 + 0.12 = 0.387\,[\mathrm{A}]$$

（ⅱ）各抵抗の端子間電圧を求めます.

$$V_1 = 12 \times 0.267 = 3.20\,[\mathrm{V}] \qquad V_2 = 33 \times 0.267 = 8.81\,[\mathrm{V}]$$
$$V_3 = 82 \times 0.12 = 9.84\,[\mathrm{V}] \qquad V_4 = 18 \times 0.12 = 2.16\,[\mathrm{V}]$$

$$V_{ab} = V_1 = 3.20\,[\text{V}] \qquad\qquad V_{bg} = V_2 = 8.81\,[\text{V}]$$

$$V_{ac} = V_3 = 9.84\,[\text{V}] \qquad\qquad V_{cg} = V_4 = 2.16\,[\text{V}]$$

(ⅲ) g点はアースされているので，電位は0Vです．

$$V_{bc} = V_{bg} - V_{cg} = 8.81 - 2.16 = 6.65\,[\text{V}]$$

## ■3端子可変抵抗器と負荷抵抗

> **問22** 図1および図2のように，3端子可変抵抗器に負荷抵抗$R_\ell$を接続したとき，
> それぞれの端子間電圧$V_{cb}\,[\text{V}]$を求めなさい．
>
>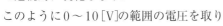
>
> 図1　　　　　　　　　　　　　　　　図2

**【解説】** 図1，図2のような3端子可変抵抗器を**ポテンショメーター**と呼び，電圧を調整するために用いています．図3に示すように電圧計を接続し，接触子をb点からa点まですべらせると電圧計の指示は0～10[V]まで連続的に変化します．

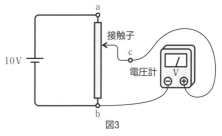

図3

このように0～10[V]の範囲の電圧を取り出すことができるのですが，ポテンショメーターの抵抗$R\,[\Omega]$と負荷抵抗$R_\ell\,[\Omega]$の組合せによって電圧の様子が異なるので要注意です．

図1の回路において，負荷を接続する前の電圧$V_{cb}$は，

$$V_{cb} = 10 \times \frac{2\times10^3}{10\times10^3} = 2\,[\text{V}]$$

ですが，負荷抵抗$R_\ell = 200\,[\Omega]$を接続すると，c-b間の抵抗$R_{cb}$は，

$$R_{cb} = \frac{2,000\times200}{2,000+200} = 181.8\,[\Omega]$$

となり，負荷の端子間電圧は，

$$V_{cb} = 10 \times \frac{181.8}{8,000 + 181.8} = \boxed{0.222\,[\text{V}]}$$

です．負荷抵抗を接続した瞬間に$V_{cb}$は小さくなってしまいます(図4)．

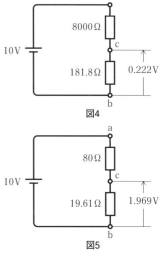

図4

図2に示す回路も，負荷を接続する前は$V_{cb} = 2\,[\text{V}]$です．

負荷抵抗$R_\ell = 1\,[\text{k}\Omega]$を接続すると，$R_{cb}$は，

$$R_{cb} = \frac{20 \times 1,000}{20 + 1,000} = 19.61\,[\Omega]$$

となり，その端子間電圧$V_{cb}$は，

$$V_{cb} = 10 \times \frac{19.61}{80 + 19.61} = \boxed{1.969\,[\text{V}]}$$

で，ほぼ無負荷時と同じ電圧です(図5)．

図5

このように，ポテンショメーターを使用するときは，負荷抵抗$R_\ell$との関係を考慮しなければなりません．

## ■倍率器

**問23**　内部抵抗$R_i = 12,000\,[\Omega]$で，0から150Vまで測定できる電圧計Ⓥがある．図1のように倍率器$R_m\,[\Omega]$を接続し，電圧600Vまで測定できるようにしたい．倍率器$R_m$の値を求めなさい．

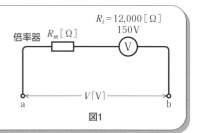

図1

**【解説】**　電圧計の測定範囲を拡大する目的で，図1のように，電圧計に直列接続した抵抗$R_m$を**倍率器**と呼んでいます．

たとえば，内部抵抗12,000Ωで150Vまで測定できる電圧計に内部抵抗と等しい倍率器$R_m = 12,000\,[\Omega]$を直列接続し，a-b端子間に150Vを加えると，電圧計は半分の75Vを指示します．そしてa-b端子間に300Vを加えたとき，電圧計は150Vを指示します．すなわち，電圧計の指示を2倍にすることで，$V = 300\,[\text{V}]$までの電圧を測定できることになります．

内部抵抗が$R_i\,[\Omega]$で$V_v\,[\text{V}]$まで測定可能な電圧計を，$m$倍の電圧$V = mV_v\,[\text{V}]$まで測定可能に拡大する倍率器$R_m$の値を求めます．

図2から，電圧$V$と$V_v$の比$m$は，次式のように抵抗比で表現できます．

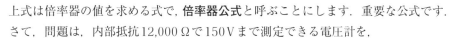

$$m = \frac{V}{V_v} = \frac{R_i + R_m}{R_i} \qquad (1)$$

上式から$mR_i = R_i + R_m$，よって，

$$\boldsymbol{R_m = ( m - 1 ) R_i \ [\Omega]} \qquad (2)$$

を満たせばよいことがわかります．

図2

上式は倍率器の値を求める式で，**倍率器公式**と呼ぶことにします．重要な公式です．

さて，問題は，内部抵抗12,000Ωで150Vまで測定できる電圧計を，

$$m = \frac{600}{150} = 4$$

にする倍率器$R_m$を要求しています．倍率器公式を用いて，

$$R_m = (4 - 1) \times 12,000 = 36,000 \ [\Omega]$$

の倍率器を用いればよいことがわかります．

## ■2台の電圧計による電圧測定

**問24** 最大目盛150V・内部抵抗15,000Ωの電圧計Ⓥ₁と，最大電圧150V・内部抵抗10,000Ωの電圧計Ⓥ₂の2台がある．次の問に答えなさい．

（i）2台の電圧計を直列接続して200Vを測定したとき，それぞれの指示値を求めなさい．

（ii）2台を直列接続して測定できる最大電圧を求めなさい．

## 【解説】

（i）問題の意味するところを回路図で示すと，図1のようになります．

2台の電圧計に流れる電流$I$は，

$$I = \frac{200}{15,000 + 10,000} = 8 \times 10^{-3} = 8 \ [\text{mA}]$$

各電圧計の指示値$V_1$および$V_2$は，

$$V_1 = 15 \times 10^3 \times 8 \times 10^{-3} = 120 \ [\text{V}]$$

$$V_2 = 10 \times 10^3 \times 8 \times 10^{-3} = 80 \ [\text{V}]$$

となります．

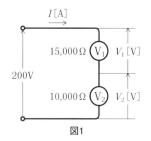

図1

(ii) それぞれの電圧計が150Vまで測定できることから，2台で2倍の300Vまで測定できるぞ！と早合点してはいけません．

電圧計⟨V₁⟩および⟨V₂⟩が単独で150Vを指示しているとき，電圧計に流れている電流（**動作電流**）$I_1$および$I_2$は，

$$I_1 = \frac{150}{15{,}000} = 10\,[\text{mA}] \qquad I_2 = \frac{150}{10{,}000} = 15\,[\text{mA}]$$

です．2台を直列接続して測定するとき，同じ電流が流れますから，小さい方の動作電流10mAに制限されます．電圧計⟨V₁⟩には10mAが流れ150Vを指示しますが，電圧計⟨V₂⟩の指示値$V_2$は，

$$V_2 = 10 \times 10^3 \times 10 \times 10^{-3} = 100\,[\text{V}]$$

であり，$V_1 + V_2 = 250\,[\text{V}]$までしか測定できません．内部抵抗までも同じであれば，2倍の300Vまで測定できますが….

## ■電圧計の内部抵抗

> **問25** 一定電圧の電源に内部抵抗が未知である電圧計を直接接続したところ$V_1$[V]を指示し，次に既知抵抗$R$[Ω]を電圧計に直列接続し，同一電源に接続したところ$V_2$[V]を指示した．
>
>   電圧計の内部抵抗$R_x$[Ω]を求めなさい．

**【解説】** 未知である電圧計の内部抵抗$R_x$[Ω]を求めます．電圧源の電圧は直接測定した$V_1$[V]です．既知抵抗$R$[Ω]を直列接続し，電圧源に接続した時の回路は下図のようになります．

問題が要求しているところは，既知である$V_1$，$V_2$，$R$を用いて未知抵抗$R_x$を表せというものです．

電圧計に流れる電流$I$は，

$$I = \frac{V_1}{R + R_x}\,[\text{A}] \tag{1}$$

電圧計の指示値$V_2$は次式です．

$$V_2 = R_x \times I\,[\text{V}] \tag{2}$$

上式に(1)式を代入します．

$$V_2 = R_x \times \frac{V_1}{R + R_x}\,[\text{V}] \tag{3}$$

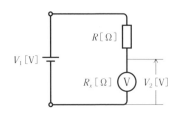

上式から，

$$(R + R_x)\, V_2 = R_x V_1 \quad \rightarrow \quad (V_1 - V_2)\, R_x = R V_2$$

したがって，

$$R_x = R \times \frac{V_2}{V_1 - V_2}\ [\Omega] \tag{4}$$

となります*.

## ■分流器

**問26** 内部抵抗$4.68\,\Omega$で$5\,\mathrm{mA}$まで測定できる電流計Ⓐがある.

図のように，分流器$R_s$を用いて$0 \sim 50\,\mathrm{mA}$まで測定できる電流計にしたい.

分流器の$R_s$の値を求めなさい.

$R_a = 4.68\,[\Omega]$，$5\,\mathrm{mA}$

Ⓐ

$I_a\,[\mathrm{A}]$

$I\,[\mathrm{A}]$　$I_s\,[\mathrm{A}]$　　$I\,[\mathrm{A}]$

分流器 $R_s\,[\Omega]$

**【解説】** 電流計の測定範囲を拡大する目的で，電流計と並列接続する抵抗$R_s$を**分流器**と呼んでいます.

たとえば，問題図の回路において，電流計の内部抵抗$4.68\,\Omega$と同じ値の分流器$R_s = 4.68\,[\Omega]$を接続すると，電流$I = 5\,[\mathrm{mA}]$のとき，電流計の指示値は半分の$2.5\,\mathrm{mA}$になります. そして電流$I = 10\,[\mathrm{mA}]$のとき，電流計は$5\,\mathrm{mA}$を指示します.

すなわち，電流計の指示値を2倍することによって，$0 \sim 10\,\mathrm{mA}$の電流を測定できることになります. このように電流計の測定範囲を拡大するのが分流器です.

そこで，内部抵抗$R_a\,[\Omega]$で$I_a\,[\mathrm{A}]$まで測定する電流計があるとき，これを$I = m I_a\,[\mathrm{A}]$まで測定できるようにする分流器$R_s$を求めることにします.

$$m = \frac{I}{I_a} \tag{1}$$

を**分流器の倍率**と呼ぶことにします.

図示回路の電流計に流れる電流$I_a$は，分流式を用いて，

$$I_a = I \times \frac{R_s}{R_s + R_a}\ [\mathrm{A}] \tag{2}$$

です.

---

(注)*：解答は文字式となりました. このように文字で解答する問題が時に現れますが，これを**文字式問題**と呼ぶことにします.

上式から,

$$\frac{I}{I_a} = \frac{R_s + R_a}{R_s} = m \qquad mR_s = R_s + R_a$$

したがって,

$$R_s = \frac{R_a}{m - 1} \ [\Omega] \qquad\qquad (3)$$

電流計の測定範囲を$m$倍にするには,上式で求めた分流器を用いるとよいのです.これを**分流器公式**と呼びます.

問題は,題意から,

$$m = \frac{50}{5} = 10$$

ですから,$m = 10$を分流器公式に代入します.

$$R_s = \frac{4.68}{10 - 1} = 0.52\,[\Omega]$$

から,$R_s = 0.52\,[\Omega]$の分流器を用いるとよいことになります.

## ■2台の電流計で測定

> **問27** 最大目盛10Aの電流計Ⓐ₁およびⒶ₂を
> 図のように並列接続し,電流15Aが
> 流れる回路に接続した.各電流計の指
> 示値を求めなさい.
> ただし,電流計Ⓐ₁の最大目盛指示
> 時の端子間電圧は75mVであり,電流
> 計Ⓐ₂は50mVである.

**【解説】** それぞれの電流計の内部抵抗$R_1$および$R_2$を求めることにしましょう.

電流計Ⓐ₁に10Aが流れているとき,端子間電圧が75mVであることから,

$$R_1 = \frac{75 \times 10^{-3}}{10} = 7.5 \times 10^{-3}\,[\Omega]$$

同様にして,

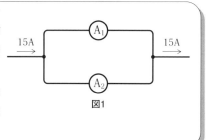

$$R_2 = \frac{50 \times 10^{-3}}{10} = 5 \times 10^{-3}\,[\Omega]$$

したがって,問題は図2に示す回路の電流$I_1$および$I_2$を求めることになります.

分流式を適用します.

$$I_1 = I \times \frac{R_2}{R_1 + R_2} = 15 \times \frac{5 \times 10^{-3}}{(7.5 + 5) \times 10^{-3}} = 6 \, [\text{A}]$$

$$I_2 = I \times \frac{R_1}{R_1 + R_2} = 15 \times \frac{7.5 \times 10^{-3}}{(7.5 + 5) \times 10^{-3}} = 9 \, [\text{A}]$$

こうして⒜は6A, ⒜は9Aを指示することがわかります.

内部抵抗の小さい方に多くの電流が流れることに留意しましょう.

## ■電流を１：２に分割

**問28** 図の回路において,電流 $I = 5 \, [\text{A}]$ が流れている. 並列接続した $R_1$ および $R_2$ に流れる電流が $1 : 2$ になるようにしたい.

　　$R_1$ および $R_2$ を求めなさい. ただし, $R = 2 \, [\Omega]$ とする.

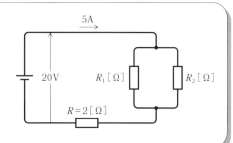

**【解説】**　題意から,合成抵抗 $R_t$ は,

$$R_t = \frac{20}{5} = 4 \, [\Omega] \tag{1}$$

そして,

$$R_t = R + \frac{R_1 \times R_2}{R_1 + R_2} = 2 + \frac{R_1 \times R_2}{R_1 + R_2} = 4 \, [\Omega]$$

ですから,

$$\frac{R_1 \times R_2}{R_1 + R_2} = 2 \, [\Omega] \tag{2}$$

でなければなりません.

さらに, $R_1$ および $R_2$ に流れる電流を $1 : 2$ にしなければなりません. 並列回路の**電流比は抵抗の逆数比**ですから,次式を満たします.

$$1 : 2 = \frac{1}{R_1} : \frac{1}{R_2} \rightarrow \frac{1}{2} = \frac{R_2}{R_1}$$

すなわち,

$$R_1 = 2R_2 \tag{3}$$

でなければなりません．(3)式を(2)式に代入します．

$$\frac{R_1 \times R_2}{R_1 + R_2} = \frac{2R_2 \times R_2}{2R_2 + R_2} = \frac{2}{3} R_2 = 2 [\Omega] \tag{4}$$

上式から，$R_2 = 3 [\Omega]$

この値を(3)式に代入して$R_1 = 2 \times 3 = 6 [\Omega]$ であることがわかります．

## ■文字式計算

**問29** 図示回路のように，相等しい抵抗$R[\Omega]$を三角形に接続し，内部抵抗$r[\Omega]$・起電力$E[V]$のバッテリーの電圧を加えたところ，電流$I[A]$が流れた．

抵抗$R$を求めなさい．

図1

**【解説】** 文字式問題です．何が既知で，未知は何であるかを明確にし，解答に移ります．ここでは，$r[\Omega]$，$E[V]$，$I[A]$が既知で，$R$が未知です．

図1の回路がわかりにくければ，図2のように描きかえるとすっきりします．

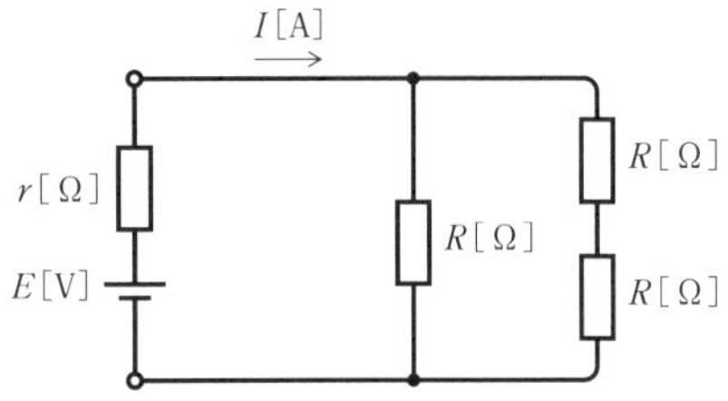

まず合成抵抗$R_t$を求めます．

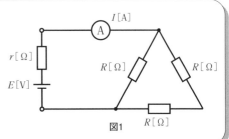

図2

$$R_t = r + \frac{R \times 2R}{R + 2R} = r + \frac{2}{3} R [\Omega] \tag{1}$$

この合成抵抗$R_t$は$\frac{E}{I} [\Omega]$に等しくなければなりません．すなわち，

$$\frac{E}{I} = r + \frac{2}{3} R [\Omega]$$

上式から未知の$R$を導きます．すなわち，

$$R = \frac{\dfrac{E}{I} - r}{\dfrac{2}{3}} = \frac{3}{2} \left( \frac{E}{I} - r \right) [\Omega] \tag{2}$$

であります．

## ■電流を２倍にする

> **問30** 図示回路における電圧 $E$[V]を一定にし，スイッチSを閉じたときの電流 $I$[A]が，閉じる前の2倍になるような抵抗 $R_x$ の値を求めなさい．
>
>     ただし，$R_1 = 1$[Ω]，$R_2 = 2$[Ω]である．

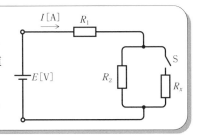

**【解説】** スイッチSを閉じると電流 $I$ が2倍になるということは，閉じると合成抵抗が半分になるということです．

Sを開いているときの合成抵抗を $R_O$ で表すと，

$$R_O = R_1 + R_2 = 1 + 2 = 3[\Omega] \tag{1}$$

Sを閉じたときの合成抵抗を $R_C$ で表すと，

$$R_C = R_1 + \frac{R_2 \times R_x}{R_2 + R_x} = 1 + \frac{2 \times R_x}{2 + R_x} = \frac{2 + 3R_x}{2 + R_x}[\Omega] \tag{2}$$

です．$R_C$ は $R_O$ の半分ですから，$\frac{3}{2}$[Ω]でなければなりません．したがって，

$$\frac{2 + 3R_x}{2 + R_x} = \frac{3}{2}[\Omega]$$

上式から，$4 + 6R_x = 6 + 3R_x \qquad R_x = \frac{2}{3} = 0.667[\Omega] \tag{3}$

となります．確かめてみましょう．$R_O = 3$[Ω]でしたが，

$$R_C = 1 + \frac{2 \times 0.667}{2 + 0.667} = 1.5[\Omega]$$

で，確かに半分になっています．

## ■短絡した時の電流

> **問31** 図示回路において，3端子可変抵抗のa-b端子間に電圧100Vを加えたとき，c-b端子間の電圧は20Vであった．次に，c-b端子間に150Ωの抵抗を接続すると，その端子間電圧は15Vになった．
>
>     c-b端子間を短絡すると，短絡点を流れる電流は何[A]か．

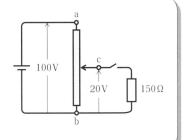

【解説】　難問です．どこから手をつけますか．まずは，各部分の抵抗値を知るのが先決でしょう．そこでa−c端子間の抵抗を$R_1$[Ω]，c−b端子間の抵抗を$R_2$[Ω]とします．

電圧は抵抗に比例することから，

$$( 100 - 20 ) : 20 = R_1 : R_2$$

であり，**内項の積は外項の積に等しい**ことから，

$$20R_1 = 80R_2$$

となります．すなわち，

$$R_1 = 4R_2 [Ω] \tag{1}$$

です．

次にc−b端子間に150Ωの抵抗を接続したときの合成抵抗$R_{cb}$は，

$$R_{cb} = \frac{150 \times R_2}{150 + R_2} [Ω] \tag{2}$$

です．電圧は抵抗に比例することから，

$$( 100 - 15 ) : 15 = 4R_2 : \frac{150 \times R_2}{150 + R_2}$$

したがって，

$$15 \times 4R_2 = 85 \times \frac{150 \times R_2}{150 + R_2}$$

$$60R_2 \times ( 150 + R_2 ) = 85 \times 150 \times R_2 \quad \rightarrow \quad R_2 = 62.5 [Ω]$$

つまり，$R_1 = 4 \times 62.5 = 250$ [Ω]であることがわかります．

c−b端子間を短絡したとき，そこを流れる電流$I$は，

$$I = \frac{100}{250} = 0.4 [A]$$

となります．

## ■電池1個の内部抵抗

> **問32**　図1に示すように，2Ωの負荷抵抗に電力を供給するとき，蓄電池90個を直列接続した電源から供給する場合と，図2のように蓄電池30個を直列接続したものを3組並列接続した電源から供給する場合を比較すると，後者の電流が前者の電流の1.5倍であるという．
>
> 　　蓄電池1個の内部抵抗を求めなさい．

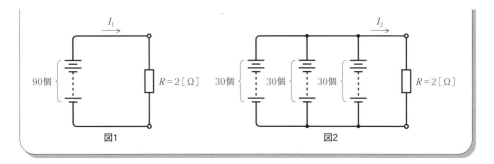

図1　　　　　　　　　　　　図2

【解説】　蓄電池（バッテリー）1個の起電力を$E$［V］，内部抵抗を$r$［Ω］と仮定します.

　図1に示す回路で$R = 2$［Ω］に流れる電流$I_1$は，すべての抵抗が直列接続ですから，

$$I_1 = \frac{90E}{90r + 2} \text{［A］} \tag{1}$$

　図2に示す回路の負荷抵抗に流れる電流を$I_2$とします. 30個の$r$［Ω］が3組並列接続されていることに留意して，

$$I_2 = \frac{30E}{\dfrac{30r}{3} + 2} = \frac{90E}{30r + 6} \text{［A］} \tag{2}$$

　題意より，$I_1$と$I_2$の間には次の関係があります.

$$I_2 = 1.5 \times I_1 \quad \rightarrow \quad \frac{I_2}{I_1} = \frac{3}{2}$$

$$\frac{\dfrac{90E}{30r + 6}}{\dfrac{90E}{90r + 2}} = \frac{90r + 2}{30r + 6} = \frac{3}{2} \tag{3}$$

上式から，

$$2 \times (90r + 2) = 3 \times (30r + 6) \quad \rightarrow \quad r = \frac{14}{90} = 0.1556 \text{［Ω］}$$

確かめてみましょう.

$$I_1 = \frac{90E}{0.1556 \times 90 + 2} = 5.62E \text{［A］} \quad I_2 = \frac{30E}{\dfrac{0.1556 \times 30}{3} + 2} = 8.44E \text{［A］}$$

$$\frac{I_2}{I_1} = \frac{8.44E}{5.62E} = 1.5$$

確かに1.5倍の電流が流れます.

## ■ブリッジ回路と平衡条件

> **問33** 図1に示すブリッジ回路の平衡条件を求めなさい.

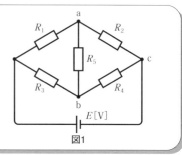

図1

【解説】　図1に示すブリッジ回路において，抵抗$R_5$に流れる電流が0になるように抵抗$R_1$，$R_2$，$R_3$，$R_4$の値を調整することができたとき，ブリッジ回路は**平衡している**といいます.

抵抗$R_5$に電流が流れないためには，$V_{ab} = 0$. すなわち，

$$V_{ac} = V_{bc} \tag{1}$$

でなければなりません. すなわち，

$$R_2 \times \frac{E}{R_1 + R_2} = R_4 \times \frac{E}{R_3 + R_4} \tag{2}$$

上式から，

$$\frac{R_2}{R_1 + R_2} = \frac{R_4}{R_3 + R_4} \quad \rightarrow \quad R_4(R_1 + R_2) = R_2(R_3 + R_4)$$

$$\boldsymbol{R_1\,R_4 = R_2\,R_3} \tag{3}$$

となることがわかります.

すなわち，**向き合う辺の抵抗の積が等しい（タスキ掛けが等しい）**ことが必要です. この条件をブリッジ回路の**平衡条件**と呼んでいます. 平衡条件は，次のように表現することもできます.

$$\frac{R_1}{R_2} = \frac{R_3}{R_4} \tag{4}$$

ブリッジ回路が平衡しているとき，(3)または(4)式が満たされているのです.

これを整理すると，図2に示すように，ブリッジ回路が平衡しているときはブリッジ回路のa点とb点の電位は等しく，a-b端子間を**開放**しても**短絡**しても他への影響はなく，図3(a)または(b)のように，直並列回路で描くことができることを覚えておきましょう.

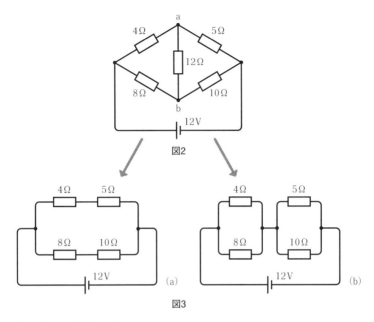

図2

図3 (a) (b)

## ■ホイートストンブリッジ

**問34** 図示のホイートストンブリッジ回路におい
て，$P = 1\,[\text{k}\Omega]$，$Q = 10\,[\Omega]$ である．この
ブリッジ回路の被測定抵抗$R$は$100\,\Omega \sim$
$2\text{k}\Omega$の範囲内である．

　　$R$のすべての範囲で平衡条件を満たす可
変抵抗$S$の範囲を求めなさい．

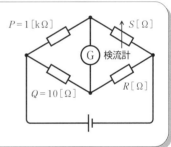

**【解説】　ホイートストンブリッジ**は抵抗の精密測定に使用されます．ここで$P$と$Q$は
一定です．被測定抵抗（未知抵抗）$R$は$100 \sim 2{,}000\,\Omega$の範囲ですが，平衡するために
は抵抗$S$も範囲を持たなければなりません．

　$R$が$100\,\Omega$であるとき，ブリッジ回路が平衡するには，タスキ掛けが等しいことから，

$$1{,}000 \times 100 = 10 \times S \qquad S = \frac{1{,}000 \times 100}{10} = 10{,}000 = 10\,[\text{k}\Omega]$$

でなければなりません．

　さらに，$R = 2\,[\text{k}\Omega]$であるときは，次式を満たさなければなりません．

$$1{,}000 \times 2{,}000 = 10 \times S$$

したがって，

$$S = \frac{1,000 \times 2,000}{10} = 200\,[\mathrm{k\Omega}]$$

となり，こうして，$S$は$10\,\mathrm{k\Omega}$〜$200\,\mathrm{k\Omega}$の範囲の可変抵抗であることが要求されます．

## ■最大消費電力

> **問35** 図示回路のように，内部抵抗$r = 100$ $[\Omega]$・起電力100Vである電圧源に，負荷として可変抵抗$R$を接続し，$R = 0, 50, 100, 150, \cdots, 450\,[\Omega]$まで変化させたとき，$R$が消費する電力の変化を求めなさい．

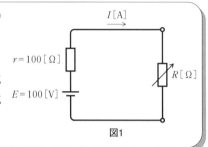

図1

**【解説】** 回路に流れる電流$I$は，

$$I = \frac{100}{100 + R}\,[\mathrm{A}] \tag{1}$$

この式中の$R$に値を代入し，電流を計算すると表1のようになります．

負荷$R\,[\Omega]$の消費電力$P$は次式で与えられます．

$$P = RI^2\,[\mathrm{W}] \tag{2}$$

上式を見ると，消費電力を大きくするには抵抗$R$と電流$I$を大きくすればよさそうですが，電圧$E\,[\mathrm{V}]$が一定のもとで，抵抗$R$を大きくすれば電流$I$は小さくなり，電流$I$を大きくするには$R$を小さくしなければなりません．このことは抵抗$R$のある値で消費電力が最大になることを暗示しています．

表1

| $R\,[\Omega]$ | $I\,[\mathrm{A}]$ | $P\,[\mathrm{W}]$ |
|---|---|---|
| 0 | 1.00 | 0.0 |
| 50 | 0.67 | 22.4 |
| 100 | 0.50 | 25.0 |
| 150 | 0.40 | 24.0 |
| 200 | 0.33 | 21.8 |
| 250 | 0.29 | 21.0 |
| 300 | 0.25 | 18.8 |
| 350 | 0.22 | 16.9 |
| 400 | 0.20 | 16.0 |
| 450 | 0.18 | 14.6 |

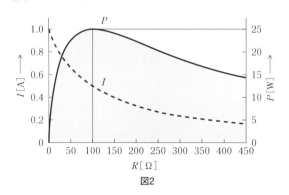

図2

電流の各値に対する消費電力 $P$ [W]を求めた結果を表1に記入しました．さらに，抵抗の変化に対する電流 $I$ および消費電力 $P$ の変化をグラフ（図2）で表しました．消費電力の曲線にはピーク（最大値）が存在することがわかります．$R = 100 [\Omega]$ のとき，最大消費電力は25Wとなります．

ところで，$R = 100 [\Omega]$ は電源側の内部抵抗 $r = 100 [\Omega]$ の値と一致しています．偶然でしょうか．実は，電源側の内部抵抗 $r [\Omega]$ と同じ値の負荷抵抗 $R [\Omega]$ を接続したとき，負荷の消費電力 $P$ [W] は最大になるということを，次のように**最小定理**を適用して確かめることができます（下段のコラム参照）．

消費電力 $P$ は次式で表されます．

$$P = RI^2 = R \left( \frac{100}{100 + R} \right)^2 [\text{W}] \tag{3}$$

$$= \frac{100^2 R}{100^2 + 2 \times 100R + R^2} = \frac{100^2}{\dfrac{100^2}{R} + 200 + R} [\text{W}] \tag{4}$$

上式の分母に最小定理を適用します．二つの数 $\dfrac{100^2}{R}$ と $R$ の積が一定ですから，

$$\frac{100^2}{R} = R \quad \rightarrow \quad R^2 = 100^2$$

$R > 0$ だから，

$$R = 100 [\Omega] \tag{5}$$

このとき，分母は最小で，消費電力 $P$ [W]は最大になります．

このように，**電源側の内部抵抗が $r [\Omega]$ であるとき，接続する負荷抵抗 $R$ が $R = r [\Omega]$ のときに最大電力を消費します．**このことを**最大消費電力定理**といいます．

---

**コラム**

**●最小定理**

二つの正数の積 $(a \times b)$ が一定のとき，その和 $(a+b)$ は二つの数が相等しいとき最小になる．なぜならば，

$$(a+b)^2 = a^2 + b^2 + 2ab = (a-b)^2 + 4ab$$

この式から，

$$a+b = \sqrt{(a-b)^2 + 4ab}$$

したがって，$a = b$ のとき，$a+b = \sqrt{4ab}$ となり，最小になる．

例

$1 \times 16$　$1 + 16 = 17$

$2 \times 8$　$2 + 8 = 10$

$4 \times 4$　$4 + 4 = 8$

# 1章　自習問題　1〜42

解答 → 283〜290頁

---

**問1-1**　図(1)，(2)，(3)に示す回路の合成抵抗を求めなさい.
ただし，$r = 6$ [Ω]とする.

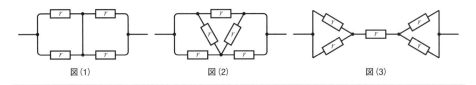

図(1)　　　　　　　図(2)　　　　　　　図(3)

---

**問1-2**　2Ω，3Ω，および5Ωの抵抗を組み合わせて8種の合成抵抗をつくりなさい.

---

**問1-3**　図に示す回路の電流 $I_1$，$I_2$，$I_3$ [A]を
求めなさい.

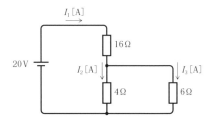

---

**問1-4**　図に示す回路における電流 $I_1$，$I_2$，$I_3$ [A]を
求めなさい.

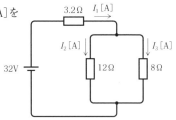

---

**問1-5**　図に示す回路における
次の値を求めなさい.

(1) 図(a)回路の電流 $I$ [A]
(2) 図(a)回路の電圧 $V_1$, $V_2$, $V_3$ [V]
(3) 図(b)回路の電流 $I_1$, $I_2$, $I_3$, $I$ [A]

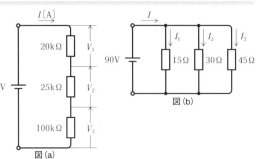

図(a)　　　図(b)

**問1-6** 図に示す回路における次の値を
求めなさい.
(1) スイッチSを開いたときの
電圧 $V_{ab}$, $V_{bc}$ [V]
(2) スイッチSを閉じたときの
電圧 $V_{ab}$, $V_{bc}$ [V]

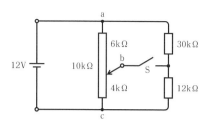

**問1-7** 起電力2V・内部抵抗0.1Ωの電池$e$[V] 4個を図のように接続し, 負荷抵抗$R$＝1[Ω]
に電流を供給するとき, 負荷に一番大きな電流が流れるのはどの接続か.

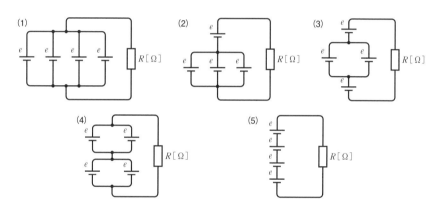

**問1-8** 図に示す回路における抵抗$R$の値を
求めなさい.

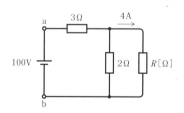

**問1-9** 図に示す回路において, 1kΩの抵抗が
10％増加した. 端子間電圧 $V$[V]は何
％増減するか.

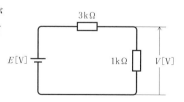

**問1-10** 図に示す回路において，$I = 5\,[\mathrm{A}]$である．次の値を求めなさい．

(1) 電圧 $E\,[\mathrm{V}]$

(2) 電流 $I_1$, $I_2$, $I_3\,[\mathrm{A}]$

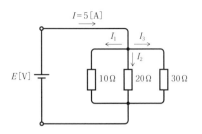

**問1-11** 図に示す回路において，スイッチSを閉じているとき$2\,\Omega$に流れる電流$I\,[\mathrm{A}]$は，スイッチSを開いているときの3倍である．抵抗$R\,[\Omega]$の値を求めなさい．

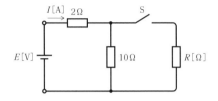

**問1-12** 図に示す回路において，$I = \dfrac{E}{R}\,[\mathrm{A}]$，$V = \dfrac{E}{5}\,[\mathrm{V}]$である．抵抗$r_1$の値を求めなさい．

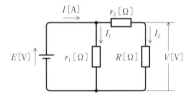

**問1-13** 図に示す回路におけるa-b端子間の合成抵抗$R\,[\Omega]$を求めなさい．

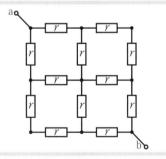

**問1-14** 図に示す回路の電流$I\,[\mathrm{A}]$および全消費電力$P\,[\mathrm{W}]$を求めなさい．

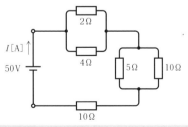

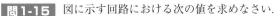

**問1-15** 図に示す回路における次の値を求めなさい.
(1) a−b端子間の電圧 $V_{ab}$ [V]
(2) 電流 $I$, $I_1$, $I_2$, $I_3$ [A]
(3) 全消費電力 $P$ [W]

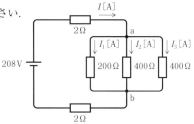

**問1-16** 図に示す回路における次の値を求めなさい.
(1) 電流 $I_1$, $I_2$, $I_3$ [A]
(2) 全消費電力 $P$ [W]

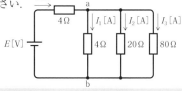

**問1-17** 図に示す回路における次の値を求めなさい.
(1) a−b端子間の電圧 $V_{ab}$ [V]
(2) 電流 $I$ [A]

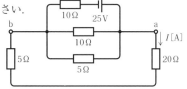

**問1-18** 図に示す回路において, 開閉器Sを開いているときは抵抗$R_3$に電流20Aが流れている. 開閉器Sを閉じて$R_3$の一部2.5Ωを短絡した. 次の値を求めなさい.

　　ただし, $R_1 = R_2 = 5$ [Ω], $R_3 = 10$ [Ω]である.
(1) Sを開いているときの電流計の指示値
(2) Sを閉じているときの電流計の指示値

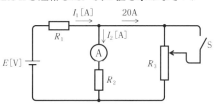

**問1-19** 二つの抵抗$R_1 = 1$[Ω]と$R_2$[Ω]を図(a)のように並列接続したときの消費電力は, 図(b)のように直列接続したときの6倍である.

　　$R_2$の値を求めなさい. ただし, $R_2 > R_1$とする.

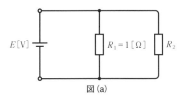

図(a)

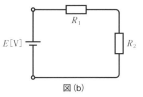

図(b)

**問1-20** 図に示す回路において，$I = 9\,[\text{A}]$であるとき，抵抗$R_1$を流れる電流は$I_1 = 3\,[\text{A}]$である．

すべり抵抗器の抵抗比$(R_{ac} : R_{bc})$を求めなさい．

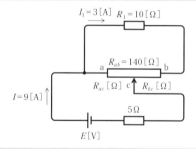

**問1-21** 図に示す回路における次の値を求めなさい．
(1) a–b間の合成抵抗$R\,[\Omega]$
(2) 電流$I\,[\text{A}]$

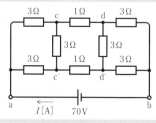

**問1-22** 図に示す回路において，a点を電流8Aが流れている．

次の値を求めなさい．
(1) a–b間の合成抵抗$R_l\,[\Omega]$
(2) 枝路電流$I_1$，$I_2$，$I_3\,[\text{A}]$

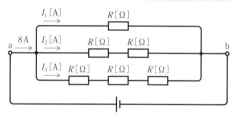

**問1-23** 図に示す回路における次の値を求めなさい．
(1) 電源の電圧$E\,[\text{V}]$
(2) 電源から見た合成抵抗$R\,[\Omega]$

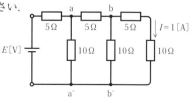

**問1-24** 図に示す回路における次の値を求めなさい．
(1) 電源から見た合成抵抗$R\,[\Omega]$
(2) 電流$I\,[\text{A}]$
(3) 全消費電力$P\,[\text{W}]$

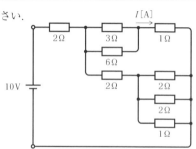

**問 1-25**　次の値を求めなさい.
(1) 図(a)回路における $V_{ad}$, $V_{bd}$, $V_{cd}$ [V]
(2) 図(b)回路における $V_{ad}$, $V_{bd}$, $V_{cd}$ [V]

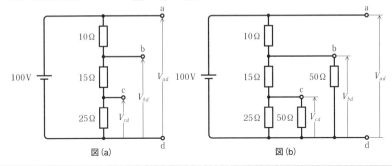

図(a)　　　　図(b)

**問 1-26**　図の回路において, 抵抗 3Ω の端子間電圧が 1.8V である.
　　電源電圧 $E$ [V] を求めなさい.

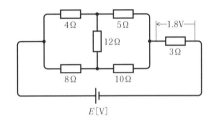

**問 1-27**　図に示す回路における電流 $I$ [A] を求めなさい.

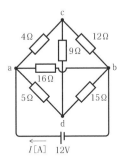

**問 1-28**　図に示す回路における a-b 端子間の合成抵抗 $R$ [Ω] を求めなさい.

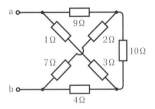

**問1-29** 図に示す回路において，a−b端子から見た合成抵抗$R_{ab}$［Ω］を求めなさい．

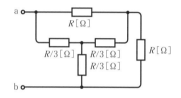

**問1-30** 図に示すラダー回路における次の値を求めなさい．
　　ただし，$E = 200$［V］，$r = 100$［Ω］，$R = 200$［Ω］である．
（1）電源から見た合成抵抗
　　$R_t$［Ω］
（2）電圧計の指示値$V$［V］

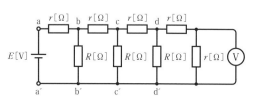

**問1-31** 図に示す回路における次の値を求めなさい．
（1）電流$I_1$，$I_2$［A］
（2）電圧$V_1$，$V_2$，$V_3$［V］
（3）全消費電力$P$［kW］

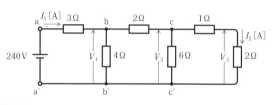

**問1-32** 図に示す回路における次の値を求めなさい．
（1）電流$I_1$，$I_2$，$I_3$，$I_4$［A］
（2）5Ω，6Ω，8Ωの消費電力
　　$P_5$，$P_6$，$P_8$［W］
（3）全消費電力$P$［kW］

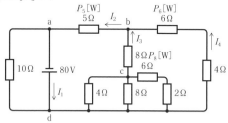

**問1-33** 図に示す回路において，a−b端子間の電圧が27Vである．
　　電圧源の電圧$E$［V］を求めなさい．

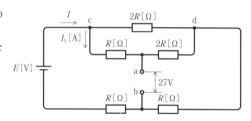

**問1-34** 図に示すように接続された負荷抵抗$R$が最大電力を消費する$R[\Omega]$の値を求めなさい.

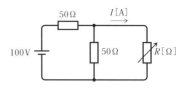

**問1-35** 電池の開放時の電圧は42Vである. 負荷抵抗12Ωを接続したところ, 負荷抵抗の端子間電圧が35Vになった.
　　電池の内部抵抗$r[\Omega]$を求めなさい.

**問1-36** 電池から負荷抵抗に5Aを供給するとき, 電池の端子間の電圧は0.7Vであり, 2Aを供給すると1Vになる.
　　電池の内部抵抗$r[\Omega]$を求めなさい.

**問1-37** 図のように, 内部抵抗$r[\Omega]$・起電力$E[V]$の電池に可変抵抗$R[\Omega]$を接続した回路がある.
$R = 2.25[\Omega]$のとき, $I = 3[A]$
$R = 3.45[\Omega]$のとき, $I = 2[A]$　である.
　　電池の起電力$E[V]$を求めなさい.

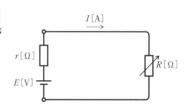

**問1-38** 図に示す回路における次の値を求めなさい.
(1) 電圧計$V$を接続する前の電圧$V_1[V]$
(2) 内部抵抗30kΩの電圧計$V$を接続して測定したときの指示値$V_2[V]$

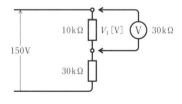

**問1-39** 最大目盛120V・内部抵抗20kΩの電圧計$\textcircled{V_1}$と最大目盛240V・内部抵抗30kΩの電圧計$\textcircled{V_2}$を直列接続して使用した場合, 測定可能な最大電圧は何$[V]$か.

**問1-40** 図(a)に示すように，定格電流1mA・内部抵抗23Ωの電流計と抵抗$R_m$[Ω]で構成された定格電圧5Vの電圧計がある．

次の問に答えなさい．

ただし，電圧計として用いるとき，電流計の目盛0～1mAは0～5Vに読み替えるものとする．

(1) 抵抗$R_m$の値を求めなさい．

(2) 図(b)のように，電圧$E = 5$[V]・内部抵抗$R_0 = 50$[Ω]の電源のc-d端子にこの電圧計を接続したときの指示値$V$を求めなさい．

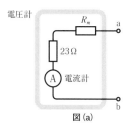
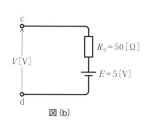

図(a)　　　　　　図(b)

**問1-41** 図に示すように，内部抵抗50Ω・1mAの電流計を10V，50V，100Vまで測定できる電圧計にするための倍率器$R_1$，$R_2$，$R_3$の値を求めなさい．

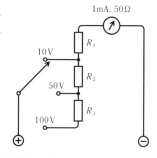

**問1-42** 図に示すように，内部抵抗50Ω・1mAの電流計を用いて，1A，10A，100Aまでの電流を測定できるようにしたい．

分流器$R_1$，$R_2$，$R_3$の値を求めなさい．

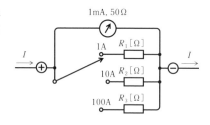

# 直流回路計算❷

## キルヒホッフの法則とべんりな定理

　前章ではオームの法則を主にした回路解析に力をいれてきました．しかし，少し複雑な電気回路（回路網）の解析になると，オームの法則のみに頼っていては途方に暮れてしまいます．そんなときキルヒホッフの法則を合わせて適用すると問題は解決します．

　オームの法則に加えて，キルヒホッフの法則およびそれらの法則から導かれるべんりな定理を理解し，自由に適用できるようになったとき，みなさんの解析力は一大飛躍します．

　キルヒホッフの法則やべんりな定理を適用すると二次方程式や連立方程式が登場します．したがって，その解法が要求されます．方程式や連立方程式の解法についても説明を加えながら話を進めます．粘り強くがんばってください．粘りこそ理解に導く王道です．「継続は力なり」です．

---

### キルヒホッフ （Gustav Robert Kirchhoff, ドイツ, 1824～1887年）

　キルヒホッフは物理学者で，ドイツのハイベルク大学教授，ベルリン大学教授を歴任しました．

　電気回路の電流・電圧の計算はオームの法則のみを頼りに計算していましたが，電気回路網の計算になると複雑な思考が必要で大変困難な作業でした．しかしながら，1845年，キルヒホッフの法則（電流則と電圧則）が発表されたことにより，電気回路網についての計算法が飛躍的に発展しました．

## ■キルヒホッフの法則と枝路電流法

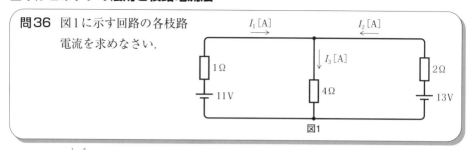

問36　図1に示す回路の各枝路電流を求めなさい.

図1

【解説】　各枝路に流れる電流（**枝路電流**）$I_1$, $I_2$, $I_3$ [A]を求めたいのですが，このように複数の電圧源を含む**回路網**（複雑な電気回路）の場合，オームの法則のみに頼っていては途方に暮れてしまいます. オームの法則に加えて，キルヒホッフの法則を適用します. キルヒホッフの電流則および電圧則についてはすでに学びましたが，あらためて述べておきましょう.

　**電流則（第1法則）：回路網の任意の節点に流入する電流の代数和は0である.**

　意味するところは，回路網中のある節点において，入ってくる電流には＋を，出ていく電流には－符号を付け，すべてを加えると0であるというものです.

　**電圧則（第2法則）：回路網の任意の閉回路における電圧の代数和は0である.**

　意味するところは，回路網中のある閉回路において，閉回路をたどる向き（時計方向）の電圧には＋を付け，逆向きの電圧には－を付け，すべてを加えると0であるというものです.

　オームの法則に加えて，このキルヒホッフの法則を理解し，応用できるようになると，みなさんの電気回路の解析力は一大飛躍します.

　さて，解答に移りましょう.

① 図2に示すように，各枝路には電流$I_1$, $I_2$, $I_3$ [A]が矢印の向きに流れていると仮定します. このように仮定した上で，**節点a**に電流則を適用すると，次式を得ます.

$$(+I_1) + (+I_2) + (-I_3) = 0　\rightarrow　I_1 + I_2 - I_3 = 0$$

$$I_1 + I_2 = I_3 \text{ [A]}　(1)$$

上式を見るとき，電流則は，**節点に入ってくる電流の和と，出ていく電流の和は等しい**と解釈してもよいことがわかります.

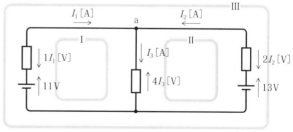

図2

② 仮定した各枝路電流から，各抵抗の端子間電圧（電流と逆向き）を求め，その**極性（＋ー）を矢印→**で示します（図2の中に示す）．

③ 各閉回路に電圧則を適用します．

回路網中のある1点からスタートし，回路網上をたどって元の点にたどり着いたとき，たどった回路を**閉回路**と呼びました．

図1には三つの閉回路I, II, IIIが存在します．

閉回路Iに電圧則を適用すると，次式を得ます．

$$(+11) + (-1I_1) + (-4I_3) = 0 \qquad 1I_1 + 4I_3 = 11 \, [\text{V}] \tag{2}$$

閉回路IIに電圧則を適用し，次式を得ます．

$$2I_2 + 4I_3 = 13 \, [\text{V}] \tag{3}$$

さらに，閉回路IIIからは次式を得ます．

$$1I_1 - 2I_2 = 11 - 13 \, [\text{V}] \tag{4}$$

こうして，四つの方程式を得ました．(4)式は(2)，(3)式から導けます．

ここまでが**キルヒホッフの法則の守備範囲**です．上に得た連立方程式を解くのは数学力です．連立方程式の解法については順次説明します．

実は，三つの未知数（$I_1$, $I_2$, $I_3$）を求めるには，独立した三つの式[*]があれば求まります．したがって上の四つの式の中から(1)式を含む三つの式を選んで解きます．

④ 連立方程式を解きます．

上記の(1)，(2)，(3)式からなる連立方程式を解きます．

$$\begin{cases} I_1 + I_2 = I_3 & (1) \\ 1I_1 + 4I_3 = 11 \, [\text{V}] & (2) \\ 2I_2 + 4I_3 = 13 \, [\text{V}] & (3) \end{cases}$$

(1)式の$I_3$を(2)，(3)式に代入し，$I_3$を消去します．

$$\begin{cases} 1I_1 + 4(I_1 + I_2) = 5I_1 + 4I_2 = 11 \, [\text{V}] & (5) \\ 2I_2 + 4(I_1 + I_2) = 4I_1 + 6I_2 = 13 \, [\text{V}] & (6) \end{cases}$$

未知数$I_1$および$I_2$の連立方程式を得ました．さらに，$I_2$を消去するために(5)×3−(6)×2を計算し，$I_1$の値を求めます．

$$\begin{array}{rl} 15I_1 + 12I_2 = 33 & (7) \\ -) \quad 8I_1 + 12I_2 = 26 & (8) \\ \hline 7I_1 \qquad\quad = 7 & \end{array}$$

$$I_1 = \frac{7}{7} = 1 \, [\text{A}] \tag{9}$$

(注)[*]：それぞれの式を他の式から導くことができない関係にあるとき「独立である」という．

$I_1 = 1$ を(5)式に代入して,

$$5 \times 1 + 4I_2 = 11 \quad \rightarrow \quad I_2 = \frac{6}{4} = 1.5\,[\mathrm{A}] \tag{10}$$

$I_1$ および $I_2$ の値を(1)式に代入します.

$$1 + 1.5 = I_3 \quad すなわち \quad I_3 = 2.5\,[\mathrm{A}]$$

こうして枝路電流は,$I_1 = 1\,[\mathrm{A}]$,$I_2 = 1.5\,[\mathrm{A}]$,$I_3 = 2.5\,[\mathrm{A}]$ であることがわかりました.

このように,枝路電流を仮定して解く方法を**枝路電流法**（しろでんりゅうほう）と呼ぶことにします.

## ■ループ電流法

**問37** 図1に示す回路の各枝路電流を求めなさい.

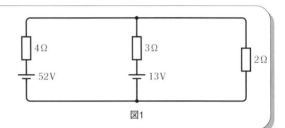

図1

【**解説**】 まず,前問で理解した枝路電流法で求めることにします.

① 図2に示すように各枝路電流 $I_1$, $I_2$, $I_3$ [A]が流れていると仮定し,節点aに電流則を適用します.

$$I_1 + I_3 = I_2 \quad \rightarrow \quad I_3 = I_2 - I_1 \tag{1}$$

② 各抵抗の端子間電圧の大きさと向きを求め,回路図中に極性(→)を記入します.**端子間電圧の向きは電流に逆らう向き**です.

③ 閉回路ⅠおよびⅡに電圧則を適用します.

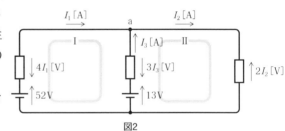

図2

閉回路Ⅰから,

$$52 - 4I_1 + 3I_3 - 13 = 0 \qquad 4I_1 - 3I_3 = 39 \tag{2}$$

閉回路Ⅱから,

$$13 - 3I_3 - 2I_2 = 0 \qquad 2I_2 + 3I_3 = 13 \tag{3}$$

④ (1),(2),(3)式からなる連立方程式を解きます.

(1)式を(2)および(3)式に代入し,$I_3$ を消去します.

$$4I_1 - 3(I_2 - I_1) = 7I_1 - 3I_2 = 39 \tag{4}$$

$$2I_2 + 3(I_2 - I_1) = -3I_1 + 5I_2 = 13 \tag{5}$$

さらに，$I_2$ を消去するために，$(4) \times 5 + (5) \times 3$ を計算します．

$$35I_1 - 15I_2 = 195 \tag{6}$$

$$+)\ -9I_1 + 15I_2 = 39 \tag{7}$$

$$26I_1 \qquad\quad = 234$$

したがって，$\qquad\qquad\qquad I_1 = 234 / 26 = 9\,[\mathrm{A}]$

$I_1 = 9$ を (4)式に代入して，$\qquad I_2 = 8\,[\mathrm{A}]$

$I_1 = 9$，$I_2 = 8$ を (1)式に代入して，$I_3 = -1\,[\mathrm{A}]$

ところで，$I_3 = -1\,[\mathrm{A}]$ **は負の値になりましたが，これは電流 $I_3$ が仮定した向きとは逆向きに流れている**ことを示しています．

つづいて，ぜひとも理解してほしい**ループ電流法**について説明しましょう．

① 図3に示すように，与えられた回路網の閉回路 I および II にはそれぞれ1周する**ループ電流** $i_1$ および $i_2$ が**時計方向**（時計の針と同じ方向）に流れていると仮定します．$i_1$ と $i_2$ は同時に流れているのです．

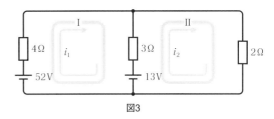

図3

② 閉回路 I に電圧則を適用します．そのとき，抵抗 $3\,\Omega$ には電流 $(i_1 - i_2)\,[\mathrm{A}]$ が流れていると考えます．こうして次式を得ます．

$$52 - 4i_1 - 3(i_1 - i_2) - 13 = 0 \qquad 7i_1 - 3i_2 = 39 \tag{8}$$

同様に，閉回路 II に電圧則を適用します．そのとき，抵抗 $3\,\Omega$ には電流 $(i_2 - i_1)\,[\mathrm{A}]$ が流れていると考えます．

$$13 - 3(i_2 - i_1) - 2i_2 = 0 \qquad -3i_1 + 5i_2 = 13 \tag{9}$$

こうして得た(8)および(9)式ですが，先の(4)および(5)式と比較してみてください．同じ係数になっています．すなわち，

③ (8)および(9)式からなる連立方程式を解くのですが，係数が同じであることから同じ結果を得ます．すなわち，

$$i_1 = 9\,[\mathrm{A}] \qquad i_2 = 8\,[\mathrm{A}] \qquad となります．$$

④ ループ電流と枝路電流の関係を求めます．

$$I_1 = i_1 = 9\,[\mathrm{A}],\ I_2 = i_2 = 8\,[\mathrm{A}],\ I_3 = i_2 - i_1 = -1\,[\mathrm{A}]$$

以上の手順で各枝路電流を求める方法を**ループ電流法**と呼ぶことにします．

ループ電流法を適用するとき，閉回路のループ電流を常に時計方向に仮定してください．こうすることによって，次のコラムに示すように，連立方程式を機械的に求めることができるのです．

## □行列式を用いた連立方程式の解法（クラメルの公式）

連立方程式の解法として，代入法・加減法を学び適用していることでしょうが，ここでは次の連立方程式を行列式を用いて解いてみましょう．

**例1**

$$\begin{cases} 3x + 2y = 18 \\ 5x - 4y = 8 \end{cases}$$

**例2**

$$\begin{cases} x + y + z = 2 \\ 2x + 3y - 2z = -10 \\ x - 2y + 4z = 17 \end{cases}$$

### 行列式とは

1 2行2列行列式

$$D = \begin{vmatrix} a_1 & b_1 \\ a_2 & b_2 \end{vmatrix}$$

左に示すように4個の実数を正方形に並べ，| | で囲ったものを2行2列行列式 $D$ と呼びます．

行列式 $D$ は下記のように計算した実数であるとします．

$$D = \begin{vmatrix} a_1 & b_1 \\ a_2 & b_2 \end{vmatrix} = a_1 b_2 - a_2 b_1$$

$( a_2 b_1 )$

$( a_1 b_2 )$

**例1**

$$D = \begin{vmatrix} 3 & 2 \\ 5 & -4 \end{vmatrix} = 3 \cdot (-4) - 5 \cdot 2 = -22$$

## ② 3行3列行列式

$$D = \begin{vmatrix} a_1 & b_1 & c_1 \\ a_2 & b_2 & c_2 \\ a_3 & b_3 & c_3 \end{vmatrix}$$

左に示すように9個の実数を正方形に並べ，| | で囲ったものを3行3列行列式$D$と呼びます.

3行3列行列式$D$は次のように計算した実数であるとします.

$$D = \begin{vmatrix} a_1 & b_1 & c_1 \\ a_2 & b_2 & c_2 \\ a_3 & b_3 & c_3 \end{vmatrix} \begin{matrix} a_1 & b_1 \\ a_2 & b_2 \\ a_3 & b_3 \end{matrix}$$

① $= (a_1 \cdot b_2 \cdot c_3 + b_1 \cdot c_2 \cdot a_3 + c_1 \cdot a_2 \cdot b_3)$

② $= -(a_3 \cdot b_2 \cdot c_1 + b_3 \cdot c_2 \cdot a_1 + c_3 \cdot a_2 \cdot b_1)$

$D =$ ① $+$ ②

### 例2

$$D = \begin{vmatrix} 1 & -1 & 1 \\ 2 & 3 & -2 \\ 1 & -2 & 4 \end{vmatrix}$$

$$= \begin{vmatrix} 1 & -1 & 1 \\ 2 & 3 & -2 \\ 1 & -2 & 4 \end{vmatrix} \begin{matrix} 1 & -1 \\ 2 & 3 \\ 1 & -2 \end{matrix} = 10 - (-1) = 11$$

例示のようにそれぞれの行列式は1つの実数であります. これらの行列式を適用し，連立方程式の解を求める手法が**クラメルの公式**であります.

## □クラメルの公式による解法

(1) 次の2元連立1次方程式の解を求める手順を示します.

$$\begin{cases} 3x + 2y = 18 \\ 5x - 4y = 8 \end{cases}$$

与えられた連立方程式をよりどころに次の 3 つの行列式の値を求めます.

$$D = \begin{vmatrix} 3 & 2 \\ 5 & -4 \end{vmatrix} = -22$$

$$A = \begin{vmatrix} 18 & 2 \\ 8 & -4 \end{vmatrix} = -88$$

$$B = \begin{vmatrix} 3 & 18 \\ 5 & 8 \end{vmatrix} = -66$$

**解**

$$x = \frac{A}{D} = \frac{-88}{-22} = 4$$
$$y = \frac{B}{D} = \frac{-66}{-22} = 3$$

**答**

このように機械的な手順で解を求めることができました.

(2)　次の 3 元連立 1 次方程式の解を求める手順を示します.

$$\begin{cases} x + y + z = 2 \\ 2x + 3y - 2z = -10 \\ x - 2y + 4z = 17 \end{cases}$$

上式をよりどころに，次の 4 つの行列式の値を求めます.

$$D = \begin{vmatrix} 1 & 1 & 1 \\ 2 & 3 & -2 \\ 1 & -2 & 4 \end{vmatrix} = -9$$

$$A = \begin{vmatrix} 2 & 1 & 1 \\ -10 & 3 & -2 \\ 17 & -2 & 4 \end{vmatrix} = -9$$

$$B = \begin{vmatrix} 1 & 2 & 1 \\ 2 & -10 & -2 \\ 1 & 17 & 4 \end{vmatrix} = 18$$

$$C = \begin{vmatrix} 1 & 1 & 2 \\ 2 & 3 & -10 \\ 1 & -2 & 17 \end{vmatrix} = -27$$

$$\left. \begin{aligned} x &= \frac{A}{D} = \frac{-9}{-9} = 1 \\ y &= \frac{B}{D} = \frac{18}{-9} = -2 \\ z &= \frac{C}{D} = \frac{-27}{-9} = 3 \end{aligned} \right\} 答$$

以上のようにクラメルの公式により行列式を解くことができます.
行列式に関してくわしく学ぶには代数学の勉強が要求されます.

**コラム**

### ●覚えておこう三角形と三角比

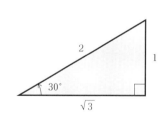
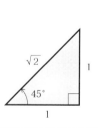

| $\theta$ | 30° | 45° | 60° |
|---|---|---|---|
| $\sin(\theta)$ | $\dfrac{1}{2} = 0.5$ | $\dfrac{1}{\sqrt{2}} = 0.707$ | $\dfrac{\sqrt{3}}{2} = 0.866$ |
| $\cos(\theta)$ | $\dfrac{\sqrt{3}}{2} = 0.866$ | $\dfrac{1}{\sqrt{2}} = 0.707$ | $\dfrac{1}{2} = 0.5$ |
| $\tan(\theta)$ | $\dfrac{1}{\sqrt{3}} = 0.577$ | $\dfrac{1}{1} = 1$ | $\dfrac{\sqrt{3}}{1} = 1.732$ |

## ■クラメルの公式

**問38** 図1に示す回路における各枝路電流を求めなさい.

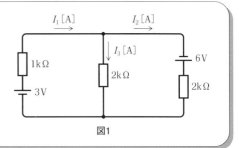

図1

**【解説】**

① ループ電流法で求めます. 閉回路Iおよび II にはループ電流 $i_1$ および $i_2$ [A] が時計方向に流れていると仮定します(図2).

② 電圧則を適用し,連立方程式(回路方程式)を求めます. p.62を参照しながら,次式を得ます.

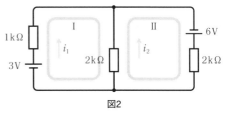

図2

$$3 \times 10^3 \, i_1 \quad -2 \times 10^3 \, i_2 = 3 \qquad (1)$$
$$-2 \times 10^3 \, i_1 \quad +4 \times 10^3 \, i_2 = 6 \qquad (2)$$

③ クラメルの公式を用いて,$i_1$ および $i_2$ を求めます($1\mathrm{k}\Omega$ は $10^3\,\Omega$ に要注意).

$$i_1 = \frac{\begin{vmatrix} 3 & -2\times10^3 \\ 6 & 4\times10^3 \end{vmatrix}}{\begin{vmatrix} 3\times10^3 & -2\times10^3 \\ -2\times10^3 & 4\times10^3 \end{vmatrix}} = \frac{12\times10^3 + 12\times10^3}{12\times10^6 - 4\times10^6} = \frac{24\times10^3}{8\times10^6} = 3\,[\mathrm{mA}]$$

$$i_2 = \frac{\begin{vmatrix} 3\times10^3 & 3 \\ -2\times10^3 & 6 \end{vmatrix}}{\begin{vmatrix} 3\times10^3 & -2\times10^3 \\ -2\times10^3 & 4\times10^3 \end{vmatrix}} = \frac{18\times10^3 + 6\times10^3}{12\times10^6 - 4\times10^6} = \frac{24\times10^3}{8\times10^6} = 3\,[\mathrm{mA}]$$

④ 各枝路電流を求めます. 各枝路電流とループ電流の関係から,

$$I_1 = i_1 = 3\,[\mathrm{mA}]$$
$$I_2 = i_2 = 3\,[\mathrm{mA}]$$
$$I_3 = i_1 - i_2 = 0\,[\mathrm{A}]$$

## ■3線式電線路

**問39** 図1に示す3線式配電線路において，直流発電機の端子間電圧は105〔V〕に保たれている．両外線の抵抗が1Ω，中性線の抵抗が2Ω，負荷抵抗$R_1 = 15$〔Ω〕，$R_2 = 5$〔Ω〕である．次の値を求めなさい．

（ⅰ）電流$I_1$，$I_2$，$I_3$〔A〕

（ⅱ）電圧$V_{ab}$，$V_{bc}$，$V_{ac}$〔V〕

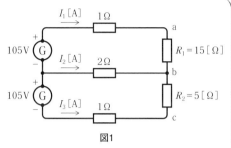

図1

**【解説】** 図2に示すように，ループ電流$i_1$および$i_2$〔A〕が流れていると仮定します．

閉回路Ⅰに電圧則を適用します．

$$105 - 1i_1 - 15i_1 - 2(i_1 - i_2) = 0$$

整理すると，

$$18i_1 - 2i_2 = 105 \qquad (1)$$

閉回路Ⅱから，

$$105 - 2(i_2 - i_1) - 5i_2 - 1i_2 = 0$$
$$-2i_1 + 8i_2 = 105 \qquad (2)$$

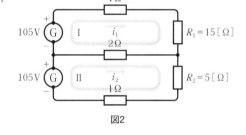

図2

（1）および（2）式からなる連立方程式を，クラメルの公式を用いて解きます．

$$i_1 = \frac{\begin{vmatrix} 105 & -2 \\ 105 & 8 \end{vmatrix}}{\begin{vmatrix} 18 & -2 \\ -2 & 8 \end{vmatrix}} = \frac{1{,}050}{140} = 7.5 \,[\text{A}]$$

$$i_2 = \frac{\begin{vmatrix} 18 & 105 \\ -2 & 105 \end{vmatrix}}{\begin{vmatrix} 18 & -2 \\ -2 & 8 \end{vmatrix}} = \frac{2{,}100}{140} = 15 \,[\text{A}]$$

（ⅰ）の答は，各枝路電流とループ電流の関係から，

$$I_1 = i_1 = 7.5 \, [\text{A}]$$

$$I_2 = i_2 - i_1 = 15 - 7.5 = 7.5 \, [\text{A}]$$

$$I_3 = -i_2 = -15 \, [\text{A}]$$

したがって，(ii)の答は，

$$V_{ab} = R_1 i_1 = 15 \times 7.5 = 112.5 \, [\text{V}]$$

$$V_{bc} = R_2 i_2 = 5 \times 15 = 75 \, [\text{V}]$$

$$V_{ac} = V_{ab} + V_{bc} = 112.5 + 75 = 187.5 \, [\text{V}]$$

## ■電圧源と電流源-1

**問40** 図1に示す回路の電圧源を電流源に
置き換えて，次の値を求めなさい．
(ⅰ) 2Ωに流れる電流 $I_3$ [A]
(ⅱ) 2Ωの端子間電圧 $V$ [V]

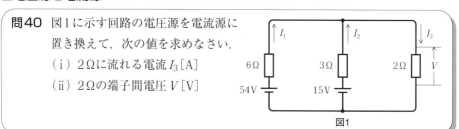

図1

**【解説】** ここでは，電圧源を電流源に置き換えて解く方法を説明します．

これまでは電源といえば電圧源でした．しかし，起電力 $E$ [V] と直列接続の抵抗 $R$ [Ω] からなる電圧源（図2）は，図3に示すような，一定電流を流す**電流源**と抵抗 $R$ [Ω] の並列回路に置き換えることができるのです．

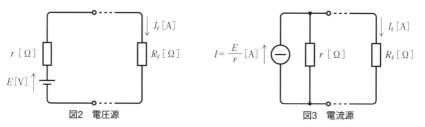

図2 電圧源　　　　図3 電流源

図2に示す回路において，負荷抵抗 $R_\ell$ に流れる電流 $I_\ell$ は，

$$I_\ell = \frac{E}{r + R_\ell} \, [\text{A}] \tag{1}$$

です．

また，図3に示す電流源から負荷抵抗に流れる電流 $I_\ell$ は，分流式を適用し，次式となり，同じ結果を得ます．

$$I_\ell = I \times \frac{r}{r + R_\ell} = \frac{E}{r} \times \frac{r}{r + R_\ell} = \frac{E}{r + R_\ell} \ [\text{A}] \tag{2}$$

このように，与えられた電圧源は等価な電流源に置き換えることができます．また逆に電流源は等価な電圧源に置き換えることができます．その手法を次ページのコラムに示します．

さらに，図4 (a)に示すように，複数の電圧源が並列接続されているときは，それぞれの電圧源を電流源に変換し (図4 (b))，さらに，図4 (c) のように，二つの電流源を一つの電流源に置き換えます．

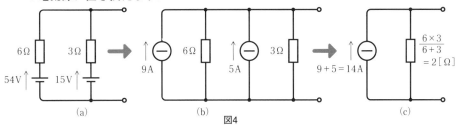

図4

準備ができたところで，解答に移りましょう．

(i)は，回路図1を電流源に置き換えます (図4 (a)，(b)，(c))．

図4 (c) の電流源から抵抗2Ωに流れる電流$I_3$は，

$$I_3 = 14 \times \frac{2}{2 + 2} = 7 [\text{A}]$$

したがって，(ii)の端子間電圧$V$は，

$$V = 2 \times 7 = 14 [\text{V}]$$

であります．

電圧源を電流源に置き換えることで，連立方程式を解くことなく解決しました．

ところで，電流源に変換して解決したことの理論的背景を明らかにしておきましょう．

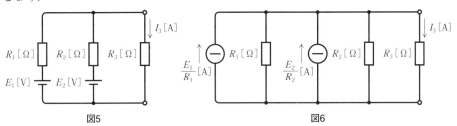

図5　　　　　　　　　　　　　　　　図6

図5に示す回路の電流$I_3$を枝路電流法で求めると次式となります．

$$I_3 = \frac{R_2 E_1 + R_1 E_2}{R_1 R_2 + R_2 R_3 + R_3 R_1} \ [\text{A}]$$

電流源に変換した図6の回路から$I_3$を求めると,

$$I_3 = \left( \frac{E_1}{R_1} + \frac{E_2}{R_2} \right) \times \frac{\dfrac{R_1 \times R_2}{R_1 + R_2}}{\dfrac{R_1 \times R_2}{R_1 + R_2} + R_3}$$

$$= \frac{R_2 E_1 + R_1 E_2}{R_1 R_2} \times \frac{R_1 R_2}{R_1 R_2 + (R_1 + R_2) R_3} = \frac{R_2 E_1 + R_1 E_2}{R_1 R_2 + R_2 R_3 + R_3 R_1} \, [\text{A}]$$

となり,一致します.

**コラム**

### ●電圧源と電流源の相互変換法

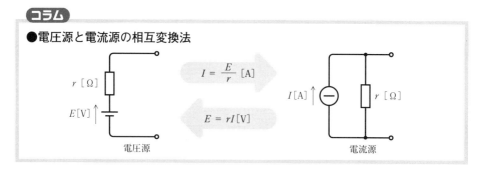

### ■電圧源と電流源-2

**問41** 図1に示す回路における電流 $I_\ell$ [A]を求めなさい.

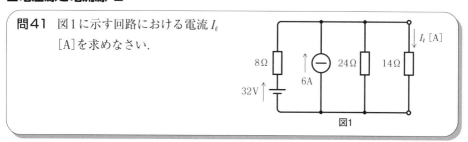

図1

【解説】 図1に示す回路には電圧源と電流源が混在していますが,ここでは電圧源を電流源に変換します.変換した回路を図2に示しました.さらに,二つの電流源を一つにまとめます.

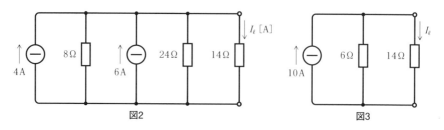

図2            図3

図2から,

$$I = 4 + 6 = 10\,[\text{A}] \qquad R = \frac{8 \times 24}{8 + 24} = 6\,[\Omega]$$

図3を参照して,

$$I_\ell = 10 \times \frac{6}{6 + 14} = 3\,[\text{A}]$$

となります.

## ■電圧源と電流源-3

**問42** 図1に示す回路の電流 $I\,[\text{A}]$ を求めなさい.

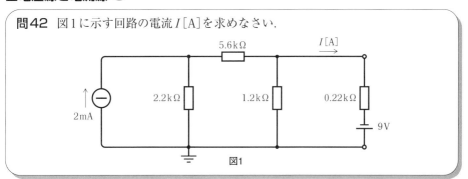

図1

【解説】 $0.22\,\text{k}\Omega$ の抵抗に流れる電流…, どうやって求めようか? みなさんの頭の中には, いろいろな方法が思い浮かんでいることでしょう.

ここでは, 与えられた回路そのままで電圧則を適用します.

図2に示すように, ループ電流 $i_1$, $i_2$ が時計方向に流れていると仮定します.

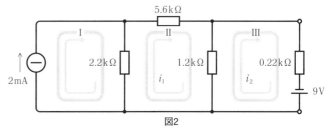

図2

閉回路IIに電圧則を適用します($\text{k} = 10^3$, $\text{m} = 10^{-3}$ であることに要注意).

$$2.2 \times 10^3\,(i_1 - 2 \times 10^{-3}) + 5.6 \times 10^3\,i_1 + 1.2 \times 10^3\,(i_1 - i_2) = 0$$

$$9 \times 10^3\,i_1 - 1.2 \times 10^3\,i_2 = 4.4 \tag{1}$$

閉回路IIIに電圧則を適用します.

$$1.2 \times 10^3\,(i_2 - i_1) + 0.22 \times 10^3\,i_2 = 9$$

$$-1.2 \times 10^3\,i_1 + 1.42 \times 10^3\,i_2 = 9 \tag{2}$$

(1)および(2)式からなる連立方程式を解きます.

$$i_1 = \frac{\begin{vmatrix} 4.4 & -1.2 \times 10^3 \\ 9 & 1.42 \times 10^3 \end{vmatrix}}{\begin{vmatrix} 9 \times 10^3 & -1.2 \times 10^3 \\ -1.2 \times 10^3 & 1.42 \times 10^3 \end{vmatrix}} = \frac{17.05 \times 10^3}{11.34 \times 10^6} = 1.5 \,[\mathrm{mA}]$$

$$i_2 = \frac{\begin{vmatrix} 9 \times 10^3 & 4.4 \\ -1.2 \times 10^3 & 9 \end{vmatrix}}{\begin{vmatrix} 9 \times 10^3 & -1.2 \times 10^3 \\ -1.2 \times 10^3 & 1.42 \times 10^3 \end{vmatrix}} = \frac{86.3 \times 10^3}{11.34 \times 10^6} = 7.61 \,[\mathrm{mA}]$$

$I = i_2$ であり,$0.22\mathrm{k}\Omega$の抵抗には,$I = 7.61\,[\mathrm{mA}]$の電流が流れています.

## ■重ね合わせの理-1

問43 図1に示す回路の各枝路電流 $I_1$,$I_2$,$I_3$ [A]を重ね合わせの理を用いて求めなさい.

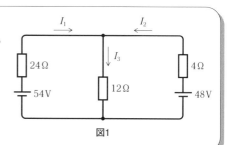

図1

【解説】 みなさんは「ループ電流法で解こうかな…」と考えたことでしょう.実は他にも解決法があるのです.ここではその一つ,**重ね合わせの理**を用いて各枝路電流を求めます.

図1に示す**複数の電源を含む回路網**の各枝路電流を求めるとき,図2(a),(b)のように,**単独電源回路に分解**し,それぞれの枝路電流を求めます.ただし,分解するとき,

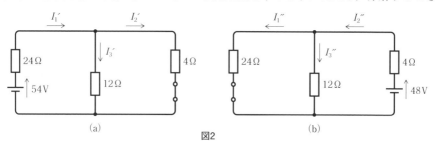

(a)　　　　　　　　　　　　　　　(b)

図2

他方の電圧源は**短絡**します(図3).電流源であればそこを**開放**します(図4).

単独電源回路の各枝路電流を求め,それぞれの回路の枝路電流の向きを考慮し,重ね合わせたのが元の回路の枝路電流だ,というのが**重ね合わせの理**です.

図2(a)の各枝路電流を求めます.

$$R_t = 24 + \frac{12 \times 4}{12 + 4} = 27[\Omega]$$

$$I_1' = \frac{54}{27} = 2[A]$$

$$I_2' = 2 \times \frac{12}{12 + 4} = 1.5[A]$$

$$I_3' = 2 \times \frac{4}{12 + 4} = 0.5[A]$$

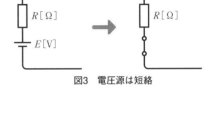

図3 電圧源は短絡

図2(b)の各枝路電流を求めます.

$$R_t = 4 + \frac{12 \times 24}{12 + 24} = 12[\Omega]$$

$$I_2'' = \frac{48}{12} = 4[A]$$

$$I_1'' = 4 \times \frac{12}{12 + 24} = 1.333[A]$$

$$I_3'' = 4 \times \frac{24}{12 + 24} = 2.67[A]$$

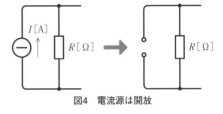

図4 電流源は開放

各枝路電流の向きを考慮して重ね合わせます.

$$I_1 = I_1' - I_1'' = 2 - 1.333 = 0.667[A]$$

$$I_2 = I_2'' - I_2' = 4 - 1.5 = 2.5[A]$$

$$I_3 = I_3' + I_3'' = 0.5 + 2.67 = 3.17[A]$$

こうして図1に示す回路の各枝路電流が求まりました.連立方程式を解くことなく,直並列回路の計算で解決しました.

## ■重ね合わせの理-2

**問44** 図1に示す回路の電流 $I[A]$ を重ね合わせの定理を適用して求め,さらに6Ωの抵抗で消費する電力を求めなさい.

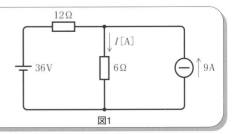

図1

**【解説】** 図2(a)および(b)に示す単独電源回路に分解します.

図2(a)の回路から,

$$I' = \frac{36}{6 + 12} = 2\,[\mathrm{A}]$$

図2(b)の回路から,

$$I'' = 9 \times \frac{12}{6 + 12} = 6\,[\mathrm{A}]$$

よって,6Ωの抵抗に流れる電流$I$は,

$$I = 2 + 6 = \boxed{8}\,[\mathrm{A}]$$

したがって,6Ωで消費する電力$P$は,

$$P = 6 \times 8^2 = \boxed{384}\,[\mathrm{W}]$$

となります.

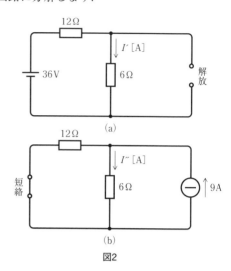

図2

## ■負荷 Δ－Y 変換

**問45** 図1(a)に示すΔ回路の抵抗$R_a$, $R_b$, $R_c$ $[\Omega]$が与えられたとき,これと等価なY回路(図1(b))の$r_a$, $r_b$, $r_c$ $[\Omega]$を求めなさい.

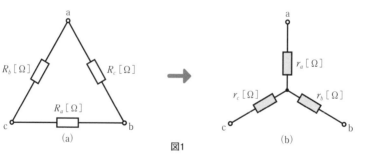

図1

**【解説】** 図1(a)のΔ回路と図1(b)のY回路が**等価である**ということは,二つの回路を端子間a−b,b−c,c−aから見る限り区別がつかないということです.すなわち,それぞれの端子間の合成抵抗が同じであるということです.結論を先に言うと,Δ回路の$R_a$, $R_b$, $R_c$が与えられたとき,次式で求めた$r_a$, $r_b$, $r_c$をY結線したものが**等価Y回路**です.

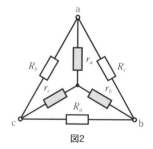

図2

$$r_a = \frac{R_b R_c}{R_a + R_b + R_c} \, [\Omega] \tag{1}$$

$$r_b = \frac{R_c R_a}{R_a + R_b + R_c} \, [\Omega] \tag{2}$$

$$r_c = \frac{R_a R_b}{R_a + R_b + R_c} \, [\Omega] \tag{3}$$

上式は重要な式です．$\Delta - Y$（デルタ スター）変換公式と呼びましょう．公式は図2と見比べて記憶するとよいでしょう．

$r_a$ を求める公式の分子は，$r_a$ を挟む $R_b$ と $R_c$ の積になっています．他も同様です．特に，$\Delta$ 回路の三つの抵抗が皆等しいとき，すなわち，

$$R_\Delta = R_a = R_b = R_c$$

であるときは，

$$r_Y = r_a = r_b = r_c = \frac{1}{3} R_\Delta [\Omega] \qquad (\text{Y は } \Delta \text{ の } \frac{1}{3}) \tag{4}$$

で Y 回路を構成します．この式もあわせて覚えてください．

さて，$\Delta - Y$ 変換公式 (1)，(2)，(3) 式を導く仕事が残っています．$\Delta$ 回路の $R_a$，$R_b$，$R_c$ が与えられたとき，Y 回路の $r_a$，$r_b$，$r_c$ を求める式を導きます．

図1 (a) と (b) の各端子間の合成抵抗が等しいことから次式を得ます．

$$r_{ab} = r_a + r_b = \frac{R_c (R_a + R_b)}{R_a + R_b + R_c} \, [\Omega] \tag{5}$$

$$r_{bc} = r_b + r_c = \frac{R_a (R_b + R_c)}{R_a + R_b + R_c} \, [\Omega] \tag{6}$$

$$r_{ca} = r_c + r_a = \frac{R_b (R_a + R_c)}{R_a + R_b + R_c} \, [\Omega] \tag{7}$$

そこで，(5)式 + (7)式を計算します．

$$(r_a + r_b) + (r_c + r_a) = \frac{R_c (R_a + R_b)}{R_a + R_b + R_c} + \frac{R_b (R_a + R_c)}{R_a + R_b + R_c}$$

$$2r_a + r_b + r_c = \frac{2R_b R_c + R_a (R_b + R_c)}{R_a + R_b + R_c} \tag{8}$$

上式から(6)式を引くと次式を得ます．

$$2r_a = \frac{2R_b R_c}{R_a + R_b + R_c}$$

両辺を2で割って，

$$r_a = \frac{R_b R_c}{R_a + R_b + R_c} \, [\Omega] \tag{9}$$

こうして(1)式を導くことができました。同様にして，$R_b$および$R_c$を求める公式を導くことができます。

## ■負荷 Y－Δ変換

**問46** 図1(a)に示すY回路の$r_a$, $r_b$, $r_c$が与えられているとき，これと等価なΔ回路(図1(b))の$R_a$, $R_b$, $R_c$の値を求めなさい。

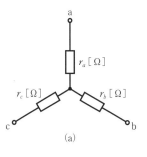

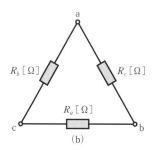

(a) (b)

図1

**【解説】** 結論を先に示しましょう。Y回路の$r_a$, $r_b$, $r_c$が与えられたとき，次式が等価Δ回路の各抵抗を求める公式です。

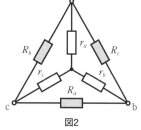

$$R_a = \frac{r_a r_b + r_b r_c + r_c r_a}{r_a} \, [\Omega] \tag{1}$$

$$R_b = \frac{r_a r_b + r_b r_c + r_c r_a}{r_b} \, [\Omega] \tag{2}$$

$$R_c = \frac{r_a r_b + r_b r_c + r_c r_a}{r_c} \, [\Omega] \tag{3}$$

図2

上式で求めた値の抵抗をY結線したとき，**等価Δ回路**ができあがります。上式をY－Δ変換公式と呼びます。

Y－Δ変換公式も図2と見比べて記憶してください。$R_a$を求める公式の分母は，$R_a$の正面にある$r_a$[Ω]です。他の公式も同様です。

特に，Y回路において，$r_Y = r_a = r_b = r_c$[Ω]のとき，

$R_\Delta = R_a = R_b = R_c$[Ω]であり，

$R_\Delta = 3r_Y$[Ω] （ΔはYの3倍）(4)

となり，3倍の抵抗でΔ回路を構成するとよいのです。(1)，(2)，(3)および(4)式は

重要な公式です．覚えておきましょう．

　Y－Δ変換公式を導く仕事が残っています．Y回路の$r_a$, $r_b$, $r_c$を用いて，Δ回路の$R_a$, $R_b$, $R_c$を表します．

　先のΔ－Y変換公式によると，$r_a$, $r_b$, $r_c$と$R_a$, $R_b$, $R_c$の関係は次式で結ばれていました．

$$r_a = \frac{R_b R_c}{R_a + R_b + R_c} \ [\Omega] \tag{5}$$

$$r_b = \frac{R_c R_a}{R_a + R_b + R_c} \ [\Omega] \tag{6}$$

$$r_c = \frac{R_a R_b}{R_a + R_b + R_c} \ [\Omega] \tag{7}$$

上式から，$R_a$, $R_b$, $R_c$を$r_a$, $r_b$, $r_c$で表す式を導きます．
それぞれの式の比を求めます．

$$\frac{r_a}{r_b} = \frac{R_b}{R_a} \ \rightarrow \ R_a = \frac{r_b}{r_a} R_b \tag{8}$$

$$\frac{r_b}{r_c} = \frac{R_c}{R_b} \ \rightarrow \ R_b = \frac{r_c}{r_b} R_c \tag{9}$$

$$\frac{r_c}{r_a} = \frac{R_a}{R_c} \ \rightarrow \ R_c = \frac{r_a}{r_c} R_a \tag{10}$$

そこで(9)式に(10)式を代入すると，

$$R_b = \frac{r_c r_a}{r_b r_c} R_a = \frac{r_a}{r_b} R_a \tag{11}$$

つづいて，(7)式に(10)式および(11)式を代入します．

$$r_c = \frac{R_a \frac{r_a}{r_b} R_a}{R_a + \frac{r_a}{r_b} R_a + \frac{r_a}{r_c} R_a} = \frac{\frac{r_a}{r_b} R_a}{r_a \left( \frac{1}{r_a} + \frac{1}{r_b} + \frac{1}{r_c} \right)}$$

$$r_c = \frac{r_a r_c R_a}{r_a r_b + r_b r_c + r_c r_a}$$

したがって，

$$R_a = \frac{r_a r_b + r_b r_c + r_c r_a}{r_a} \ [\Omega]$$

同様にして，$R_b$および$R_c$を求めることができます．

## ■ブリッジ回路の合成抵抗

**問47**　図1に示すブリッジ回路において，a−d
端子間の合成抵抗を求めなさい．

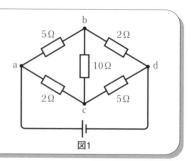

図1

**【解説】**ブリッジ回路の合成抵抗を求める方法
は何通りか考えられますが，ここではΔ−Y変
換公式を適用します．

図1の回路を，図2に示すようにΔ−Y変換し
ます．

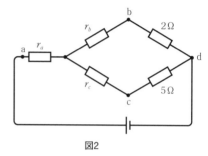

図2

$$r_a = \frac{2 \times 5}{5 + 10 + 2} = 0.588\,[\Omega]$$

$$r_b = \frac{5 \times 10}{5 + 10 + 2} = 2.94\,[\Omega]$$

$$r_c = \frac{10 \times 2}{5 + 10 + 2} = 1.176\,[\Omega]$$

Δ−Y変換した結果，回路は直並列回路（図2）になります．したがって，合成抵抗$R_{ad}$は，

$$R_{ad} = 0.588 + \frac{(2.94+2) \times (1.176+5)}{2.94 + 2 + 1.176 + 5} = 3.33\,[\Omega]$$

となります．

## ■節点電圧法-1

**問48**　図に示す回路の各枝路電流を
節点電圧法で求めなさい．

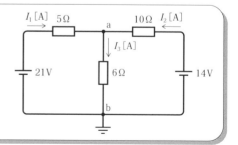

**【解説】** みなさんは回路図を見ながら，連立方程式を解くのは面倒だし，電流源に変換しようか…，と考えたかもしれませんね．ここでは新しく節点電圧法で求める方法を説明します．回路網解析の有力な武器になるので，ぜひ理解してください．

節点電圧法で各枝路電流を求める手順について話を進めます．

回路図のa点やb点のように，三つ以上の回路素子が接続されている点を**節点**と呼びました．

① すでに図に示すように，節点bをアースします．その上で，**節点aの電圧（電位）を$V_a$ [V]であると仮定**します．

節点電圧$V_a$ [V]を求めることができると問題は解決します．

② 図示のように各枝路電流が流れていると仮定し，節点aに電流則を適用すると次式を得ます．

$$I_1 + I_2 = I_3 \, [\text{A}] \tag{1}$$

③ 節点電圧$V_a$ [V]を用いると，各枝路電流は次式で表すことができます．

$$I_1 = \frac{21 - V_a}{5} \, [\text{A}], \quad I_2 = \frac{14 - V_a}{10} \, [\text{A}], \quad I_3 = \frac{V_a}{6} \, [\text{A}] \tag{2}$$

④ 上式を(1)式に代入すると，次の方程式を得ます．

$$\frac{21 - V_a}{5} + \frac{14 - V_a}{10} = \frac{V_a}{6} \, [\text{A}] \tag{3}$$

⑤ 上の方程式から$V_a$を求めます．

$$V_a \left( \frac{1}{5} + \frac{1}{6} + \frac{1}{10} \right) = \frac{21}{5} + \frac{14}{10}$$

$$V_a = \frac{\dfrac{21}{5} + \dfrac{14}{10}}{\dfrac{1}{5} + \dfrac{1}{6} + \dfrac{1}{10}} = \frac{5.6}{0.467} = 12 \, [\text{V}] \tag{4}$$

こうして節点電圧$V_a$は12Vであることがわかりました．

⑥ $V_a = 12$ [V]を(2)式に代入し，各枝路電流を計算します．

$$I_1 = \frac{21 - 12}{5} = 1.8 \, [\text{A}]$$

$$I_2 = \frac{14 - 12}{10} = 0.2 \, [\text{A}]$$

$$I_3 = \frac{12}{6} = 2 \, [\text{A}]$$

**節点電圧を仮定するところからスタートするのが節点電圧法**です．

## ■節点電圧法 -2

**問49** 図1に示す回路の各枝路電流を節点電圧法で求めなさい.

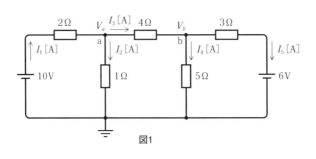

図1

**【解説】**　前問に比べて閉回路が増えた回路網になりました. 計算も少し面倒になります.

① 二つの節点aおよびbの電圧をそれぞれ $V_a$ [V], $V_b$ [V]であると仮定します.

② 図のように各枝路電流が流れていると仮定し, 節点aおよび節点bに電流則を適用します.

$$I_1 = I_2 + I_3 \text{[A]} \tag{1}$$
$$I_3 = I_4 + I_5 \text{[A]} \tag{2}$$

③ 仮定した節点電圧 $V_a$ [V], $V_b$ [V]を用いて各枝路電流を求めます.

$$\left. \begin{array}{l} I_1 = \dfrac{10 - V_a}{2} \text{[A]} \quad I_2 = \dfrac{V_a}{1} \text{[A]} \quad I_3 = \dfrac{V_a - V_b}{4} \text{[A]} \\[3mm] I_4 = \dfrac{V_b}{5} \text{[A]} \quad I_5 = \dfrac{V_b - 6}{3} \text{[A]} \end{array} \right\} \tag{3}$$

④ 上式を(1)および(2)式に代入し, 連立方程式をつくります.

$$\frac{10 - V_a}{2} = \frac{V_a}{1} + \frac{V_a - V_b}{4} \quad \rightarrow \quad \left( \frac{1}{2} + 1 + \frac{1}{4} \right) V_a - \frac{1}{4} V_b = 5 \tag{4}$$

$$\frac{V_a - V_b}{4} = \frac{V_b}{5} + \frac{V_b - 6}{3} \quad \rightarrow \quad -\frac{1}{4} V_a + \left( \frac{1}{4} + \frac{1}{5} + \frac{1}{3} \right) V_b = 2 \tag{5}$$

(4), (5)式の( )内を計算します.

$$\begin{cases} 1.75 V_a - 0.25 V_b = 5 \\ -0.25 V_a + 0.783 V_b = 2 \end{cases}$$

⑤ 上の連立方程式をクラメルの公式を適用して解きます.

$$V_a = \frac{\begin{vmatrix} 5 & -0.25 \\ 2 & 0.783 \end{vmatrix}}{\begin{vmatrix} 1.75 & -0.25 \\ -0.25 & 0.783 \end{vmatrix}} = \frac{4.415}{1.308} = 3.38\,[\text{V}]$$

$$V_b = \frac{\begin{vmatrix} 1.75 & 5 \\ -0.25 & 2 \end{vmatrix}}{\begin{vmatrix} 1.75 & -0.25 \\ -0.25 & 0.783 \end{vmatrix}} = \frac{4.75}{1.308} = 3.63\,[\text{V}]$$

⑥ (3)式に$V_a = 3.38\,[\text{V}]$および$V_b = 3.63\,[\text{V}]$を代入します.

$$I_1 = \frac{10 - 3.38}{2} = 3.31\,[\text{A}] \quad I_2 = \frac{3.38}{1} = 3.38\,[\text{A}]$$

$$I_3 = \frac{3.38 - 3.63}{4} = -0.0625\,[\text{A}] = -62.5\,[\text{mA}]$$

$$I_4 = \frac{3.63}{5} = 0.726\,[\text{A}] \quad\quad I_5 = \frac{3.63 - 6}{3} = -0.79\,[\text{A}]$$

　こうして，各枝路電流は図2のように流れていることがわかります.

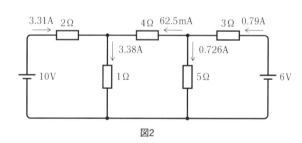

図2

## ■ミルマンの定理-1

**問50** 図1に示す回路における各枝路電流 $I_1$, $I_2$, $I_\ell$ [A] をミルマン定理を用いて求めなさい.

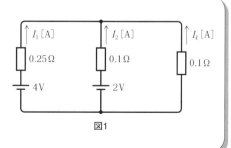

図1

**【解説】** 解答前にミルマンの定理について説明します.

図2のような回路が与えられ,各枝路電流を求めなさい,といえばいろいろな方法が思い浮かんでいることでしょう.

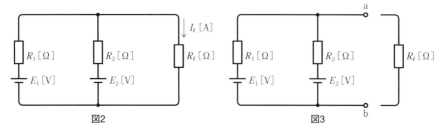

図2  図3

ここでは,図3に示すように**負荷抵抗$R_\ell$[Ω]を切り離し,電圧源を電流源に変換**します(図4).

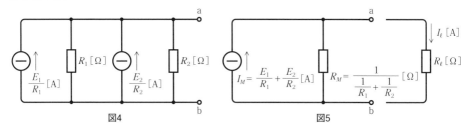

図4  図5

さらに,二つの電流源を一つの電流源にすると図5になります.

この電流源(**ミルマン電流源**)は,

$$内部抵抗 \quad R_M = \cfrac{1}{\cfrac{1}{R_1} + \cfrac{1}{R_2}} = \frac{1}{G_1 + G_2} \, [\Omega] \tag{1}$$

$$電 \quad 流 \quad I_M = \frac{E_1}{R_1} + \frac{E_2}{R_2} = G_1 E_1 + G_2 E_2 \, [\text{A}] \tag{2}$$

です.したがって,ミルマン電流源に接続された抵抗$R_\ell$[A]に流れる電流$I_\ell$[A]は,分流公式を用いて,

$$I_\ell = I_M \times \frac{R_M}{R_M + R_\ell} \, [\text{A}] \tag{3}$$

で求めることができます.

図5に示すミルマン電流源は電圧源(**ミルマン電圧源**)に変換することができます(p.70コラム参照).ミルマン電圧源(図6)の起電力$E_M$および内部抵抗$R_M$は次式です.

$$\text{起電力} \quad E_M = \frac{\dfrac{E_1}{R_1} + \dfrac{E_2}{R_2}}{\dfrac{1}{R_1} + \dfrac{1}{R_2}} = \frac{G_1 E_1 + G_2 E_2}{G_1 + G_2} \ [\text{V}] \qquad (4)$$

$$\text{内部抵抗} \quad R_M = \frac{1}{\dfrac{1}{R_1} + \dfrac{1}{R_2}} = \frac{1}{G_1 + G_2} \ [\Omega]$$

ミルマン電圧源に負荷抵抗 $R_\ell$ [Ω] を接続したとき，これに流れる電流 $I_\ell$ は次式で求めることができます．

$$I_\ell = \frac{E_M}{R_M + R_\ell} \ [\text{A}] \qquad (5)$$

このように，図2の回路において，負荷抵抗を切り離した回路はミルマン電流源またはミルマン電圧源に置き換えることができるというのが**ミルマンの定理**です．

ミルマンの定理が理解できたところで，解答に移ります．

図1における負荷抵抗 $R_\ell = 0.1$ [Ω] を切り離し，残り回路を電流源に置き換えます．内部抵抗 $R_M$ [Ω] およびミルマン電流 $I_M$ [A] を求めると，次式となります．

$$R_M = \frac{1}{\dfrac{1}{0.25} + \dfrac{1}{0.1}} = \frac{0.25 \times 0.1}{0.25 + 0.1} = 0.0714 \ [\Omega]$$

$$I_M = \frac{4}{0.25} + \frac{2}{0.1} = 36 \ [\text{A}]$$

したがって，$R_\ell = 0.1$ [Ω] を接続したとき流れる電流 $I_\ell$ は，

$$I_\ell = 36 \times \frac{0.0714}{0.0714 + 0.1} = \boxed{15 \ [\text{A}]}$$

さらに，その端子間電圧 $V_{ab}$ は，

$$V_{ab} = 0.1 \times 15 = 1.5 \ [\text{V}]$$

であることから，各枝路電流は，

$$I_1 = \frac{4 - 1.5}{0.25} = 10 \ [\text{A}]$$

$$I_2 = \frac{2 - 1.5}{0.1} = 5 \ [\text{A}]$$

となります．

また，ミルマン電圧源（図6）に変換し，次のように求めることもできます．

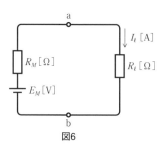

図6

$$R_M = \cfrac{1}{\cfrac{1}{R_1} + \cfrac{1}{R_2}} = 0.0714\,[\Omega]$$

$$E_M = \cfrac{\cfrac{E_1}{R_1} + \cfrac{E_2}{R_2}}{\cfrac{1}{R_1} + \cfrac{1}{R_2}} = 36 \times 0.0714 = 2.57\,[V]$$

$$I_\ell = \frac{E_M}{R_M + R_\ell} = \frac{2.57}{0.0714 + 0.1} = 15\,[A]$$

$$V_{ab} = R_\ell \times I_\ell = 0.1 \times 15 = 1.5\,[V]$$

$$I_1 = \frac{E_1 - V_{ab}}{R_1} = \frac{4 - 1.5}{0.25} = 10\,[A]$$

$$I_2 = \frac{E_2 - V_{ab}}{R_2} = \frac{2 - 1.5}{0.1} = 5\,[A]$$

## ■ミルマンの定理-2

**問51** 図1に示す回路の負荷電流 $I_\ell\,[A]$ を求めなさい．

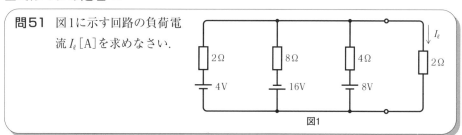

図1

**【解説】** 負荷抵抗を切り離した回路を図2に示します．

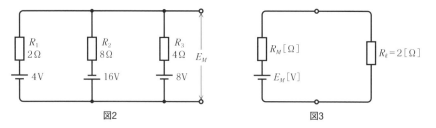

図2　　　　　　　　図3

図2の回路を，前問で解説した要領でミルマン抵抗 $R_M$ およびミルマン電圧 $E_M$ を求めミルマン電圧源で表します（図3）．

$$R_M = \cfrac{1}{\cfrac{1}{R_1} + \cfrac{1}{R_2} + \cfrac{1}{R_3}} = \cfrac{1}{\cfrac{1}{2} + \cfrac{1}{8} + \cfrac{1}{4}} = \frac{8}{7} = 1.143\,[\Omega]$$

$$E_M = \cfrac{\cfrac{E_1}{R_1} - \cfrac{E_2}{R_2} + \cfrac{E_2}{R_2}}{\cfrac{1}{R_1} + \cfrac{1}{R_2} + \cfrac{1}{R_3}} = \cfrac{\cfrac{4}{2} - \cfrac{16}{8} + \cfrac{8}{4}}{\cfrac{1}{2} + \cfrac{1}{8} + \cfrac{1}{4}} = \frac{16}{7} = 2.29\,[V]$$

負荷電流 $I_\ell$ は図3を参照し得られます.

$$I_\ell = \frac{2.29}{1.143 + 2} = 0.729\,[A]$$

## ■テブナンの定理-1

**問52** 図1に示す回路の電流 $I[A]$ をテブナンの定理を適用して求めなさい.

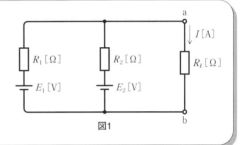

図1

**【解説】** テブナンの定理について説明しましょう.

図1に示す回路の電流 $I[A]$ を求めるにあたって,図2に示すように負荷抵抗 $R_\ell[\Omega]$ を回路から切り離します.

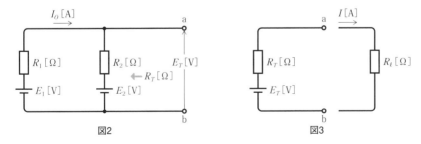

図2　　　　　図3

切り離された回路網の電源側から,次の二つの値を求めます.

① **テブナン電圧** $E_T[V]$：a−b端子間の電圧

② **テブナン抵抗** $R_T[\Omega]$：a−b端子から見た合成抵抗（電圧源短絡,電流源開放）

テブナン電圧 $E_T$ [V] およびテブナン抵抗 $R_T$ [Ω] が求められると，図2に示す回路は，図3に示す電圧源（**テブナン電圧源**）と等価であり，テブナン電圧源に負荷抵抗 $R_\ell$ [Ω] を接続すると（図3），そこには次式の電流 $I$ が流れる，というのが**テブナンの定理**です．

$$I = \frac{E_T}{R_T + R_\ell} \, [\text{A}] \tag{1}$$

図2において $E_1 > E_2$ であるとして，$E_T$ および $R_T$ を求めると，

$$I_O = \frac{E_1 - E_2}{R_1 + R_2} \, [\text{A}]$$

したがって，a−b端子間から見た $E_T$ および $R_T$ は，

$$E_T = R_2 \frac{E_1 - E_2}{R_1 + R_2} + E_2 = \frac{R_2 E_1 + R_1 E_2}{R_1 + R_2} \, [\text{V}] \tag{2}$$

$$R_T = \frac{R_1 \times R_2}{R_1 + R_2} \, [\Omega] \tag{3}$$

負荷抵抗 $R_\ell$ を接続したとき流れる電流 $I$ は，テブナンの定理を適用して，

$$I = \frac{E_T}{R_T + R_\ell} = \frac{\dfrac{R_2 E_1 + R_1 E_2}{R_1 + R_2}}{\dfrac{R_1 R_2}{R_1 + R_2} + R_\ell} = \frac{R_2 E_1 + R_1 E_2}{R_1 R_2 + R_2 R_\ell + R_\ell R_1} \, [\text{A}] \tag{4}$$

となります．これはループ電流法で求めた結果と一致しています．

### ■テブナンの定理-2

**問53** 図1に示す回路において，負荷抵抗 $R_\ell$ [Ω] が次の値であるとき，$R_\ell$ に流れる電流 $I_\ell$ [A] をテブナンの定理を用いて求め，さらにa−b端子間電圧 $V_{ab}$ [V] を求めなさい．

(ⅰ) $R_\ell = 6$ [Ω]

(ⅱ) $R_\ell = 10$ [Ω]

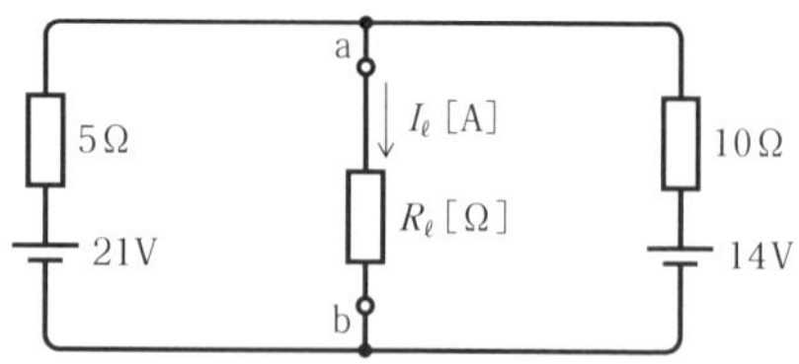

図1

**【解説】**　図1の回路から $R_\ell$ [Ω] を切り離し（図2），①テブナン電圧 $E_T$ [V] および②テブナン抵抗 $R_T$ を求めます．

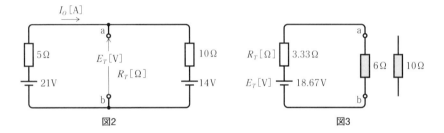

図2　　　　　　　　　　　　図3

① $I_O = \dfrac{21 - 14}{5 + 10} = 0.467\,[\mathrm{A}]$

$E_T = 21 - 5 \times 0.467 = 18.67\,[\mathrm{V}]$

② $R_T = \dfrac{5 \times 10}{5 + 10} = 3.33\,[\Omega]$

（ⅰ）したがって，a－b端子間に$R_\ell = 6\,[\Omega]$を接続したときに流れる電流は，テブナンの定理を適用し（図3参照），

$I_\ell = \dfrac{18.67}{3.33 + 6} = 2\,[\mathrm{A}]$

電圧$V_{ab}$は，

$V_{ab} = 6 \times 2 = 12\,[\mathrm{V}]$

（ⅱ）$R_\ell = 10\,[\Omega]$を接続したときに流れる電流は

$I_\ell = \dfrac{18.67}{3.33 + 10} = 1.4\,[\mathrm{A}]$

$V_{ab} = 10 \times 1.4 = 14\,[\mathrm{V}]$

となります．

　このように，**負荷抵抗が変化するとき**，テブナンの定理を適用すると，変化する負荷抵抗値を上式$I_\ell$に代入して計算するだけで解答できます．

　**テブナンの定理は**，与えられた回路網中において注目する枝路をa－b端子で切り離し，**残りの回路を電圧源に置き換えました**．

「ナルホド…」と納得したみなさんは，電圧源に置き換えたら，さらに電流源に置き換えることができるだろうと考えたことでしょう．

　それに答えてくれるのがノートンの定理です．

## ■ノートンの定理

> **問54** 図1に示す回路において,負荷抵抗$R_\ell$が次の値であるとき,$R_\ell$に流れる
> 電流$I_\ell$[A]を,ノートンの定理を
> 用いて求めなさい.
> （ⅰ）$R_\ell = 6$［Ω］
> （ⅱ）$R_\ell = 10$［Ω］

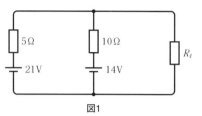

図1

**【解説】** 前問と同じです.しかしながら,ここではノートンの定理を用いて求めます.

**ノートンの定理**について**説明**しましょう.

図2を見てください.$R_\ell$を切り離した回路網から次の二つの値を求めます.

① **ノートン電流$I_N$[A]**：a−b端子間を短絡したとき,そこに流れる電流

② **ノートン抵抗$R_N$[Ω]**：a−b端子から見た合成抵抗($= R_T$[Ω])

ノートン電流$I_N$[A]およびノートン抵抗$R_N$($= R_T$)[Ω]が求まると,回路網は図3に示す電流源（**ノートン電流源**）と等価であります.

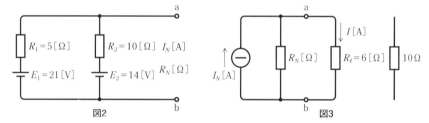

図2　　図3

したがって,a−b端子間に抵抗$R_\ell$[Ω]を接続したとき,そこを流れる電流$I$は,

$$I = I_N \times \frac{R_N}{R_N + R_\ell} \text{ [A]} \tag{1}$$

である,というのが**ノートンの定理**です.

ところで,図2におけるノートン電流$I_N$[A]およびノートン抵抗$R_N$[Ω]は,それぞれ次式となります.

$$I_N = \frac{E_1}{R_1} + \frac{E_2}{R_2} = \frac{R_2 E_1 + R_1 E_2}{R_1 R_2} \text{ [A]} \tag{2}$$

$$R_N = \frac{R_1 R_2}{R_1 + R_2} \text{ [Ω]} \tag{3}$$

（2）,（3）式を（1）式に代入すると,

$$I = \frac{R_2 E_1 + R_1 E_2}{R_1 R_2} \times \frac{\dfrac{R_1 R_2}{R_1 + R_2}}{\dfrac{R_1 R_2}{R_1 + R_2} + R_\ell} = \frac{R_2 E_1 + R_1 E_2}{R_1 R_2 + R_2 R_\ell + R_\ell R_1}[\mathrm{A}]$$

となり，ループ電流法で求めた結果と一致します．

　テブナン電圧源を電流源に変換したものがノートン電流源であり，ノートンの定理はテブナンの定理と兄弟分であることに気がつきます．

　ノートンの定理が理解できたところで解答に移りましょう．
　ノートン電流$I_N$およびノートン抵抗$R_N$を求めます．

$$I_N = \frac{E_1}{R_1} + \frac{E_2}{R_2} = \frac{21}{5} + \frac{14}{10} = 5.6[\mathrm{A}]$$

$$R_N = R_T = \frac{R_1 R_2}{R_1 + R_2} = 3.33[\Omega]$$

　したがって（ i ）は，$R_\ell = 6[\Omega]$を接続したとき，そこを流れる電流$I_\ell$を求めるので，

$$I_\ell = I_N \times \frac{R_N}{R_N + R_\ell} = 5.6 \times \frac{3.33}{3.33 + 6} = 2[\mathrm{A}]$$

となります．
　（ ii ）は，$R_\ell = 10[\Omega]$のとき，

$$I_\ell = 5.6 \times \frac{3.33}{3.33 + 10} = 1.4[\mathrm{A}]$$

となります．

## ■ブリッジ回路の電流

**問55** 図1に示す回路において，$R$の値が

（ i ） $5\,\Omega$

（ ii ）$10\,\Omega$

（iii）$30\,\Omega$

であるとき，$R$に流れる電流を求めなさい．

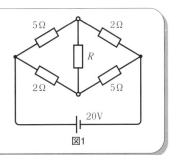

図1

**【解説】** テブナンの定理を適用して求めます．

　抵抗 $R$ を切り離して，テブナン電圧 $E_T$ およびテブナン抵抗 $R_T$ を求めます（図2参照）.

　図2の回路において，a点を流れる電流 $I_a$ [A] とb点を流れる電流 $I_b$ は等しく，

$$I_a = I_b = \frac{20}{5 + 2} = 2.86 \,[\text{A}]$$

です．したがって，

$$V_{ac} = 2 \times 2.86 = 5.72\,[\text{V}] \quad V_{bc} = 5 \times 2.86 = 14.3\,[\text{V}]$$

$$E_T = V_{bc} - V_{ac} = 14.3 - 5.72 = 8.58\,[\text{V}]$$

$$R_T = \frac{5 \times 2}{5 + 2} + \frac{2 \times 5}{2 + 5} = 2.86\,[\Omega]$$

テブナン電圧源（図3）が求められたところで，

（ⅰ）5Ωのときは $I = \dfrac{8.58}{2.86 + 5} = 1.092\,[\text{A}]$

（ⅱ）10Ωのときは $I = \dfrac{8.58}{2.86 + 10} = 0.667\,[\text{A}]$

（ⅲ）30Ωのときは $I = \dfrac{8.58}{2.86 + 30} = 0.261\,[\text{A}]$

## ■可逆の定理

**問56**　図1（a）の電流 $I_a$ [A] および図1（b）における電流 $I_b$ [A] を求め，可逆の定理が成り立つことを確かめなさい.

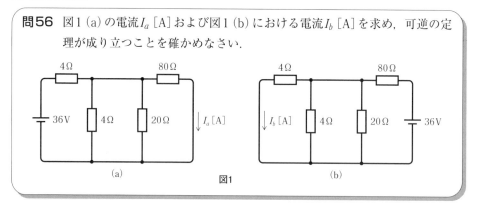

図1

**【解説】**　図1（a）に示す回路の電流 $I_a$ [A] は，図1（b）のように電圧源の位置を入れ替えたときの電流 $I_b$ [A] と一致するというのが**可逆の定理**です.

　計算してみましょう.

図1 (a)において，電源から見た合成抵抗 $R$ は，

$$R = 4 + \cfrac{1}{\cfrac{1}{4} + \cfrac{1}{20} + \cfrac{1}{80}} = 7.2\,[\Omega]$$

したがって，電源を流れ出る電流 $I$ は，

$$I = \frac{36}{7.2} = 5\,[\text{A}]$$

であり，$80\,\Omega$ の端子間電圧 $V$ は，

$$V = 36 - 4 \times 5 = 16\,[\text{V}]$$

です．よって，$80\,\Omega$ に流れる電流 $I_a$ は，

$$I_a = \frac{16}{80} = 0.2\,[\text{A}]$$

となります．

図1 (b)の電源から見た合成抵抗 $R$ は，

$$R = 80 + \cfrac{1}{\cfrac{1}{20} + \cfrac{1}{4} + \cfrac{1}{4}} = 81.8\,[\Omega]$$

電源を流れ出る電流 $I$ は，

$$I = \frac{36}{81.8} = 0.44\,[\text{A}]$$

抵抗 $4\,\Omega$（左上）の端子間電圧 $V$ は，

$$V = 36 - 80 \times 0.44 = 0.8\,[\text{V}]$$

です．したがって，$4\,\Omega$ に流れる電流 $I_b$ は，

$$I_b = \frac{0.8}{4} = 0.2\,[\text{A}]$$

であり，可逆の定理が成立します．

ところで，図1 (a)と(b)の枝路電流 $I_a$ と $I_b$ は一致しましたが，同時に他の枝路電流が一致するとは限らないので注意が必要です．

# 2章 自習問題 1〜35

解答 → 290〜296頁

**問2-1** 図(1)および図(2)に示す回路の未知電流を求めなさい.

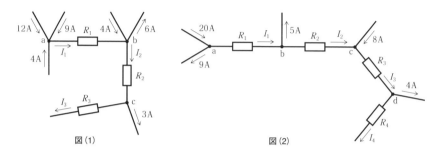

図(1)　　　　　　　　　　　図(2)

**問2-2** 図に示す回路における電流$I_1$, $I_2$を求め
なさい.

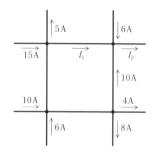

**問2-3** 図に示す回路の枝路電流$I_1$, $I_2$, $I_3$[A]を
求めなさい.

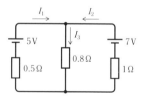

**問2-4** 図に示す回路の電流$I$[A]を求めなさい.

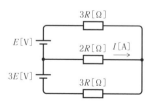

**問2-5**　図に示す回路における負荷抵抗$R_1$, $R_2$の消費電力$P_1$, $P_2$ [W]を求めなさい.

　　ただし,電源から負荷抵抗までの各電線抵抗は1Ωとする.

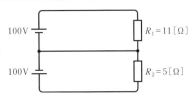

**問2-6**　図に示す回路における抵抗2Ωに流れる電流$I$ [A]およびa–b間の電圧$V_{ab}$ [V]を求めなさい.

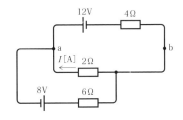

**問2-7**　図に示す回路において,$V_1 = V_2 = 18$ [V],$R_1 = 20$ [Ω],$R_2 = r = 5$ [Ω]である.各部の電流$I_1$, $I_2$, $I_3$ [A]を求めなさい.

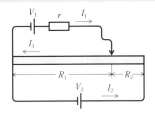

**問2-8**　(1) 図(a)において$I_1 = 4.5$ [A],$I_2 = 0.5$ [A]であった.抵抗$R$ [Ω]を求めなさい.
(2) 抵抗$R$ [Ω]を図(b)のように接続したときの電流$I_3$ [A]を求めなさい.

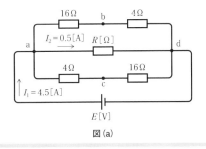

図(a)

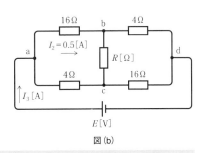

図(b)

**問2-9**　図に示す回路における各抵抗に流れる電流$I_1$, $I_2$, $I_3$を求めなさい.

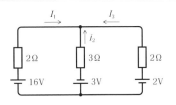

**問2-10**　図に示す回路における抵抗6Ωの端子間電圧 $V$[V]を求めなさい.

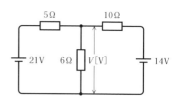

**問2-11**　図に示す回路における電流計の指示が2A である.
電流 $I_1$, $I_2$[A]および起電力 $E$[V]を求めなさい.

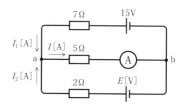

**問2-12**　図に示す回路における電圧計および電流計の指示値 $V$[V]および $I$[A]を求めなさい.

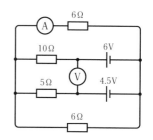

**問2-13**　図に示す回路の電流 $I$[A]を求めなさい.

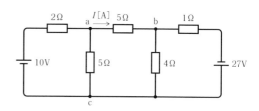

**問2-14**　図に示すブリッジ回路における抵抗5Ωに流れる電流 $I$[A]および端子間電圧 $V$[V]を求めなさい.

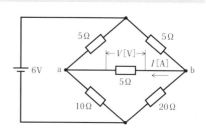

**問2-15**　図(1)および図(2)に示す回路の抵抗$R$に流れる電流を求めなさい.

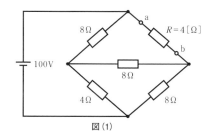

図(1)

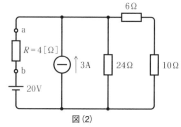

図(2)

**問2-16**　次の問に答えなさい.

(1) 図(a)に示す回路の等価$\Delta$回路を
求めなさい.
(2) 図(b)に示す回路の等価Y回路を
求めなさい.

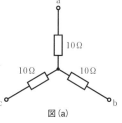

図(a)

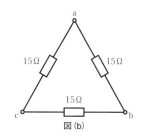

図(b)

**問2-17**　図に示す回路のa−b端子から見た合成抵抗$R_{ab}$を求めなさい. ただし, $r = 6[\Omega]$である.

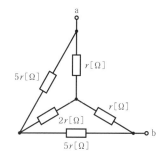

**問2-18**　図に示す回路のa−b端子間抵抗$R_{ab}[\Omega]$を求めなさい.

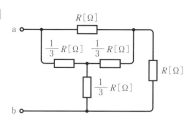

**問2-19** 図に示す回路におけるa−b端子間抵抗$R_{ab}$ [Ω]を求めなさい.

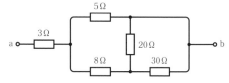

**問2-20** 図 (1) の回路における電流$I_1$ [A],および図 (2) の回路における電流$I_2$ [A]を求めなさい.

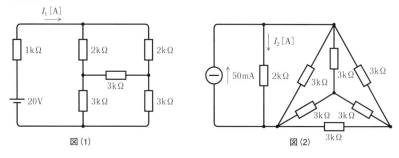

図 (1)　　　　　　　　　　図 (2)

**問2-21** 図 (1) の回路における電流$I_1$ [A],および図 (2) の回路における電流$I_2$ [A]を求めなさい.

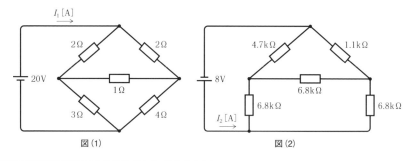

図 (1)　　　　　　　　　　図 (2)

**問2-22** 図に示す回路のa−b端子から見たテブナン電圧源を求め,a−b端子間に抵抗$R = 3.75$ [Ω]を接続したとき,$R$が消費する電力を求めなさい.

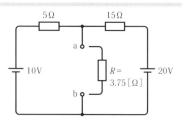

**問2-23** 図に示すように電源と抵抗からなる回路
網において端子a–bが出ている．スイッ
チSの開放時の電圧は$V = 24$ [V] であっ
た．$R = 6$ [Ω]を接続すると$V = 18$ [V]に
変化した．

　　$R = 10$[Ω]を接続したときの電圧$V$[V]
を求めなさい．

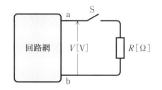

**問2-24** 図に示す回路において，スイッチSを開
いたときスイッチの端子間電圧は2Vで
あった．

　　スイッチSを閉じたとき，$r = 20$ [Ω]
に流れる電流$I$[A] および抵抗$r$の消費電
力$P$[W]を求めなさい．

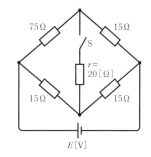

**問2-25** 図に示す回路において，スイッチSを閉
じたときに流れる電流$I$[A] および抵抗
2Ωの消費電力$P$[W]を求めなさい．

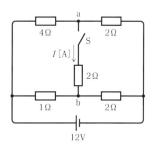

**問2-26** 図に示す回路における各
抵抗に流れる電流を求め
なさい．

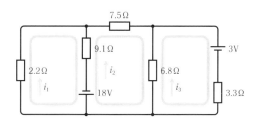

**問2-27** 図に示す回路において，電流比 $\dfrac{I_1}{I_2}$ を求めなさい．

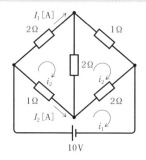

**問2-28** 図に示す回路の電流 $I_1$, $I_2$, $I_3$ [A] を求めなさい．

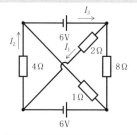

**問2-29** 重ね合わせの理を適用し，図に示す回路の各抵抗に流れる電流を求めなさい．

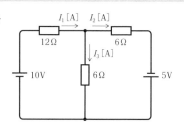

**問2-30** 重ね合わせの理を適用し，図に示す回路の電流 $I$ [A] を求めなさい．

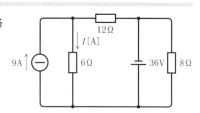

**問2-31** 図に示す回路において，a−b端子から見たテブナン電圧源を求め，さらに $R$ が 6Ω，12Ω および 30Ω であるときに流れる電流 $I$ [A] を求めなさい．

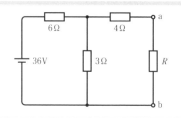

**問2-32** 図の回路において，テブナンの定理を用いて負荷抵抗$R$の値が$2\Omega$，$6\Omega$，$10\Omega$であるとき，負荷に流れる電流および負荷の消費電力を求めなさい．

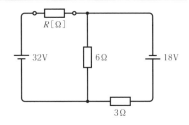

**問2-33** 節点電圧法を適用し，図に示す回路の$R = 50\,[\Omega]$に流れる電流$I\,[\mathrm{A}]$を求めなさい．

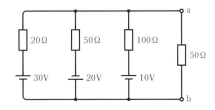

**問2-34** 図(1)および図(2)に示す回路における電流$I_1$および$I_2\,[\mathrm{A}]$を求め，比較しなさい．

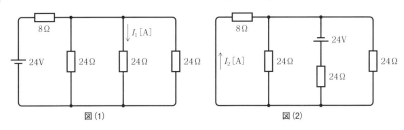

図(1)　　　　　　　　図(2)

**問2-35** 図(1)および図(2)に示す回路における電流$I_1$および$I_2\,[\mathrm{A}]$を求め比較しなさい．

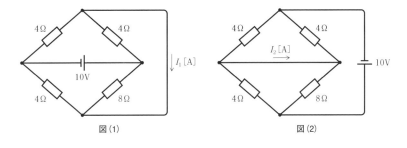

図(1)　　　　　　　　図(2)

# 第3章

# 交流回路計算❶

## オームの法則と記号法

　オームの法則およびキルヒホッフの法則を理解するためにがんばってきたみなさんは章末の自習問題を解決し，自信満々で胸をふくらませていることでしょう.

　引き続き交流回路への入門です. 交流回路においてもオームの法則とキルヒホッフの法則が主役を演じます. これらの法則は直流回路と同じ形式で現れますが，電圧 $\dot{V}$ [V]，電流 $\dot{I}$ [A]，インピーダンス $\dot{Z}$ [Ω] が複素数で表現されます. したがって，最初に複素数を理解し，その上で複素数の四則計算が自由にできることが重要です. 複素数入門について順序よく説明します. あせらずじっくりと取り組み，一歩一歩納得し進んでください.

### スタインメッツ（Steinmetz, Charles Proteus, ドイツ→アメリカ, 1865～1923年）

　スタインメッツは1865年ドイツで生まれ，ブレスラウ大学で数学と自然科学を学んでいましたが，1886年エジソンやテスラに刺激され電気の研究に熱闘しました.

　さらに，彼は交流回路の計算に複素数を使った記号法を考案し，その理論と応用を電気学会に発表しました. 彼の研究は確かなものであり，1901年にはアメリカ電気学会の会長になりました.

## ■正弦波交流電圧と電流の瞬時値式

> **問57**　　$v = V_m \sin(\omega t)\,[\mathrm{V}]$　　　　　(1)
>
> 　　　　　　$i = I_m \sin(\omega t)\,[\mathrm{A}]$　　　　　(2)
>
> 　上式で示す正弦波交流電圧 $v\,[\mathrm{V}]$ および正弦波交流電流 $i\,[\mathrm{A}]$ の最大値 $V_m\,[\mathrm{V}]$，$I_m\,[\mathrm{A}]$，角速度 $\omega\,[\mathrm{rad/s}]$，周波数 $f\,[\mathrm{Hz}]$，周期 $T\,[\mathrm{s}]$ について説明しなさい.

**【解説】**　図1 (a)，(b) に交流発電機の原理図を示します. N−S磁極間に配置したコイルを1秒間に $f$ 回の割合で回転させると，コイルは磁束を切り，ブラシ間に図2に示すような波形の交流電圧 $v\,[\mathrm{V}]$ が発生し，電球に交流電流 $i\,[\mathrm{A}]$ を流します. その結果，電球は明るく点灯します.

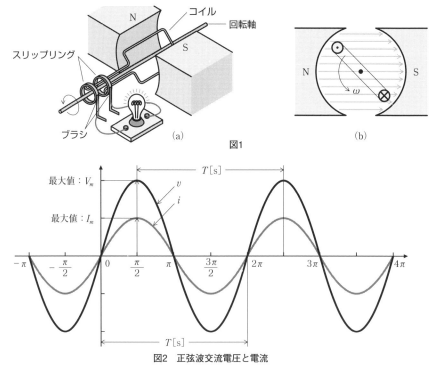

図2　正弦波交流電圧と電流

　図2に示す交流電圧 $v\,[\mathrm{V}]$ や交流電流 $i\,[\mathrm{A}]$ は，$0 \sim \pi$ の間では正，$\pi \sim 2\pi$ の間では負であり，交互に繰り返しています. このように変化している電圧や電流は三角関数 $\sin(\cos)$ を用いて表され，**正弦波交流電圧**，**正弦波交流電流** と呼ばれます.

正弦波交流電圧や電流波形の最も大きな値 $V_m$ [V]や$I_m$ [A]を**最大値**と呼びます.

また,電圧 $v$ や電流 $i$ は同じ波形を繰り返していますが,1[s]間の繰返し回数 $f$ を**周波数**といい,単位[Hz]を用いて表します.

コイルがN-S磁極間を1秒間に $f$ 回の割合で回転するとき,$f$ [Hz]の周波数が発生するのです.1秒間に50回の割合でN-S磁間を通過するコイルの周波数は**50[Hz]**,60回の割合で通過する周波数は**60[Hz]**です.

ところで,1秒間に $f$ 回の割合でN-S磁極を通過しているコイルが,1秒間に進んだ角度 $\omega$ は,

$$\omega = 2\pi\,[\mathrm{rad}] \times f\,[回] = 2\pi f\,[\mathrm{rad/s}] \tag{3}$$

です.この $\omega$ [rad/s]を**角速度**または**角周波数**と呼んでいます.

繰り返している波形の1回分を**1サイクル**といいます.$f$ [Hz]波形の1サイクル分の時間を**周期**といい,記号 $T$ [s]で表します.

1秒間に $f$ 回繰り返す波形の周期 $T$ は次式で与えられます.

$$T = \frac{1}{f}\ [\mathrm{s}] \tag{4}$$

逆に,周期 $T$ [s]が与えられると,**周波数 $f$ [Hz]**は次式で求められます.

$$f = \frac{1}{T}\ [\mathrm{Hz}] \tag{5}$$

周期 $T$ と周波数 $f$ は逆数の関係であります.

正弦波交流電圧 $v$ [V]や電流 $i$ [A]の瞬時値式には,**最大値 $V_m$ [V],$I_m$ [A]**,**角速度 $\omega = 2\pi f$ [rad/s]**,**周波数 $f$ [Hz]**を含んでいることに留意してください.

これから正弦波交流電圧・正弦波交流電流について勉強しますが,これらの用語は,単に**交流電圧・交流電流**(さらには**電圧・電流**)と省略して表現する場合もあります.

**コラム**

●**電圧 $\dot{V}$ [V],電流 $\dot{I}$ [A],インピーダンス $\dot{Z}$ [Ω]の・(ドット)とは?**

直流回路では,電圧 $V=100$ [V],電流 $I=4$ [A],抵抗 $R=25$ [Ω]のように,一つの数で表現できました.ところが,交流回路の交流電圧,電流,インピーダンスは,一つの数で正確に表現できません.二つの数を組み合わせた複素数(ベクトル)で表現します.複素数表示ですョ,という意味を込めた表現法が電圧 $\dot{V}$ [V],電流 $\dot{I}$ [A],インピーダンス $\dot{Z}$ [Ω]です.

### ■最大値・角速度・周波数

> **問58** 次式で示す電圧 $v$ および電流 $i$ の最大値，角速度，周波数，周期を求めなさい．
>
> (1) $v = 141.4 \sin(314t)$ [V]
>
> (2) $i = 7.07 \sin(377t - \pi/4)$ [A]

**【解説】** 上式のように三角関数 sin を用いて表現された電圧 $v$ [V] や電流 $i$ [A] は**瞬時値式**と呼ばれます．瞬時値式が与えられると，その式に含まれている最大値，角速度，周波数を見つけ出さなければなりません．

**(1)** 電圧 $v$ の最大値，角速度，周波数を見つけます．

最大値 $V_m = 141.4$ [V]

角速度 $\omega = 314$ [rad/s]

また，角速度 $\omega = 2\pi f = 314$ [rad/s] から，

周波数 $f = \dfrac{314}{2\pi} = 50$ [Hz]

周　期 $T = \dfrac{1}{f} = \dfrac{1}{50} = 0.02$ [s] $= 20$ [ms]

**(2)** 電流 $i$ の最大値，角速度，周波数を見つけます．

最大値 $I_m = 7.07$ [A]

角速度 $\omega = 377$ [rad/s]

周波数 $f$ は，角速度 $\omega = 2\pi f = 377$ [rad/s] から $f = \dfrac{377}{2\pi} = 60$ [Hz]

周期 $T = \dfrac{1}{f} = \dfrac{1}{60} = 0.01667$ [s] $= 16.67$ [ms]

### ■交流電圧と電流の波形

> **問59** 次式で表された電圧 $v_1$，$v_2$ および $v_3$ の波形を描き，それぞれの波形の位相関係について説明しなさい．さらに，周波数 $f$ [Hz] および周期 $T$ [s] を求めなさい．
>
> (1) $v_1 = 141.4 \sin(314t)$ [V]
>
> (2) $v_2 = 141.4 \sin(314t + \pi/6)$ [V]
>
> (3) $v_3 = 70.7 \sin(314t - \pi/3)$ [V]

**【解説】** 交流発電機で発生した電圧 $v$ [V] を，交流回路の**素子**である抵抗 $R$ [Ω]，自己インダクタンス $L$ [H]，静電容量 $C$ [F] に加えたり，またそれらを組み合わせた回路に加えると，それぞれの素子の端子間電圧の最大値が変化したり，波形がずれたりで千変万化します．しかしながら周波数は変化しません．

上式で表された電圧の波形を描くために，時間 $t$ が0から0.012 s（12 ms）まで0.001 s（1 ms）刻みで変化したときの各瞬時値を計算（電卓使用）すると，表1のようになります．

表1　瞬時値計算

| $t$ [s] | $v_1$ [V] | $v_2$ [V] | $v_3$ [V] |
|---|---|---|---|
| 0.000 | 0 | 70.7 | −61.2 |
| 0.001 | 43.7 | 105.0 | −47.3 |
| 0.002 | 83.1 | 129.1 | −28.7 |
| 0.003 | 114.4 | 140.6 | −7.4 |
| 0.004 | 134.5 | 138.3 | 14.7 |
| 0.005 | 141.4 | 122.5 | 35.3 |
| 0.006 | 134.5 | 94.7 | 52.5 |
| 0.007 | 114.5 | 57.7 | 64.6 |
| 0.008 | 83.3 | 15.0 | 70.3 |
| 0.009 | 43.9 | −29.2 | 69.2 |
| 0.010 | 0.225 | −70.5 | 61.3 |
| 0.012 | −82.9 | −129.0 | 28.9 |

表1を参照しながらグラフ化すると図1になります．

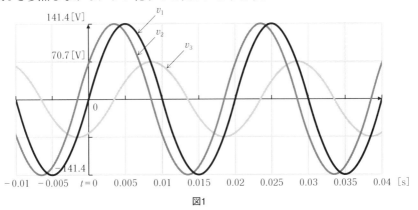

図1

波形を観察すると，各波形には**ずれ**があります．ずれを表現しているのは，瞬時値式中の角度を表す$(314t)$，$(314t + \pi/6)$，$(314t - \pi/3)$で，これを**位相**または**位相角**といいます．さらに，$t = 0$における（ ）内の角度を**初期位相**または**初期位相角**と呼びます．

各電圧の初期位相は次のとおりです．

$v_1$の初期位相 ＝　　0 [rad] ＝　　0°

$v_2$の初期位相 ＝　$\pi/6$ [rad] ＝　30°

$v_3$の初期位相 ＝ $-\pi/3$ [rad] ＝ −60°

そして，二つの電圧$v_1$と$v_2$の位相関係は，初期位相を比較して，次のように言い表します．

$v_2$は，$v_1$より位相が$\pi/6$（＝30°）進んでいる．

　　または，

$v_1$は，$v_2$より位相が$\pi/6$（$= 30°$）遅れている．

電圧$v_1$と$v_3$の位相関係は，

$v_3$は，$v_1$より位相が$\pi/3$[rad]（$= 60°$）遅れている．

または，

$v_1$は，$v_3$より位相が$\pi/3$[rad]（$= 60°$）進んでいる．

さらに，電圧$v_2$と$v_3$の位相関係は，

$v_3$は，$v_2$より位相が$\pi/2$[rad]（$= 90°$）遅れている．

または，

$v_2$は，$v_3$より位相が$\pi/2$[rad]（$= 90°$）進んでいる．

と表現します．すなわち，二つの波形を比較するとき，左側にある波形は**進み**で，右側にある波形は**遅れ**です．

ところで，周波数は角速度 $\omega = 2\pi f = 314$ [rad/s] の中に含まれています．

$$f = \frac{\omega}{2\pi} = \frac{314}{6.28} = 50 \,[\text{Hz}]$$

周波数がわかれば，周期は，

$$T = \frac{1}{f} = \frac{1}{50} = 0.02\,[\text{s}] = 20\,[\text{ms}]$$

となります．

次の商用周波数の周期は，即答できるように覚えておきましょう．

周波数 $f = 50$ [Hz]　⇔　周期 $T = 0.02$ [s] $= 20$ [ms]

周波数 $f = 60$ [Hz]　⇔　周期 $T = 0.01667$ [s] $= 16.67$ [ms]


## ■ラジアンと度数

> **問60**　角度を表すラジアン[rad]と度数[°]の関係について説明しなさい．

**【解説】**　角度を表すとき，ラジアン[rad]単位（**弧度法**）と度数 [°]単位（**60分法**）があります．両者とも多用しますので，慣れ親しんでおきましょう．

[rad]で表す角度は，図1に示すように，半径$r$の円周上に，半径と同じ長さの円弧をとったときの角度を1[rad]とします．それは度数で57.3°に相当します．

私たちは円周 $l = 2\pi r$であることを知っていますから，円1周の角度は，

$$\frac{2\pi r}{r} = 2\pi = 2 \times 3.14 = 6.28\,[\text{rad}]$$

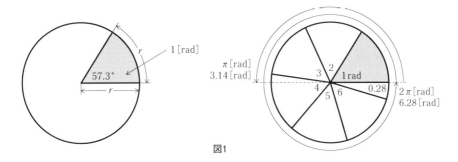

図1

です．したがって，半円の角度は $2\pi/2 = \pi = 3.14$[rad]，
$1/4$円の角度は $2\pi/4 = \pi/2 = 1.571$[rad]，$1/6$円は $\pi/3 =$
$1.047$[rad]となります．

困ったことに，[rad]で表現された角度で $1.571$[rad]
といわれても，見当がつきません．そこで必要になるの
が度数です．

先人は，円1周の角度を $360°$ と決めてくれました．半
円は $180°$，$1/4$円は $90°$，$1/6$円は $60°$ である，とすっき
り認識できます．

**表1 ラジアンと度数**

| ラジアン[rad] | 度数[°] |
|---|---|
| 0 | 0 |
| $\pi/6 = 0.524$ | 30 |
| $\pi/3 = 1.047$ | 60 |
| $\pi/2 = 1.571$ | 90 |
| $2\pi/3 = 2.094$ | 120 |
| $5\pi/6 = 2.618$ | 150 |
| $\pi = 3.142$ | 180 |
| $3\pi/2 = 4.712$ | 270 |
| $2\pi = 6.283$ | 360 |

(注) $\pi = 3.14159265\cdots$

表1は，ラジアンと度数との対応を示しています．今後，私たちは[rad]と[°]との
間を行ったり来たりしなければなりません．すなわち，ラジアンで表された角度を度
数に変換したり，その逆が必要になります．

では，$\alpha$[rad]は何度でしょうか．$\alpha$[rad]を60分法に変換したとき $\beta$[°]であると
すると，次式が成り立ちます．

$$\alpha : \pi = \beta : 180 \tag{1}$$

上式から，

$$\beta = \alpha \times \frac{180}{\pi} \; [°] \tag{2}$$

つまり，$\alpha$[rad]に $\dfrac{180}{\pi}$ を掛けるとよいのです．例として，$\alpha = 0.524$[rad]を度
数で表すと，

$$0.524 \times \frac{180}{3.14} = 30 \; [°]$$

逆に，$\beta$[°]を[rad]で表すには，式(1)から，

$$\alpha = \beta \times \frac{\pi}{180} \; [\text{rad}]$$

となります．例として，60°を[rad]で表すと，

$$60 \times \frac{\pi}{180} = \frac{\pi}{3} = 1.047 \,[\text{rad}]$$

です．

　ラジアン[rad]と度数[°]の相互変換ができるようになりました．これからは，理解が容易な**度数(60分法)を多用**しますが，必要に応じて逆変換してください．

## ■平均値と実効値

> **問61**　次式で表される正弦波交流電流 $i$ と電圧 $v$ の平均値と実効値を求めなさい．
> $$i = I_m \sin(\omega t) \,[\text{A}]$$
> $$v = V_m \sin(\omega t + \theta) \,[\text{V}]$$

**【解説】**　電流 $i$ [A]の波形を図1に示しました．電流 $i$ を一つの数値で表すとき最大値 $I_m$ [A]がありましたが，さらに，平均値と実効値で表す方法があります．

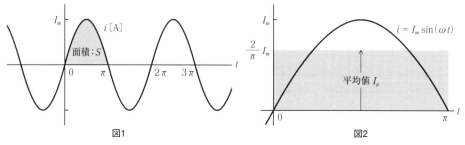

図1　　　　　　　　　　　　　　　図2

　図2に示すように，電流 $i$ の正の半周期分を取り出し，その面積 $S$ を横軸の長さ $\pi$ で割った値を**平均値**(コラム参照)と呼びます．山を平らにならしたときの高さに相当します．

　実は，正弦波半周期分の平均値は，最大値 $I_m$ に $2/\pi$ を掛けた値であることが計算されています(コラム参照)．したがって，電流 $i$ の平均値 $I_a$ は，

$$I_a = \frac{2}{\pi} \times I_m = 0.637 \times I_m \,[\text{A}] \tag{1}$$

となります．最大値に $2/\pi = 0.637$ を掛けた値が平均値です．

　次に図3を見てください．ビーカー中の抵抗 $R$ [Ω]に交流または直流電流を流すと，抵抗の発熱で水温が上昇します．そこで直流 $I$ [A]と交流 $i$ [A]のそれぞれを一定時間($t$ [s])流しつづけた場合を比較します．交流 $i$ [A]を $t$ [s]間流したときの発熱量が，

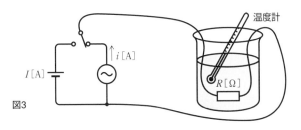

図3

直流 $I$ [A] を $t$ [s] 流したときと同じであるとき，交流 $i$ [A] の**実効値**（コラム参照）は $I$ [A]であるといいます．

実は，交流電流 $i$ [A] の最大値が $I_m$ [A] であるとき，実効値 $I$ [A]は，

$$I = \frac{1}{\sqrt{2}} \times I_m = 0.707 \times I_m \text{ [A]} \tag{2}$$

であることが確かめられています（コラム参照）．最大値に $1/\sqrt{2} = 0.707$ を掛けた値です．

電圧 $v = V_m \sin(\omega t + \theta)$ [V] の平均値および実効値についても同様です．

$$\text{平均値：} V_a = \frac{2}{\pi} \times V_m = 0.637 \times V_m \text{ [V]} \tag{3}$$

$$\text{実効値：} V = \frac{1}{\sqrt{2}} \times V_m = 0.707 \times V_m \text{ [V]} \tag{4}$$

逆に，平均値 $I_a$，実効値 $I$ が与えられたとき，**最大値 $I_m$** は次式です．

$$I_m = \frac{\pi}{2} \times I_a = 1.57 \times I_a \text{ [A]} \tag{5}$$

$$I_m = \sqrt{2} \times I = 1.414 \times I \text{ [A]} \tag{6}$$

このように，交流電圧・電流を一つの数値で表す方法には，**最大値**，**平均値**，**実効値**があります．多用されるのは**実効値**です．「我が家の電圧は100Vである」，「電流15Aが流れている」と言ったときの数値は実効値です．

> **コラム**
>
> ●**平均値とは**
>
> 正弦波電圧・電流の正波と負波は同形で，平均値は0です．一般に正波または負波のみの平均をとり，次式のように定義されています．
>
> $i = I_m \sin(\omega t) = I_m \sin\theta$ [A] の平均値 $I_a$ は，
>
> $$I_a = \frac{1}{\pi} \int_0^\pi I_m \sin\theta \, d\theta = \frac{2}{\pi} I_m = 0.637 I_m \text{[A]} \tag{1}$$

## ●実効値とは

抵抗$R$ [Ω] に直流$I_d$ [A] が流れているとき，消費電力は$P = I_d{}^2 R$ [W] です．この抵抗に電流$i = I_m \sin(\omega t)$ [A] が流れているとき，1周期内の平均電力$P$ [W] は次式で表せます．

$$P = \frac{1}{T} \int_0^T i^2 R \, dt = \frac{1}{2\pi} \int_0^{2\pi} i^2 R \, d\theta = (i^2 \text{の平均}) \times R \, [\text{W}] \tag{1}$$

よって，$I = \sqrt{i^2 \text{の平均}}$ を考えると，$I = I_d$で直流と同じ電力を消費します．

このように，抵抗に流れたときの消費電力が直流と等価な大きさ$I$ [A] を，交流の実効値といいます．

$i = I_m \sin(\omega t) = I_m \sin\theta$ [A] の実効値を$I$とすれば，

$$I = \sqrt{\frac{1}{2\pi} \int_0^{2\pi} I_m{}^2 \sin^2\theta \, d\theta} = \frac{I_m}{\sqrt{2}} = 0.707 \, I_m [\text{A}] \tag{2}$$

## ■電流の和

**問62** 次式で示す二つの電流の和を求めなさい．

(1) $i_1 = 8\sqrt{2} \, \sin(\omega t)$ [A]

(2) $i_2 = 6\sqrt{2} \, \sin\left(\omega t + \dfrac{\pi}{2}\right)$ [A]

図1

**【解説】** 瞬時値式で表された二つの電流の和を求めるとき，次の公式を思い出してください（付録参照）．

- $\sin(\alpha \pm \beta) = \sin\alpha \cdot \cos\beta \pm \cos\alpha \cdot \sin\beta$　　　　　(3)
- $A\sin(\omega t) + B\cos(\omega t) = C\sin(\omega t + \theta)$　　　　　(4)

ただし，$C = \sqrt{A^2 + B^2}$，$\theta = \tan^{-1}\left(\dfrac{B}{A}\right)$

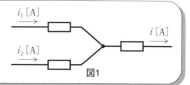

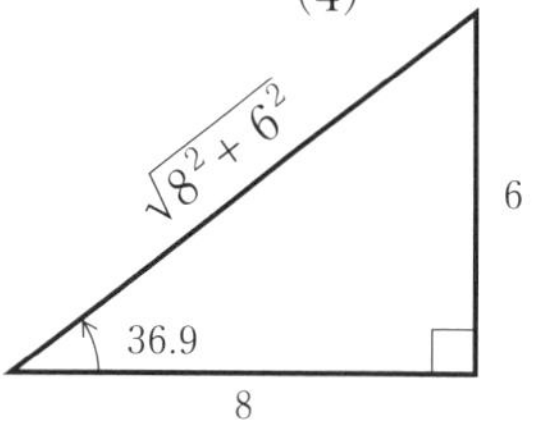

上の公式を適用し求めます．

$$\begin{aligned}
i &= i_1 + i_2 \\
&= 8\sqrt{2} \, \sin(\omega t) + 6\sqrt{2} \, \sin(\omega t + 90°) \\
&= \sqrt{2} \, [\, 8\sin(\omega t) + 6\{\sin(\omega t) \cdot \cos 90° + \cos(\omega t) \cdot \sin 90°\} \,] \\
&= \sqrt{2} \, \{8\sin(\omega t) + 6\cos(\omega t)\} \\
&= \sqrt{2} \times \sqrt{8^2 + 6^2} \left\{ \frac{8}{\sqrt{8^2 + 6^2}} \, \sin(\omega t) + \frac{6}{\sqrt{8^2 + 6^2}} \, \cos(\omega t) \right\}
\end{aligned}$$

$$= \sqrt{2} \times 10 \{\sin(\omega t) \cdot \cos 36.9° + \cos(\omega t) \cdot \sin 36.9°\}$$
$$= 10\sqrt{2} \, \sin(\omega t + 36.9°) \, [\text{A}]$$

電流 $i_1$, $i_2$ および $i$ [A] の波形を図2に示します.

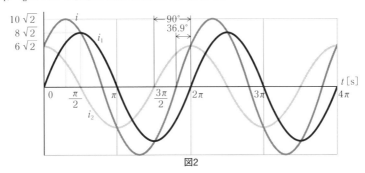

図2

このように,瞬時値式の電流や電圧の和を求めるのは,sin や cos を振り回す面倒な作業です.しかしながら,先人たちは**正弦波交流電圧や電流を複素数に置き換えて計算する簡便法(記号法)**を考え出してくれました.次の問からその方法を勉強します.

## ■複素数の四則計算

> **問63** 複素数およびその四則計算について説明しなさい.

**【解説】** スタインメッツ(Steinmetz, Charles Proteus,ドイツ→アメリカ,1865～1923年)は,前問のように sin または cos を用いて表された電圧 $v$ [V] や電流 $i$ [A] を複素数に置き換え,単純な計算でその和や差が得られることを明らかにしました.その手法(記号法)をマスターするには複素数の勉強が必要です.

そこで,複素数の四則計算ができるようになるために,(1)虚数,(2)複素数,(3)複素数の四則計算の順に説明しましょう.はじめに虚数を導入します.

(1) 次のように表現する数を**虚数**といいます.

$$\sqrt{-1}, \sqrt{-2}, \sqrt{-3}, \sqrt{-4}, \cdots \tag{1}$$

虚数は次のように,**2乗すると負数になる数**と約束します.

$$\sqrt{-1} \times \sqrt{-1} = -1$$
$$\sqrt{-2} \times \sqrt{-2} = -2$$
$$\sqrt{-3} \times \sqrt{-3} = -3$$
$$\sqrt{-4} \times \sqrt{-4} = -4$$
$$\vdots$$

虚数のうち，特に $\sqrt{-1}$ を**虚数単位**と呼び，記号 $j$ で表すことにします．

$$j = \sqrt{-1} \tag{2}$$

他の虚数は，虚数単位 $j$ を用いて，次のように表します．

$$\sqrt{-2} = \sqrt{-1 \times 2} = \sqrt{-1} \times \sqrt{2} = j\sqrt{2}$$
$$\sqrt{-3} = \sqrt{-1 \times 3} = \sqrt{-1} \times \sqrt{3} = j\sqrt{3}$$
$$\sqrt{-4} = \sqrt{-1 \times 4} = \sqrt{-1} \times \sqrt{4} = j2$$
$$\vdots$$

このように，$j$ を付けて表された数を**虚数**または**純虚数**と呼びます．

虚数単位 $j$ には次のような性質があります．

$$j \times j = j^2 = -1$$
$$j \times j \times j = -1 \times j = -j$$
$$j \times j \times j \times j = (-1) \times (-1) = 1$$
$$\vdots$$

**(2)** 次に，複素数を導入します．

二つの実数 $a$，$b$ と虚数単位 $j$ を次式のように組み合わせたものを**複素数**と呼びます．

$$a + jb \tag{3}$$

たとえば，$3 + j4$ や $\sqrt{2} + j\sqrt{3}$ などは複素数です．

(3)式のように表された複素数を**直交表示**と呼び，$a$ を**実部**，$b$ を**虚部**と呼びます．

虚部が負数の場合は，次式のように表します．

$$a + j(-b) = a - jb$$

また，

$$a + jb = 0 \tag{4}$$

であるとき，

$$a = 0 \ \text{かつ} \ b = 0$$

であると約束します．

ときどき複素数を一つの文字で表したいことがあります．

そのときは，

$$\dot{A} = a + jb \quad (\dot{A} \text{は，} A \text{ドットと読む})$$
$$\dot{B} = c - jd \quad (\dot{B} \text{は，} B \text{ドットと読む})$$

のように，・(ドット)をつけて表します．

また，複素数 $\dot{A}$，$\dot{B}$ に対して，虚部の符号のみが異なる複素数があります．それを，

$$\overline{A} = a - jb \quad (\overline{A} \text{は，} A \text{ドット・バーと読む})$$
$$\overline{B} = c + jd \quad (\overline{B} \text{は，} B \text{ドット・バーと読む})$$

のようにバーを付けて表し，**共役複素数**と呼びます.

$\dot{A}$と$\overline{\dot{A}}$，および$\dot{B}$と$\overline{\dot{B}}$は互いに共役複素数です.

(3) 複素数を導入したところで，**複素数の四則計算**について説明します.

複素数の①足し算および②引き算は，次のように計算したものと約束します.

## ① 複素数の足し算

$$\dot{A} + \dot{B} = (a + jb) + (c + jd) = (a + c) + j(b + d) \qquad (1)$$

すなわち，二つの複素数の実部同士および虚部同士を加え，虚部に$j$を付けます.

例を示しましょう.

$$(3+j4) + (7+j2) = (3+7) + j(4+2) = 10+j6$$
$$(2+j8) + (-3-j5) = (2-3) + j(8-5) = -1+j3$$

次のように，足し算するのも良い方法です.

$$\begin{array}{r} 3 + j4 \\ +)\ \underline{7 + j2} \\ 10 + j6 \end{array}$$

## ② 複素数の引き算

$$\dot{A} - \dot{B} = (a + jb) - (c + jd) = (a - c) + j(b - d) \qquad (2)$$

すなわち，実部同士を引き算し，虚部同士を引き算して$j$を付けます.

例を示します.

$$(7+j8) - (3+j4) = (7-3) + j(8-4) = 4+j4$$
$$(2+j3) - (-4+j7) = (2+4) + j(3-7) = 6+j4$$

引き算を次のように実行するのも良い方法です.

$$\begin{array}{r} 7 + j8 \\ -)\ \underline{3 + j4} \\ 4 + j4 \end{array}$$

次は複素数の③掛け算および④割り算の約束です.

## ③ 複素数の掛け算

$$\dot{A} \cdot \dot{B} = (a + jb) \cdot (c + jd) = (ac - bd) + j(ad + bc) \qquad (3)$$

掛け算は，次のように，分配則を用いて実行します.

$$\begin{aligned} \dot{A} \cdot \dot{B} &= (a+jb)(c+jd) \\ &= a(c+jd) + jb(c+jd) \\ &= ac + jad + jbc + jbjd = (ac-bd) + j(ad+bc) \end{aligned}$$

例を示します.

$$(2+j3) \cdot (3-j2) = 2 \times (3-j2) + j3 \times (3-j2)$$
$$= 2 \times 3 - j2 \times 2 + j3 \times 3 - j3 \times j2$$
$$= 12 + j5$$

$$(4-j3) \cdot (4+j3) = 4 \times 4 + 4 \times j3 - j3 \times 4 - j3 \times j3$$
$$= 25$$

次のように掛け算を実行するのも一つの方法です.

$$
\begin{array}{r}
2 \;+\; j3 \\
\times)\quad 3 \;-\; j2 \\
\hline
2 \times 3 \;+\; j3 \times 3 \\
+)\qquad 2 \times (-j2) \;+\; j3 \times (-j2) \\
\hline
6 \;+\; j5 \;+\; 6 \;=\; 12 + j5
\end{array}
$$

特に,共役複素数同士の和および積は次のように実部のみとなります.

$$(a + jb) + (a - jb) = 2a$$
$$(a + jb) \cdot (a - jb) = a^2 + b^2 \tag{4}$$

④ **複素数の割り算**

$$\frac{\dot{A}}{\dot{B}} = \frac{a + jb}{c + jd} = \frac{ac + bd}{c^2 + d^2} + j\,\frac{bc - ad}{c^2 + d^2} \tag{5}$$

( ただし,$c + jd \neq 0$ )

割り算は,分母の共役複素数を分子・分母に掛け,次のように実行します.

$$\frac{a+jb}{c+jd} = \frac{(a+jb)(c-jd)}{(c+jd)(c-jd)} = \frac{(ac+bd)+j(bc-ad)}{c^2+d^2}$$

---

**コラム**

**●忘れないでピタゴラス（三平方）の定理**

　図のように,3辺の長さ $a$, $b$, $c$ である直角三角形では,次式が成り立ちます.

$$a^2 + b^2 = c^2 \qquad （ピタゴラスの定理）$$

したがって,1辺の長さは他の2辺から求めることができます.

$$a = \sqrt{c^2 - b^2}$$
$$b = \sqrt{c^2 - a^2}$$
$$c = \sqrt{a^2 + b^2}$$

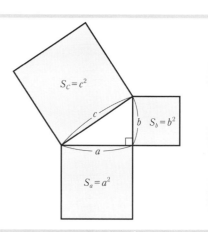

$$= \frac{(ac+bd)}{c^2+d^2} + j\, \frac{(bc-ad)}{c^2+d^2}$$

例を示します．

$$\frac{4-j8}{2+j2} = \frac{(4-j8)(2-j2)}{(2+j2)(2-j2)} = \frac{(8-16)-j(16+8)}{4+4} = -1-j3$$

$$\frac{10}{6+j8} = \frac{10(6-j8)}{(6+j8)(6-j8)} = \frac{60-j80}{36+64} = 0.6-j0.8$$

以上，複素数四則計算の説明でした．計算は $j \times j = j^2 = -1$ であることに留意し，一般の数式計算のように進めてよいことがわかりました．

## ■S表示（スタインメッツ表示）

問64　複素数のスタインメッツ表示（S表示）について説明しなさい．

【解説】　複素数 $\dot{A} = a + jb$ を複素平面（方眼紙）上に表現します．

図1に示すように，与えられた複素数の実部 $a$ を横軸に，虚部 $b$ を縦軸に対応させ，原点から $(a,\ b)$ 点に向かう**有向線分→**を描きます．これを複素数 $\dot{A}$ の**ベクトル**または**ベクトル表示**といいます．そして，ベクトルを表示した平面を**複素平面**といいます．

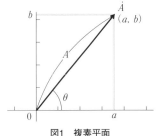

図1　複素平面

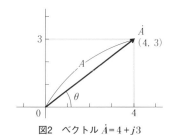

図2　ベクトル $\dot{A} = 4 + j3$

図2は，直交表示 $\dot{A} = 4 + j3$ のベクトルです．

ベクトルは，始点から終点までの長さ（**大きさ**または**絶対値**という）$A$ と正横軸からの角度 $\theta$（**偏角**という）で表すこともできます．

図2に示すベクトル $(a + jb)$ の絶対値 $A$ と偏角 $\theta$ は，ピタゴラスの定理（三平方の定理）と三角関数を用いて次のように求めることができます．

$$A = \sqrt{a^2 + b^2} \tag{1}$$

$$\boldsymbol{\theta} = \tan^{-1}\left(\frac{b}{a}\right) = \cos^{-1}\left(\frac{a}{A}\right) = \sin^{-1}\left(\frac{b}{A}\right) \tag{2}$$

そこで，ベクトル$\dot{A}$を絶対値$A$と偏角$\theta$を用いて，次のように表現します．

$$\dot{A} = A\angle\theta \qquad (3)$$

このように，ベクトルを絶対値と偏角で表現したものを**スタインメッツ表示**（**S表示**）または**極**（きょく）**表示**と呼びます．例を示しましょう．

$\dot{A} = 4 + j3$であるとき，S表示は，

$$A = \sqrt{4^2 + 3^2} = 5$$

$$\theta = \tan^{-1}\left(\frac{3}{4}\right) = \cos^{-1}\left(\frac{4}{5}\right) = \sin^{-1}\left(\frac{3}{5}\right) = 36.9^\circ$$

$$\dot{A} = 5\angle 36.9^\circ$$

逆に，S表示$\dot{A} = 5\angle 36.9^\circ$が与えられ，これを**直交表示**（$a + jb$形式）にしたいときは，cosおよびsinを用いて次のように変換します．

$$a = 5 \times \cos 36.9^\circ = 4$$

$$b = 5 \times \sin 36.9^\circ = 3$$

$$\dot{A} = 4 + j3$$

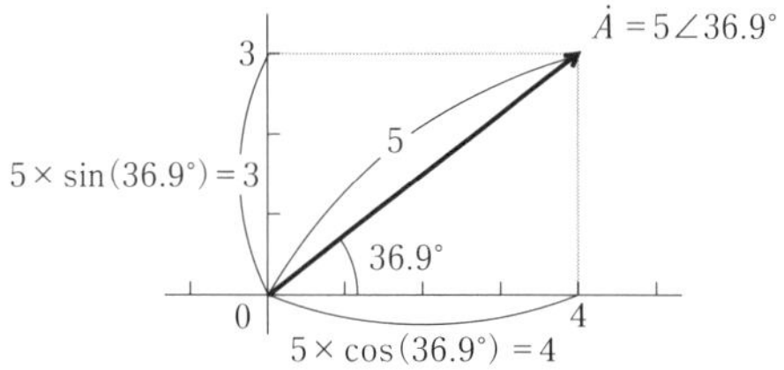

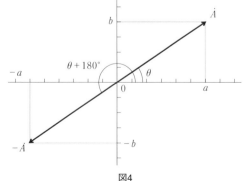

図3

すなわち，

$$\dot{A} = A\angle\theta \qquad (4)$$

$$\dot{A} = A\cos\theta + jA\sin\theta = A(\cos\theta + j\sin\theta) \qquad (5)$$

で，

$$\angle\theta = \cos\theta + j\sin\theta \qquad (6)$$

です．(5)式の表し方を**三角関数表示**と呼びます．

さて，$\dot{A} = a + jb$に$-1$を掛けると，

$$(-1)\times\dot{A} = -1\times(a + jb) = -a - jb$$

であり，図4に示すように，$\dot{A}$とは反対向きベクトルとなります．このベクトルを$-\dot{A}$と表します．

すなわち，

$$\dot{A} = a + jb = A\angle\theta^\circ$$

$$-\dot{A} = -(a + jb) = -a - jb$$

$$-\dot{A} = A\angle(\theta \pm 180^\circ)$$

です．

図4

これから先，**交流回路計算ではS表**

示およびそのベクトルを多用します．複素数の四則計算やベクトル表示に慣れ親しんでください．

まとめますと，

$$\dot{A} = a + jb = A \angle \theta$$

であるとき，$\dot{A} = a + jb$ を直交表示，$\dot{A} = A \angle \boldsymbol{\theta}$ をＳ表示と呼び，区別します．

## ■掛け算と割り算はＳ表示

> **問65** 複素数の掛け算と割り算はＳ表示で実行するのが簡単であることを説明しなさい．

【解説】

### (1) Ｓ表示の掛け算

$$\dot{A} = 4 + j3 = 5 \angle 36.9°$$
$$\dot{B} = 2 - j2 = 2.83 \angle -45°$$

であるとき，直交表示の掛け算は次のように計算しました．

$$\dot{A} \cdot \dot{B} = ( 4 + j3 ) \times ( 2 - j2 ) \qquad (1)$$
$$= ( 4 \times 2 + 3 \times 2 ) + j ( 3 \times 2 - 4 \times 2 )$$
$$= 14 - j2$$

結果をＳ表示すると，

$$\sqrt{14^2 + 2^2} = 14.14$$
$$\theta = \tan^{-1}\left( \frac{2}{14} \right) = -8.1°$$

であることから，

$$\dot{A} \cdot \dot{B} = 14 - j2 = 14.1 \angle -8.1°$$

となります．

ところで，上の結果は，Ｓ表示を用いて次のように計算したものと一致します．

$$\dot{A} \cdot \dot{B} = ( 5 \angle 36.9° ) \times ( 2.83 \angle -45° )$$
$$= 5 \times 2.83 \angle ( 36.9° - 45° ) = 14.1 \angle -8.1°$$

すなわち，**Ｓ表示での積は，絶対値の積と偏角の和を求めるとよいのです．**

掛け算公式として次式を覚えておきましょう．

$$\dot{A} \cdot \dot{B} = ( A \angle \alpha ) \times ( B \angle \beta ) = A \times B \angle ( \alpha + \beta ) \qquad (2)$$

## (2) S表示の割り算

$$\dot{A} = 4 - j8 = 8.94 \angle -63.4°$$

$$\dot{B} = 2 + j2 = 2.83 \angle 45°$$

であるとき，割り算は次のように計算しました.

$$\frac{\dot{A}}{\dot{B}} = \frac{4 - j8}{2 + j2} = \frac{(4 - j8)(2 - j2)}{(2 + j2)(2 - j2)} = \frac{(8 - 16) - j(16 + 8)}{4 + 4}$$

$$= -1 - j3$$

$$\sqrt{1 + 3^2} = 3.16 \qquad \theta = \tan^{-1}\left(\frac{-3}{-1}\right) = -108.4°$$

ですから，S表示は，

$$\frac{\dot{A}}{\dot{B}} = 3.16 \angle -108.4°$$

となります.

　ところで，上の結果は，S表示で次のように計算したものと一致します.

$$\frac{\dot{A}}{\dot{B}} = \frac{8.94 \angle -63.4°}{2.83 \angle 45°} = \frac{8.94}{2.83} \angle (-63.4 - 45)°$$

$$= 3.16 \angle -108.4°$$

　すなわち，S表示での商は，絶対値の商と偏角の差を求めるとよいのです.

$$\frac{\dot{A}}{\dot{B}} = \frac{A \angle \alpha}{B \angle \beta} = \frac{A}{B} \angle (\alpha - \beta) \tag{3}$$

　以上のように，**複素数の掛け算および割り算はS表示を用いた方が簡単**であることが判明しました. したがって複素数の掛け算・割り算はS表示で行います.

**コラム**

### ●交流か直流か？　交直論争

　1880年代，直流方式か交流方式かの論争がありました. エジソンは営業している直流送配電を支持し，ウエスチングハウスは次の理由で交流送配電が有利であると考えました.

● 直流発電機での高電圧発生および電圧制御は困難.

● 変圧器を用いた高圧交流送電が有利および電圧制御が容易.

　しかし，＋－に変化する交流回路の解析は困難という弱みがありました.

　1893年，交流支持であったスタインメッツは，複素数を用いた交流回路計算法（記号法）を完成させ，ナイヤガラ滝から45km先への送電実験が計算通りであることを明らかにしました.

## ■四則計算とベクトル

問66 複素数の四則計算結果とベクトルの関係を説明しなさい.

【解説】

**(1) 和ベクトル**

$$\dot{A} = 5 + j2 \quad \dot{B} = 3 + j6$$

であるとき,複素数の足し算は次のように計算しました.

$$\dot{A} + \dot{B} = ( 5 + j2 ) + ( 3 + j6 )$$
$$= 8 + j8 = 11.3\angle45°$$

$\dot{A}$,$\dot{B}$および$\dot{A} + \dot{B}$のベクトルを図1に示します.

**和ベクトル ($\dot{A} + \dot{B}$) は,ベクトル$\dot{A}$と$\dot{B}$を隣り合う辺とする平行四辺形の対角線に**対応しています.すなわち,ベクトル$\dot{A}$と$\dot{B}$の和ベクトルを求めるには,$\dot{A}$と$\dot{B}$からなる平行四辺形の対角線を求めるとよいことになります.この手法を**平行四辺形法**と呼びます.

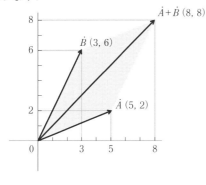
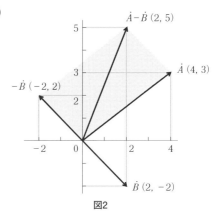

図1　　　　　　　　　　　　　　　図2

**(2) 差ベクトル**

$$\dot{A} = 4 + j3 \quad \dot{B} = 2 - j2$$

であるとき,二つの複素数の差は次のように求めました.

$$\dot{A} - \dot{B} = ( 4 + j3 ) - ( 2 - j2 )$$
$$= 2 + j5 = 5.39\angle68.2°$$

$\dot{A}$,$\dot{B}$および$\dot{A} - \dot{B}$のベクトルを図2に示します.

**差ベクトル ($\dot{A} - \dot{B}$) は,$\dot{A}$と$-\dot{B}$を隣り合う辺とする平行四辺形の対角線に対応し**ています.

### (3) 積ベクトル

複素数の積は，S表示を用いた計算が簡単でした.

$$\dot{A} = A \angle \alpha \qquad \dot{B} = B \angle \beta$$

ただし，$\alpha \geqq 0, \ \beta \geqq 0$

であるとき，

$$\dot{A} \cdot \dot{B} = (A \angle \alpha) \cdot (B \angle \beta) = A \cdot B \angle (\alpha + \beta) \tag{1}$$

上式を見るとき，**積ベクトル$\dot{A} \cdot \dot{B}$は，絶対値$A$を$B$倍し，偏角$\alpha$を$\beta$だけ進める**（反時計方向に回転する）と解釈することができます. 具体例を示しましょう.

$$\dot{A} = 3 \angle 60° \qquad \dot{B} = 2 \angle 45°$$

であるとき，

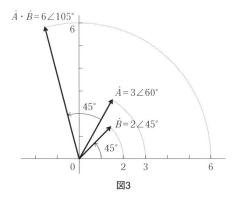

$$
\begin{aligned}
\dot{A} \cdot \dot{B} &= (3 \angle 60°) \cdot (2 \angle 45°) \\
&= 3 \times 2 \angle (60° + 45°) \\
&= 6 \angle 105°
\end{aligned}
$$

ベクトル$\dot{A}$, $\dot{B}$および$\dot{A} \cdot \dot{B}$を図3に示します.

図3

### (4) 商ベクトル

$$\dot{A} = A \angle \alpha \qquad \dot{B} = B \angle \beta$$

であるとき，

$$\frac{\dot{A}}{\dot{B}} = \frac{A \angle \beta}{B \angle \alpha} = \frac{A}{B} \angle (\alpha - \beta) \tag{2}$$

でした.

上式から，**商ベクトル$\dfrac{\dot{A}}{\dot{B}}$は，絶対値$A$を$B$で割り，偏角$\alpha$を$\beta$だけ遅らせる**（時計方向に回転する）といえます.

具体例を示しましょう.

$$\dot{A} = 6 \angle 90° \qquad \dot{B} = 3 \angle 60°$$

であるとき，

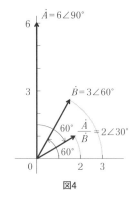

$$\frac{\dot{A}}{\dot{B}} = \frac{6 \angle 90°}{3 \angle 60°} = \frac{6}{3} \angle (90° - 60°) = 2 \angle 30°$$

ベクトル$\dot{A}$, $\dot{B}$および$\dfrac{\dot{A}}{\dot{B}}$を図4に示します.

図4

以上，和・差・積・商ベクトルについて説明しました．

さらに，**ベクトル$\dot{A}$と$j$または$-j$との掛け算およびそのベクトルの特徴も大切で**す．

$\dot{A} = a + jb = A\angle\theta°$　であるとき，

$$j \times (a + jb) = (1 \angle 90°) \times (A\angle\theta°) = A\angle(\theta° + 90°)$$

であり，図5に示すように，**ベクトル$\dot{A}$に$j$を掛けたことは，ベクトル$\dot{A}$を90°進める**ことになります．

さらに，**$-j = 1/j$ですが，**

$$-j \times (a + jb) = \frac{1}{j} \times (a + jb)$$

$$= (1 \angle -90°) \times (A\angle\theta°) = A\angle(\theta° - 90°)$$

であり，図6に示すように，**ベクトル$\dot{A}$に$-j$を掛けると，ベクトル$\dot{A}$を90°遅らせます．**

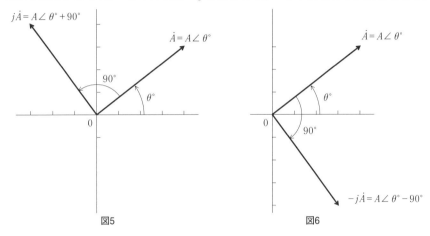

図5　　　　　　　　　　　　　　　図6

### ■瞬時値式とS表示

> **問67**　次式で表される**正弦波交流電流$i_1$および$i_2$をS表示する方法**について説明しなさい．
>
> （i）$i_1 = 11.31 \sin(377t) = 8\sqrt{2}\,\sin(377t)$ [A]
>
> （ii）$i_2 = 8.49 \sin(377t + 90°) = 6\sqrt{2}\,\sin(377t + 90°)$ [A]

**【解説】**　交流電圧や電流の瞬時値式はsinやcosを用いて表されますが，sinやcosを含んだ瞬時値式の四則計算は面倒でした．しかしながら，スタインメッツは，瞬時値式で表された交流電流・電圧を複素数（直交表示またはS表示）に置き換えることに

よって，簡単に計算できることを教えてくれたのです．その手法を**記号法**と呼んでいます．

さて，電圧や電流の瞬時値式には，**三要素**（最大値，周波数，初期位相）が含まれています．これら三要素のうち，最大値と初期位相は回路素子（抵抗$R$，コイル$L$，コンデンサ$C$）を通過するたびに変化します．しかし，周波数$f$[Hz]は変化しません．そこで変化しない周波数$f$[Hz]は頭の中にしまっておきます．そして変化する最大値と初期位相に注目します．

ところで，電気エンジニアは電圧や電流の最大値よりも**実効値を常用**します．それゆえ最大値を$\sqrt{2}$で割った**実効値と初期位相に注目**し，**S表示**します．

瞬時値式$i_1$，$i_2$[A]から，実効値と初期位相を抽出し，次のようにS表示します．

$$i_1 = 8\sqrt{2}\ \sin(377t+0°)\ [\text{A}] \qquad i_2 = 6\sqrt{2}\ \sin(377t+90°)\ [\text{A}]$$

$$\dot{I}_1 = 8 \angle 0°\ [\text{A}] \qquad\qquad \dot{I}_2 = 6 \angle 90°\ [\text{A}]$$

初期位相はわかりやすい**度数を多用**します．ただし，弧度法に変換したいときは$\pi/180$を掛けます．

### ■直交表示による電流の和

> **問68** 次式で表される電流$i_1$，$i_2$を直交表示し，和$i = i_1 + i_2$を求めなさい．
>
> （ i ）$i_1 = 8\sqrt{2}\ \sin(377t+60°)\ [\text{A}]$
> （ ii ）$i_2 = 6\sqrt{2}\ \sin(377t-30°)\ [\text{A}]$

**【解説】** 与えられた瞬時値式$i_1$，$i_2$[A]をS表示し，さらに直交表示します．

$$i_1 = 8\sqrt{2}\ \sin(377t+60°)\ [\text{A}] \tag{1}$$

$$\dot{I}_1 = 8 \angle 60°\ [\text{A}]$$
$$= 8\cos 60° + j8\sin 60° = 4 + j6.93\,[\text{A}] \tag{2}$$

$$i_2 = 6\sqrt{2}\ \sin(377t-30°)\ [\text{A}] \tag{3}$$

$$\dot{I}_2 = 6 \angle -30°\ [\text{A}]$$
$$= 6\cos(-30°) + j6\sin(-30°) = 5.2 - j3\,[\text{A}] \tag{4}$$

直交表示された電流$\dot{I}_1$と$\dot{I}_2$の和$\dot{I}$を求めます．

$$i = i_1 + i_2 = (4+j6.93)+(5.2-j3) = 9.2 + j3.93$$
$$= 10 \angle 23.1° \text{[A]}$$

上式を瞬時値式に変換します.

$$i = 10\sqrt{2}\sin(377t+23.1°)\text{[A]} \tag{5}$$

電流ベクトル$\dot{I_1}$, $\dot{I_2}$, $\dot{I}$を図1に,$i_1$, $i_2$, $i$の波形を図2に示します.

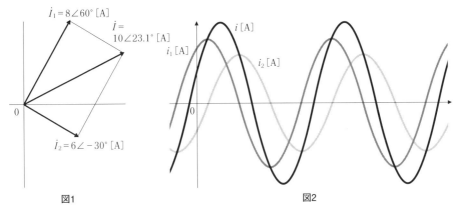

図1　　　　　　　　　　　　　図2

このように,記号法によると,瞬時値式の和が比較的簡単に求められます.問62のように,sin,cosを振り回さなくて済むのがとてもありがたいです.

次の問からは,記号法による交流回路計算へと進みます.

## ■電流の和

> **問69** 電流$i_1 = I_m \sin(\omega t)$[A]と,電流$i_1$より位相が90°遅れ,最大値が$I_m/\sqrt{3}$ [A]である電流$i_2$を合成(和)した電流$i$の瞬時値を求めなさい.

【解説】　二つの電流$i_1$および$i_2$の瞬時値式は次のようになります.

$$i_1 = I_m \sin(\omega t)\text{[A]} \tag{1}$$

$$i_2 = \frac{I_m}{\sqrt{3}}\sin(\omega t - 90°)\text{[A]} \tag{2}$$

電流$i_1$および$i_2$をS表示します.実効値は

$$I = \frac{I_m}{\sqrt{2}}$$

ですから,

$\dot{I}_1 = I \angle 0° \ [\text{A}]$

$\dot{I}_2 = \dfrac{I}{\sqrt{3}} \angle -90° = 0.577\,I \angle -90° \ [\text{A}]$

$I_t = \dot{I}_1 + \dot{I}_2 = (I \angle 0°) + (0.577\,I \angle -90°)$

$\qquad = I - j0.577\,I = I(1 - j0.577) \ [\text{A}]$

となります.

$\sqrt{1 + 0.577^2} = 1.155$

$\theta = \tan^{-1}(-0.577) = -30°$

$\dot{I}_t = 1.155I \angle -30° \ [\text{A}]$

ですから, 上式を瞬時値式に変換すると,

$i = \sqrt{2}\,I \times 1.155 \sin(\omega t - 30°) \ [\text{A}] = 1.155\,I_m \sin(\omega t - 30°) \ [\text{A}]$

## □インピーダンス$\dot{Z}$[Ω]

　直流回路計算では電圧$V$ [V]と電流$I$ [A]の比は抵抗$R$ [Ω]でした.

　交流回路計算では, 電圧$\dot{V}$ [V]と電流$\dot{I}$ [A]の比を**インピーダンス**と呼び記号$\dot{Z}$ [Ω]で表します.

　交流回路を構成する回路素子は抵抗$R$ [Ω], インダクタンス$L$ [H], 静電容量$C$ [F]の組み合わせで, それらの組み合わせに対するインピーダンス$\dot{Z}$ [Ω] があります. $\dot{Z}$ [Ω]は電流を制限すると共に, $L$ [H]や$C$ [F]を含む場合は電圧と電流間の**位相差にも影響**を与えます. 従って単独の実数で表現できずに複素数表示(S表示)になります.

　$R$ [Ω], $L$ [H], $C$ [F] 単独の素子に正弦波電圧を加えたときの電圧と電流の実測波形を表1に示しました. さらに, 理論的に導かれた結果を表2, 3に示しました.

　以上のことから, 正弦波交流回路では, それぞれの回路素子を次式のように変換し解析することが妥当であることが明らかにされました.

抵抗　　　　　　$R$ [Ω] $\Rightarrow$ $R$ [Ω]

インダクタンス$L$ [H] $\Rightarrow$ $j\omega L$ [Ω]　(**誘導リアクタンス**)

静電容量　　　$C$ [Ω] $\Rightarrow$ $-j\dfrac{1}{\omega C} = \dfrac{1}{j\omega C}$ [Ω]　(**容量リアクタンス**)

　$L$ [H]および$C$ [F]を変換した値をそれぞれ**誘導リアクタンス**, **容量リアクタンス**と呼びます.

　このように回路素子を誘導リアクタンスおよび容量リアクタンスに変換し交流解析を行うとき, 直流回路解析がオームの法則およびキルヒホッフの法則に従うことで進行したことに似ていることに気が付くことでしょう.

表1　電圧と電流の実測波形

| | 回路 | $v, i$ の瞬時値式 | $v, i$ の波形 | ベクトル図 | 計算式 |
|---|---|---|---|---|---|
| 抵抗回路 | 抵抗 $R[\Omega]$<br>$\dot{i}_R[A]$<br>$\dot{V}_R[V]$　$R[\Omega]$ | $v = V_m \sin(\omega t)$ [V]<br>$i = I_m \sin(\omega t)$ [A] | | $\dot{V}$<br>$\dot{i}$<br><br>同相電流 | $R[\Omega]$<br>$\dot{I}_R = \dfrac{\dot{V}_R}{R}$ [A]<br>$\dot{V}_R = R\dot{I}_R$ [V]<br>$R = \dfrac{\dot{V}_R}{\dot{I}_R}$ [Ω] |
| インダクタンス回路 | インダクタンス $L[H]$<br>$\dot{i}_L[A]$<br>$\dot{V}_L[V]$　$L[H]$ | $v = V_m \sin(\omega t)$ [V]<br>$i = I_m \sin\left(\omega t - \dfrac{\pi}{2}\right)$ [A] | | $\dfrac{\pi}{2}$<br>$\dot{V}$<br>$\dot{i}$<br>$\dfrac{\pi}{2}$ の遅れ電流 | $X_L = \omega L$ [Ω]<br>$\dot{I}_L = \dfrac{\dot{V}_L}{jX_L}$ [A]<br>$\dot{V}_L = jX_L\dot{I}_L$ [V]<br>$jX_L = \dfrac{\dot{V}_L}{\dot{I}_L}$ [Ω] |
| 静電容量回路 | 静電容量 $C[F]$<br>$\dot{i}_C[A]$<br>$\dot{V}_C[V]$　$C[F]$ | $v = V_m \sin(\omega t)$ [V]<br>$i = I_m \sin\left(\omega t + \dfrac{\pi}{2}\right)$ [A] | | $\dot{i}$<br>$\dfrac{\pi}{2}$<br>$\dot{V}$<br>$\dfrac{\pi}{2}$ の進み電流 | $X_C = \dfrac{1}{\omega C}$ [Ω]<br>$\dot{I}_C = \dfrac{\dot{V}_C}{-jX_C}$ [A]<br>$\dot{V}_C = -jX_C\dot{I}_C$ [V]<br>$-jX_C = \dfrac{\dot{V}_C}{\dot{I}_C}$ [Ω] |

表2　電流による電圧の理論式

| | 電流 $i$ [A]<br>に対する電圧 | $i = I_m \sin(\omega t)$ [A]<br>に対する電圧 | $i = I_m \cos(\omega t)$ [A]<br>に対する電圧 |
|---|---|---|---|
| 抵抗 $R[\Omega]$ | $v_R = Ri$　　[V] | $v_R = RI_m \sin(\omega t)$ [V] | $v_R = RI_m \cos(\omega t)$ [V] |
| インダクタンス $L[H]$ | $v_L = L\dfrac{di}{dt}$　[V] | $v_L = \omega L I_m \cos(\omega t)$ [V] | $v_L = \omega L I_m (-\sin(\omega t))$ [V] |
| 静電容量 $C[F]$ | $v_C = \dfrac{1}{C}\displaystyle\int i\,dt$　[V] | $v_C = \dfrac{I_m}{\omega C}(-\cos(\omega t))$[V] | $v_C = \dfrac{I_m}{\omega C}\sin(\omega t)$ [V] |

表3　電圧による電流の理論式

| | 電圧 $v$ $(t)$ に対する<br>電流 | $v = V_m \sin(\omega t)$ [V]<br>に対する電流 | $v = V_m \cos(\omega t)$ [V]<br>に対する電流 |
|---|---|---|---|
| 抵抗 $R[\Omega]$ | $i_R = \dfrac{v}{R}$　　[A] | $i_R = \dfrac{V_m}{R}\sin(\omega t)$ [A] | $i_R = \dfrac{V_m}{R}\cos(\omega t)$ [A] |
| インダクタンス $L[H]$ | $i_L = \dfrac{1}{L}\displaystyle\int v\,dt$　[A] | $i_L = \dfrac{V_m}{\omega L}(-\cos(\omega t))$[A] | $i_L = \dfrac{V_m}{\omega L}\sin(\omega t)$ [A] |
| 静電容量 $C[F]$ | $i_C = C\dfrac{dv}{dt}$　[A] | $i_C = \omega C V_m \cos(\omega t)$ [A] | $i_C = \omega C V_m (-\sin(\omega t))$ [A] |

## ■*R−L−C* 回路

問70　図示3回路において，

電圧 $v(t) = 141.4 \sin(314t) \, [\text{V}]$

が加えられた．

それぞれの回路に流れる電流 $i(\text{t}) \, [\text{A}]$ を求めなさい．

さらに，$v(t) \, [\text{V}]$ および $i(t) \, [\text{A}]$ の波形およびベクトル図を表示しなさい．

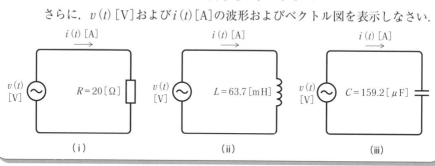

（ⅰ）　　　　　　　　　　　（ⅱ）　　　　　　　　　　（ⅲ）

### 【解説1】

$$v(t) = 100\sqrt{2} \sin(314t) \, [\text{V}]$$

$$\dot{V}_R = 100 \angle 0° \, [\text{V}]$$

$$\dot{Z} = R = 20 \, [\Omega]$$

$$\dot{I}_R = \frac{100 \angle 0°}{20} = 5 \angle 0° \, [\text{A}]$$

$$i(t) = 5\sqrt{2} \sin(314t) \, [\text{A}]$$

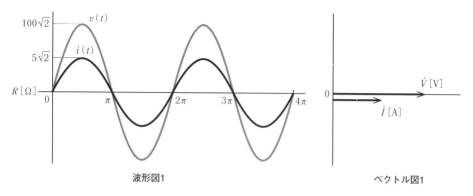

波形図1　　　　　　　　　　　　　　　　　ベクトル図1

### 【解説2】

$$v(t) = 100\sqrt{2} \sin(314t) \, [\text{V}]$$

$$\dot{V} = 100 \angle 0° \, [\text{V}]$$

$$\dot{Z}_L = j\omega L \quad [\Omega]$$

$$\dot{Z}_L = j314 \times 63.7 \times 10^{-3} = j20 = 20 \angle 90° \quad [\Omega]$$

$$\dot{I} = \frac{\dot{V}_L}{\dot{Z}_L} = \frac{100 \angle 0°}{20 \angle 90°} = 5 \angle -90° \quad [A]$$

$$i(t) = 5\sqrt{2}\sin(314t - 90°) \quad [A]$$

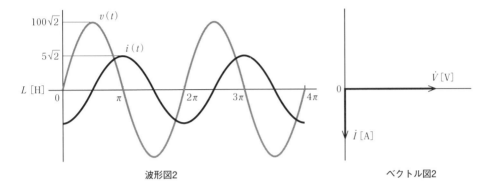

波形図2

ベクトル図2

## 【解説3】

$$v(t) = 100\sqrt{2}\sin(314t) \quad [V]$$

$$\dot{V} = 100 \angle 0° \quad [V]$$

$$\dot{Z}_C = -j\dot{X}_C = -j\frac{1}{\omega C} \quad [\Omega]$$

$$\dot{Z}_C = -j\frac{1}{314 \times 159.2 \times 10^{-6}} = -j20 = 20 \angle 90° \quad [\Omega]$$

$$\dot{I} = \frac{\dot{V}}{\dot{Z}_C} = \frac{100 \angle 0°}{20 \angle -90°} = 5 \angle 90° \quad [A]$$

$$i(t) = 5\sqrt{2}\sin(314t + 90°) \quad [A]$$

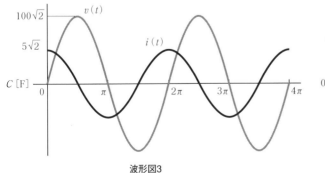

波形図3

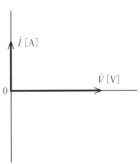

ベクトル図3

## ■*R−L*直列回路のインピーダンス

問71　図1のように，*R−L*直列回路に，

$$i = 2\sqrt{2}\ \sin(314t)\ [\mathrm{A}]$$

が流れている．

　次の電圧およびインピーダンスを求めな

さい．

（ⅰ）a−b間の電圧 $v_R$[V]

（ⅱ）b−c間の電圧 $v_L$[V]

（ⅲ）a−c間の電圧 $v$[V]

（ⅳ）a−c間の合成インピーダンス$\dot{Z}$[Ω]

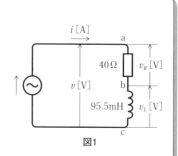

図1

【解説】　交流電源に接続される回路素子は，抵抗$R$[Ω]，インダクタンス$L$[H]（コイ

ル），静電容量$C$[F]（コンデンサ）の3種ですが，回路中に$L$[H]および$C$[F]が現れ

たときは，誘導リアクタンスおよび容量リアクタンスを求めます．

インダクタンス　　$L$[H]　⇔　$jX_L = j\omega L$　[Ω]

静電容量　　　　　$C$[F]　⇔　$-jX_C = -j\dfrac{1}{\omega C}$[Ω]

　すべての素子をオーム値で表したところで回路解析を進めます．ここでは，角速度

$\omega = 314$[rad/s]であることに留意し，インダクタンス$L = 95.5$[mH]の誘導リアクタ

ンス$jX_L$は，

$$jX_L = j314 \times 95.5 \times 10^{-3} = j30\,[\Omega]$$

（ⅰ）a−b間の電圧$V_R$は，$R = 40$[Ω]に電流$\dot{I} = 2\angle 0° = 2$[A]が流れていることから，

$$\dot{V}_R = R\dot{I} = 40 \times 2 \angle 0° = 80 \angle 0°\ [\mathrm{V}] \tag{1}$$

です．したがって，

$$v_R = 80\sqrt{2}\ \sin(314t)\ [\mathrm{V}] \tag{2}$$

（ⅱ）b−c間の電圧$V_L$は，誘導リアクタンス$jX_L = j30$[Ω]に$\dot{I} = 2\angle 0° = 2$[A]が流れ

ていることから，

$$\dot{V}_L = jX_L\dot{I} = j30 \times 2 = j60 = 60 \angle 90°\ [\mathrm{V}] \tag{3}$$

です．したがって，

$$v_L = 60\sqrt{2}\ \sin(314t+90°)\ [\mathrm{V}] \tag{4}$$

（ⅲ）a−c間の電圧$V$は，$\dot{V}_R$と$\dot{V}_L$の和ですから，

$$\dot{V} = \dot{V}_R + \dot{V}_L = 80 + j60 = 100 \angle 36.9°\ [\mathrm{V}] \tag{5}$$

したがって，電圧 $v$ は次式となります．

$$v = 100\sqrt{2}\,\sin(314\,t + 36.9°)\,[\text{V}] \tag{6}$$

図2は電流および各電圧を測定（実効値）
している状態を示しています．

(iv) a−c間の電圧 $\dot{V}$ [V]と流れる電流 $\dot{I}$ [A]
の比を**合成インピーダンス** $\dot{Z}$ [Ω]と呼びます．

したがって，電圧 $\dot{V} = 100 \angle 36.9°$ [V]，
電流 $\dot{I} = 2 \angle 0°$ [A]ですから，合成インピー
ダンスは次式となります．

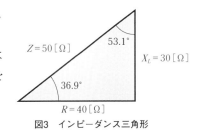

図2

$$\dot{Z} = \frac{\dot{V}}{\dot{I}} = \frac{100 \angle 36.9°}{2}$$
$$= 50 \angle 36.9° = 40 + j30\,[\Omega] \tag{7}$$

上式のように，複数の素子からなる回路の合成インピーダンス $\dot{Z}$ は，

$$\dot{Z} = R \pm jX\,[\Omega] \tag{8}$$

の形で表されます．$R$ を**抵抗分**，$X$ を**リアクタンス分**と呼びます．

さらに，インピーダンスが次式のようにS表示されたとき，

$$\dot{Z} = R \pm jX = Z \angle \theta\,[\Omega] \tag{9}$$

ただし，$Z = \sqrt{R^2 + X^2}\,[\Omega]$，$\theta = \tan^{-1}\left(\pm \dfrac{X}{R}\right)$ $\tag{10}$

$Z$ をインピーダンス $\dot{Z}$ の**絶対値**（または**大きさ**），
そして $\theta$ を**インピーダンス角**と呼びます．

ところで，インピーダンス $\dot{Z}$ は，図3に示すよ
うに直角三角形で表現できます．この三角形を
**インピーダンス三角形**と呼びます．

$Z = 50\,[\Omega]$　$53.1°$　$X_L = 30\,[\Omega]$　$36.9°$　$R = 40\,[\Omega]$

図3　インピーダンス三角形

## ■交流回路におけるオームの法則

**問72** 交流回路におけるオームの法則について
説明しなさい．

$i$ [A]

$\dot{Z}$ [Ω]　$\dot{V}$ [V]

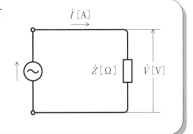

【解説】　交流回路の解析は，電圧 $\dot{V}$ [V]，電流 $\dot{I}$ [A]，インピーダンス $\dot{Z}$ [Ω]の関係を明らかにすることですが，これらの間には次式の関係があります．

$$\dot{I} = \frac{\dot{V}}{\dot{Z}} \,[\mathrm{A}], \quad \dot{V} = \dot{Z}\dot{I} \,[\mathrm{V}], \quad \dot{Z} = \frac{\dot{V}}{\dot{I}} \,[\Omega] \tag{1}$$

　上の関係式は交流回路における**オームの法則**です．

　交流回路解析は上式をよりどころにして進めます．すなわち，直交表示またはS表示された電圧 $\dot{V}$ [V]，電流 $\dot{I}$ [A]，インピーダンス $\dot{Z}$ [Ω]の四則計算や方程式の解から，これらの関係を解析していきます．

　したがって，記号法では複素数（直交表示・S表示）の四則計算が自由にできcan くてはなりません．みなさんは一足先に章末自習問題の複素数計算の部分に挑戦し，十分に慣れ親しんでください．複素数四則計算が苦手（にがて）にならないようにしましょう．

　もちろん，記号法によって求めた電圧 $\dot{V}$ [V]や電流 $\dot{I}$ [A]は，必要に応じて瞬時値式で表現することも必要です．

## ■直列回路のインピーダンス $\dot{Z}$ [Ω]

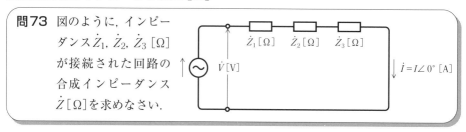

問73　図のように，インピーダンス $\dot{Z}_1, \dot{Z}_2, \dot{Z}_3$ [Ω]が接続された回路の合成インピーダンス $\dot{Z}$ [Ω]を求めなさい．

【解説】　図のように複数のインピーダンスが直列接続されているとき，電源から見た合成インピーダンス $\dot{Z}$ を求めます．

　直列接続された回路に電流 $\dot{I} = I\angle 0°$ [A] が流れていると，各インピーダンスの端子間電圧 $\dot{V}_1, \dot{V}_2, \dot{V}_3$ [V]は，

$$\dot{V}_1 = \dot{Z}_1\dot{I} \,[\mathrm{V}], \quad \dot{V}_2 = \dot{Z}_2\dot{I} \,[\mathrm{V}], \quad \dot{V}_3 = \dot{Z}_3\dot{I} \,[\mathrm{V}] \tag{1}$$

です．これらの電圧の和は電源電圧 $\dot{V}$ [V]に等しい（電圧則）ことから，

$$\begin{aligned}
\dot{V} &= \dot{V}_1 + \dot{V}_2 + \dot{V}_3 \\
&= \dot{Z}_1\dot{I} + \dot{Z}_2\dot{I} + \dot{Z}_3\dot{I} = (\dot{Z}_1 + \dot{Z}_2 + \dot{Z}_3)\,\dot{I} \,[\mathrm{V}]
\end{aligned} \tag{2}$$

となります．したがって，電源から見た合成インピーダンス $\dot{Z}$（$\dot{V}$ と $\dot{I}$ の比）は次のとおりです．

$$\dot{Z} = \frac{\dot{V}}{\dot{I}} = \dot{Z}_1 + \dot{Z}_2 + \dot{Z}_3 \,[\Omega] \tag{3}$$

このように直列接続された回路の**合成インピーダンスは各インピーダンスの和**であります.

## ■インピーダンスの端子間電圧 $\dot{V}$ [V]

**問74** 図1のようにインピーダンス $\dot{Z}_1 = 4\,[\Omega]$, $\dot{Z}_2 = 6 + j10\,[\Omega]$ の直列回路に電圧 $\dot{V} = 100\angle0°$ [V]が加えられている. 各インピーダンスの端子間電圧 $\dot{V}_1$, $\dot{V}_2$ [V]を求めなさい.

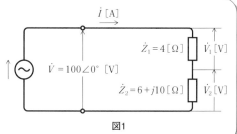

図1

**【解説】** インピーダンスをS表示しておきましょう.

$$\dot{Z}_1 = 4 = 4\angle0°\,[\Omega]$$

$$\dot{Z}_2 = 6 + j10 = 11.66\angle59°\,[\Omega]$$

$$\dot{Z} = \dot{Z}_1 + \dot{Z}_2 = 4 + 6 + j10 = 10 + j10 = 14.14\angle45°\,[\Omega]$$

回路に流れる電流 $\dot{I}$ は, オームの法則により,

$$\dot{I} = \frac{\dot{V}}{\dot{Z}} = \frac{100\angle0°}{14.14\angle45°} = 7.07\angle-45°\,[\text{A}]$$

したがって, 各インピーダンスの端子間電圧は,

$$\dot{V}_1 = \dot{Z}_1\dot{I} = 4\angle0° \times 7.07\angle-45° = 28.3\angle-45°\,[\text{V}]$$

$$\dot{V}_2 = \dot{Z}_2\dot{I} = 11.66\angle59° \times 7.07\angle-45° = 82.4\angle14°\,[\text{V}]$$

電圧 $\dot{V}$, $\dot{V}_1$, $\dot{V}_2$, 電流 $\dot{I}$ のベクトルを図2に示します. $\dot{V} = \dot{V}_1 + \dot{V}_2$ を満たしていることに留意してください.

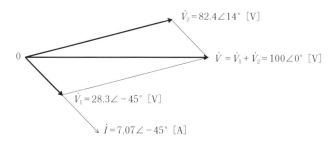

図2

## ■未知インピーダンス

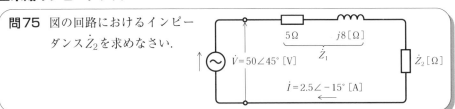

問75　図の回路におけるインピーダンス $\dot{Z}_2$ を求めなさい.

【解説】　図の回路において，電圧 $\dot{V} = 50 \angle 45°$ [V]を加えたとき，電流 $\dot{I} = 2.5 \angle -15°$ [A]が流れていることから，合成インピーダンス $\dot{Z}$ は，

$$\dot{Z} = \frac{\dot{V}}{\dot{I}} = \frac{50 \angle 45°}{2.5 \angle -15°} = 20 \angle 60° = 10 + j17.32 \, [\Omega] \tag{1}$$

であります. 未知インピーダンス $\dot{Z}_2$ を，

$$\dot{Z}_2 = R + jX \, [\Omega] \tag{2}$$

とすれば，

$$\dot{Z} = \dot{Z}_1 + \dot{Z}_2$$

$$10 + j17.32 = (5 + j8) + (R + jX) = (5 + R) + j(8 + X) \, [\Omega]$$

ですから，

$$10 = 5 + R \quad かつ \quad 17.32 = 8 + X$$

であります. 上式から，

$$R = 5 \, [\Omega], \quad X = 9.32 \, [\Omega]$$

となります. すなわち，

$$\dot{Z}_2 = 5 + j9.32 = \boxed{10.58 \angle 61.8°} \, [\Omega]$$

であることがわかりました.

　確かめてみます.

$$\dot{Z} = \dot{Z}_1 + \dot{Z}_2 = (5 + j8) + (5 + j9.32) = 20 \angle 60° \, [\Omega]$$

> **コラム**
>
> ●覚えておこう「辺 3, 4, 5の直角三角形」
>
> $$\sin 36.9° = \frac{3}{5} = 0.6 \qquad \sin 53.1° = \frac{4}{5} = 0.8$$
>
> $$\cos 36.9° = \frac{4}{5} = 0.8 \qquad \cos 53.1° = \frac{3}{5} = 0.6$$
>
> $$\tan 36.9° = \frac{3}{4} = 0.75 \qquad \tan 53.1° = \frac{4}{3} = 1.333$$
>
>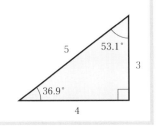

であり，流れる電流は次式となります．

$$\dot{I} = \frac{50 \angle 45°}{20 \angle 60°} = 2.5 \angle -15° \, [\text{A}]$$

## ■ $R-C$ 直列回路

> **問76** 図1のように，$R = 30 \, [\Omega]$ と静電容量 $C = 66.3 \, [\mu\text{F}]$ の直列回路に電流
>
> $i = 3\sqrt{2} \, \sin(377t) \, [\text{A}]$
>
> が流れている．端子間電圧 $v_R$，$v_C$，$v \, [\text{V}]$ および合成インピーダンス $\dot{Z} \, [\Omega]$ を求めなさい．

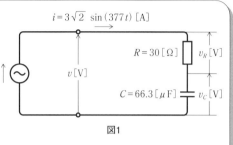

図1

**【解説】** 電流式から角速度 $\omega = 377 \, [\text{rad/s}]$，すなわち $f = 60 \, [\text{Hz}]$ であることがわかります．したがって，容量リアクタンス $(-jX_C)$ は，

$$-jX_C = -j\frac{1}{\omega C}$$

$$= -j\frac{1}{377 \times 66.3 \times 10^{-6}} = -j40 \, [\Omega]$$

回路に流れている電流が $\dot{I} = 3\angle 0° = 3 \, [\text{A}]$ であることから，抵抗 $R$ および静電容量 $C$ の端子間電圧 $\dot{V}_R$，$\dot{V}_C$ は，

$$\dot{V}_R = R\dot{I} = 30 \times 3 \angle 0° = 90 \angle 0° \, [\text{V}] \qquad (1)$$

$$\dot{V}_C = -jX_C\dot{I} = -j40 \times 3 = -j120 = 120 \angle -90° \, [\text{V}] \qquad (2)$$

電圧則にしたがって，

$$\dot{V} = \dot{V}_R + \dot{V}_C$$

$$= 90 - j120 = 150 \angle -53.1° \, [\text{V}] \qquad (3)$$

電圧，電流のベクトルを図2に示します．

(1)，(2)，(3) 式から瞬時値式 $v_R$，$v_C$，$v$ を求めます．

$$v_R = 90\sqrt{2} \, \sin(377t) \, [\text{V}]$$

$$v_C = 120\sqrt{2} \, \sin(377t - 90°) \, [\text{V}]$$

$$v = 150\sqrt{2} \, \sin(377t - 53.1°) \, [\text{V}]$$

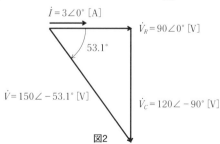

図2

各電圧の波形を図3に示します．

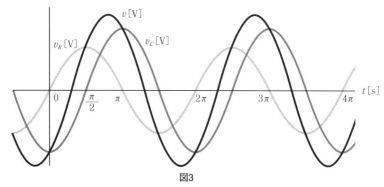

図3

合成インピーダンスは，電圧$\dot{V}$[V]と電流$\dot{I}$[A]の比であるから，

$$\dot{Z} = \frac{\dot{V}}{\dot{I}} = \frac{90 - j120}{3} = 30 - j40 \,[\Omega]$$

$$\sqrt{30^2 + 40^2} = 50 \;[\Omega] \qquad \theta = \tan^{-1}\left(\frac{-40}{30}\right) = \angle -53.1°$$

です．すなわち次式となります．

$$\dot{Z} = \boxed{30 - j40 = 50 \angle -53.1°}\,[\Omega]$$

## ■R－L－C直列回路

> **問77** 図1の回路において，$v = 70.7\sin(\omega t)$[V]である．
>
> 次の瞬時値式を求めなさい．
>
> (1) 電流 $i$[A]
>
> (2) 電圧 $v_R$, $v_L$, $v_C$[V]

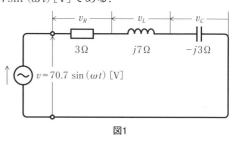

図1

【解説】

(1) 合成インピーダンス$\dot{Z}$を求めます．直列接続ですから，

$$\dot{Z} = R + jX_L - jX_C$$

$$= 3 + j7 - j3 = 3 + j4 = \boxed{5 \angle 53.1°}\;[\Omega]$$

電源電圧 $v = 50\sqrt{2}\,\sin(\omega t)$[V]をS表示します．

$$\dot{V} = \boxed{50 \angle 0°}\;[V]$$

回路に流れる電流$\dot{I}$は，オームの法則により，

$$\dot{I} = \frac{\dot{V}}{\dot{Z}} = \frac{50 \angle 0°}{5 \angle 53.1°} = 10 \angle -53.1° \, [\text{A}] \tag{1}$$

上式を瞬時値式に変換します.

$$i = 10\sqrt{2}\,\sin(\omega t - 53.1°)\,[\text{A}]$$

(2) 電流 $\dot{I}\,[\text{A}]$ が求まったので, 端子間電圧 $\dot{V}_R$, $\dot{V}_L$, $\dot{V}_C$ は,

$$\dot{V}_R = R\dot{I} = 3 \times 10 \angle -53.1° = 30 \angle -53.1° \, [\text{V}] \tag{2}$$

$$\dot{V}_L = jX_L\dot{I} = j7 \times 10 \angle -53.1° = 70 \angle 36.9° \, [\text{V}] \tag{3}$$

$$\dot{V}_C = -jX_C\dot{I} = -j3 \times 10 \angle -53.1° = 30 \angle -143.1° \, [\text{V}] \tag{4}$$

となります.

電流と各電圧のベクトルを図2に示します.

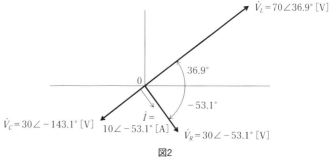

図2

(2)〜(4)式を瞬時値式に変換します.

$$v_R = 30\sqrt{2}\,\sin(\omega t - 53.1°)\,[\text{V}]$$

$$v_L = 70\sqrt{2}\,\sin(\omega t + 36.9°)\,[\text{V}]$$

$$v_C = 30\sqrt{2}\,\sin(\omega t - 143.1°)\,[\text{V}]$$

## ■電圧分割式

**問78** 図1の回路において, $\dot{V} = 100 \angle 30° \, [\text{V}]$, $\dot{Z}_1 = 6\,[\Omega]$, $\dot{Z}_2 = j9\,[\Omega]$, $\dot{Z}_3 = -j17\,[\Omega]$ である.

インピーダンスの端子間電圧 $\dot{V}_1$, $\dot{V}_2$, $\dot{V}_3\,[\text{V}]$ を求めなさい.

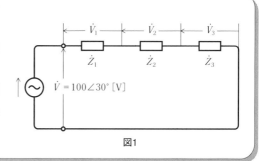

図1

**【解説】** 直列接続した各インピーダンスの端子間の電圧を求める式を導くことにします.

回路の合成インピーダンスを$\dot{Z}$とすれば，

$$\dot{Z} = \dot{Z}_1 + \dot{Z}_2 + \dot{Z}_3\,[\Omega] \tag{1}$$

回路に流れている電流$\dot{I}$は，

$$\dot{I} = \frac{\dot{V}}{\dot{Z}}\,[\mathrm{A}] \tag{2}$$

各端子間電圧$\dot{V}_1$，$\dot{V}_2$，$\dot{V}_3$は，

$$\left.\begin{array}{l}
\dot{V}_1 = \dot{Z}_1\dot{I} = \dfrac{\dot{Z}_1}{\dot{Z}}\,\dot{V}\,[\mathrm{V}] \\[3mm]
\dot{V}_2 = \dot{Z}_2\dot{I} = \dfrac{\dot{Z}_2}{\dot{Z}}\,\dot{V}\,[\mathrm{V}] \\[3mm]
\dot{V}_3 = \dot{Z}_3\dot{I} = \dfrac{\dot{Z}_3}{\dot{Z}}\,\dot{V}\,[\mathrm{V}]
\end{array}\right\} \tag{3}$$

(3)式から，端子間電圧$\dot{V}_i$を求める一般式は，

$$\dot{V}_i = \frac{\dot{Z}_i}{\dot{Z}}\,\dot{V}\,[\mathrm{V}] \tag{4}$$

です．上式を**電圧分割式**と呼ぶことにしましょう．

電圧分割式を用いて問題の解答をします．

$$\dot{Z} = 6 + j9 - j17 = 6 - j8 = 10 \angle -53.1°\,[\Omega]$$

したがって，

$$\dot{V}_1 = \frac{6}{10 \angle -53.1°} \times 100 \angle 30° = 60 \angle 83.1°\,[\mathrm{V}]$$

$$\dot{V}_2 = \frac{9 \angle 90°}{10 \angle -53.1°} \times 100 \angle 30° = 90 \angle 173.1°\,[\mathrm{V}]$$

$$\dot{V}_3 = \frac{17 \angle -90°}{10 \angle -53.1°} \times 100 \angle 30° = 170 \angle -6.9°\,[\mathrm{V}]$$

となります．

各電圧のベクトルを図2に示します．

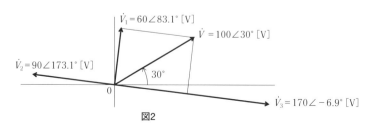

図2

## ■R−L並列回路

問79 図1に示す回路における電
流$\dot{I}_R$, $\dot{I}_L$および$\dot{I}$[A]を求め
なさい.

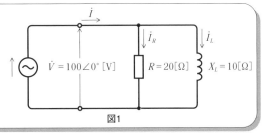

図1

【解説】 $R = 20$ [Ω]と$jX_L = j10$ [Ω]が並列接続され
ていて, それぞれには電圧$\dot{V} = 100 \angle 0°$ [V]が加わっ
ています. したがって, 電流$\dot{I}_R$, $\dot{I}_L$は,

$$\dot{I}_R = \frac{\dot{V}}{R} = \frac{100}{20} = 5\,[\mathrm{A}]$$

$$\dot{I}_L = \frac{\dot{V}}{jX_L} = \frac{100}{10 \angle 90°} = -j10\,[\mathrm{A}]$$

であり, 電源から流れる電流$\dot{I}$は,

$$\dot{I} = \dot{I}_R + \dot{I}_L = 5 - j10 = 11.18 \angle -63.4°\,[\mathrm{A}]$$

です. 電流$\dot{I}_R$, $\dot{I}_L$, $\dot{I}$のベクトルを図2に示します.

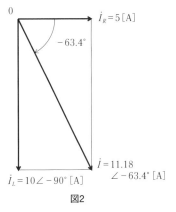

図2

## ■並列回路のインピーダンス$\dot{Z}$ [Ω]

問80 図の回路において, 電源から
見たインピーダンス$\dot{Z}$を求め
なさい.

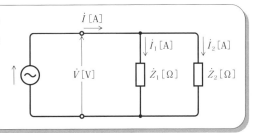

【解説】 インピーダンス$\dot{Z}_1$ [Ω]および$\dot{Z}_2$ [Ω]には電源の電圧$\dot{V}$ [V]が加えられてい
ます. したがって, 枝路電流$\dot{I}_1$, $\dot{I}_2$は,

$$\dot{I}_1 = \frac{\dot{V}}{\dot{Z}_1}\,[\mathrm{A}] \tag{1}$$

$$\dot{I}_2 = \frac{\dot{V}}{\dot{Z}_2}\,[\mathrm{A}] \tag{2}$$

よって，電源から流れ出る電流$\dot{I}$は，

$$\dot{I} = \dot{I_1} + \dot{I_2} = \frac{\dot{V}}{\dot{Z_1}} + \frac{\dot{V}}{\dot{Z_2}} = \left( \frac{1}{\dot{Z_1}} + \frac{1}{\dot{Z_2}} \right) \dot{V} \, [\mathrm{V}] \tag{3}$$

です．電源から見たインピーダンス（**合成インピーダンス**）$\dot{Z}$は電圧$\dot{V}\,[\mathrm{V}]$と電流$\dot{I}\,[\mathrm{A}]$の比であり，上式から，

$$\dot{Z} = \frac{\dot{V}}{\dot{I}} = \frac{1}{\dfrac{1}{\dot{Z_1}} + \dfrac{1}{\dot{Z_2}}} \, [\Omega] \tag{4}$$

　すなわち，**合成インピーダンスは各枝路インピーダンスの逆数の和の逆数**となります．
(4)式は，次式のように表現できます．

$$\dot{Z} = \frac{1}{\dfrac{\dot{Z_1} + \dot{Z_2}}{\dot{Z_1} \times \dot{Z_2}}}$$

$$\dot{Z} = \frac{\dot{Z_1} \times \dot{Z_2}}{\dot{Z_1} + \dot{Z_2}} \, [\Omega] \quad \overset{\text{わ ぶん}}{\text{和分}}の\overset{\text{せき}}{\text{積}} \tag{5}$$

## ■分流式

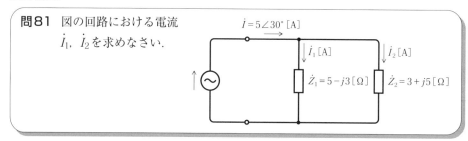

**問81** 図の回路における電流$\dot{I_1}$，$\dot{I_2}$を求めなさい．

$\dot{I} = 5\angle30°\,[\mathrm{A}]$

$\dot{I_1}\,[\mathrm{A}]$　$\dot{I_2}\,[\mathrm{A}]$

$\dot{Z_1} = 5 - j3\,[\Omega]$　$\dot{Z_2} = 3 + j5\,[\Omega]$

**【解説】** 電流$\dot{I}\,[\mathrm{A}]$が，インピーダンス$\dot{Z_1}\,[\Omega]$と$\dot{Z_2}\,[\Omega]$で分流するときの一般式を導きます．

　二つの合成インピーダンス$\dot{Z}$は，和分の積でした．

$$\dot{Z} = \frac{\dot{Z_1} \times \dot{Z_2}}{\dot{Z_1} + \dot{Z_2}} \, [\Omega] \tag{1}$$

合成インピーダンス$\dot{Z}\,[\Omega]$に電流$\dot{I}\,[\mathrm{A}]$が流れているとき，その端子間電圧$\dot{V}$は，

$$\dot{V} = \dot{Z} \times \dot{I} = \frac{\dot{Z_1} \times \dot{Z_2}}{\dot{Z_1} + \dot{Z_2}} \times \dot{I} \, [\mathrm{V}] \tag{2}$$

です．したがって，$\dot{Z_1}$に流れる電流$\dot{I_1}$および$\dot{Z_2}$に流れる電流$\dot{I_2}$は，

$$\dot{I}_1 = \frac{\dot{V}}{\dot{Z}_1} = \frac{\frac{\dot{Z}_1 \times \dot{Z}_2}{\dot{Z}_1 + \dot{Z}_2} \times \dot{I}}{\dot{Z}_1}$$

$$\dot{I}_1 = \dot{I} \times \frac{\dot{Z}_2}{\dot{Z}_1 + \dot{Z}_2} \, [A] \tag{3}$$

同様にして，

$$\dot{I}_2 = \frac{\dot{V}}{\dot{Z}_2}$$

$$\dot{I}_2 = \dot{I} \times \frac{\dot{Z}_1}{\dot{Z}_1 + \dot{Z}_2} \, [A] \tag{4}$$

(3)および(4)式を**分流式**と呼びます.

さて，問題の解答です．分流式を用いて解決します．枝路電流 $\dot{I}_1$ および $\dot{I}_2$ は，

$$\dot{I}_1 = 5 \angle 30° \times \frac{3 + j5}{(5 - j3) + (3 + j5)}$$

$$= 5 \angle 30° \times 0.707 \angle 45° = 3.54 \angle 75° \, [A]$$

$$\dot{I}_2 = 5 \angle 30° \times \frac{5 - j3}{(5 - j3) + (3 + j5)}$$

$$= 5 \angle 30° \times 0.707 \angle -45° = 3.54 \angle -15° \, [A]$$

となります.

## ■ **R－L－C 並列回路とアドミタンス $\dot{Y}$ [S]**

**問82** 図の回路における枝路電流 $\dot{I}_1$, $\dot{I}_2$, $\dot{I}_3$ および $\dot{I}$ [A]を求めなさい.

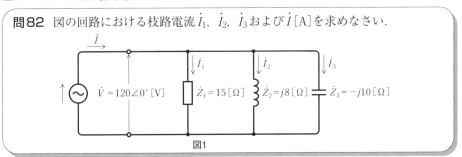

図1

【**解説**】 並列接続されたインピーダンス $\dot{Z}_1$, $\dot{Z}_2$, $\dot{Z}_3$ には電圧 $\dot{V} = 120 \angle 0°$ [V]が加わっていますから，電流 $\dot{I}_1$, $\dot{I}_2$, $\dot{I}_3$ は，

$$\dot{I}_1 = \frac{\dot{V}}{\dot{Z}_1} \, [A], \quad \dot{I}_2 = \frac{\dot{V}}{\dot{Z}_2} \, [A], \quad \dot{I}_3 = \frac{\dot{V}}{\dot{Z}_3} \, [A]$$

です．このように，並列回路では電圧をインピーダンスで割る計算が多発します.

　そこで，最初からインピーダンスの逆数を求めておく方法が考えられます.

$$\dot{Y}_1 = \frac{1}{\dot{Z}_1} = \frac{1}{15} = 0.0667\,[\mathrm{S}]$$

$$\dot{Y}_2 = \frac{1}{\dot{Z}_2} = \frac{1}{j8} = -j0.125\,[\mathrm{S}]$$

$$\dot{Y}_3 = \frac{1}{\dot{Z}_3} = \frac{1}{-j10} = j0.1\,[\mathrm{S}]$$

上式に示すインピーダンスの逆数を**アドミタンス**と呼び，**記号** $\dot{Y}$，**単位** [**S**] を用いて表します．アドミタンスを用いると，各枝路電流は次式のように，アドミタンスと電圧の積となります．

$$\dot{I}_1 = \dot{Y}_1\dot{V} = 0.0667 \times 120 = \boxed{8\,[\mathrm{A}]}$$

$$\dot{I}_2 = \dot{Y}_2\dot{V} = -j0.125 \times 120 = \boxed{-j15\,[\mathrm{A}]}$$

$$\dot{I}_3 = \dot{Y}_3\dot{V} = j0.1 \times 120 = \boxed{j12\,[\mathrm{A}]}$$

これらの電流の和が電源から流れ出すので，

$$\dot{I} = \dot{I}_1 + \dot{I}_2 + \dot{I}_3 = 8 - j15 + j12 = 8 - j3 = \boxed{8.54 \angle -20.6°\,[\mathrm{A}]}$$

ところで，電流 $\dot{I}$ は**合成アドミタンス** $\dot{Y}$ [S] を用いて，次のように求めることもできます．

$$\dot{Y} = \dot{Y}_1 + \dot{Y}_2 + \dot{Y}_3$$

$$= 0.0667 - j0.125 + j0.1$$

$$= 0.0667 - j0.025 = 0.0712 \angle -20.6°\,[\mathrm{S}]$$

$$\dot{I} = \dot{Y}\dot{V}$$

$$= (0.0712 \angle -20.6°) \times (120 \angle 0°) = \boxed{8.54 \angle -20.6°\,[\mathrm{A}]}$$

**コラム**

#### ●ギリシャ文字を再確認しておこう

| 大文字 | 小文字 | 読み | 大文字 | 小文字 | 読み | 大文字 | 小文字 | 読み |
|---|---|---|---|---|---|---|---|---|
| A | $\alpha$ | アルファ | I | $\iota$ | イオタ | P | $\rho$ | ロー |
| B | $\beta$ | ベータ | K | $\kappa$ | カッパ | $\Sigma$ | $\sigma$ | シグマ |
| $\Gamma$ | $\gamma$ | ガンマ | $\Lambda$ | $\lambda$ | ラムダ | T | $\tau$ | タウ |
| $\Delta$ | $\delta$ | デルタ | M | $\mu$ | ミュー | Y | $\upsilon$ | ユプシロン |
| E | $\varepsilon$ | イプシロン | N | $\nu$ | ニュー | $\Phi$ | $\phi$ | ファイ |
| Z | $\zeta$ | ジータ | $\Xi$ | $\xi$ | クサイ | X | $\chi$ | カイ |
| H | $\eta$ | イータ | O | $o$ | オミクロン | $\Psi$ | $\psi$ | プサイ |
| $\Theta$ | $\theta$ | シータ | $\Pi$ | $\pi$ | パイ | $\Omega$ | $\omega$ | オメガ |

**コラム**

## ●直列・並列回路のまとめ

| 直列回路 | インピーダンス $\dot{Z}$ [Ω] | 電流 $\dot{I}$ [A] | ベクトル |
|---|---|---|---|
| $R[\Omega]$ $L[H]$ | $\dot{Z}=R+j\omega L$ | $\dot{I}=\dfrac{\dot{V}}{R+j\omega L}$ | |
| $R[\Omega]$ $C[F]$ | $\dot{Z}=R-j\dfrac{1}{\omega C}$ | $\dot{I}=\dfrac{\dot{V}}{R-j\dfrac{1}{\omega C}}$ | |
| $R[\Omega]$ $L[H]$ $C[F]$ | $\dot{Z}=R+j\left(\omega L-\dfrac{1}{\omega C}\right)$ | $\dot{I}=\dfrac{\dot{V}}{R+j\left(\omega L-\dfrac{1}{\omega C}\right)}$ | $\left(\omega L>\dfrac{1}{\omega C}\right)$ |

| 並列回路 | アドミタンス $\dot{Y}$ [S] | 電流 $\dot{I}$ [A] | ベクトル |
|---|---|---|---|
| $R[\Omega]$ $L[H]$ | $\dot{Y}=\dfrac{1}{R}-j\dfrac{1}{\omega L}$ | $\dot{I}=\left(\dfrac{1}{R}-j\dfrac{1}{\omega L}\right)\dot{V}$ | |
| $R[\Omega]$ $C[F]$ | $\dot{Y}=\dfrac{1}{R}+j\omega C$ | $\dot{I}=\left(\dfrac{1}{R}+j\omega C\right)\dot{V}$ | |
| $R[\Omega]$ $L[H]$ $C[F]$ | $\dot{Y}=\dfrac{1}{R}+j\left(\omega C-\dfrac{1}{\omega L}\right)$ | $\dot{I}=\left\{\dfrac{1}{R}+j\left(\omega C-\dfrac{1}{\omega L}\right)\right\}\dot{V}$ | |

## ■位相差

> **問83** 図1のように，抵抗$R$［Ω］，コイルのインダクタンス$L$［H］および静電容量
> $C$［F］のコンデンサを並列接続した回路に正弦波交流電圧$e$［V］を加えた
> とき，各素子に流れる電流$i_R$［A］，$i_L$［A］，$i_C$［A］および電圧$e$［V］の時間
> 的変化はそれぞれ図2のとおりで，電流の最大値はそれぞれ10A，15A，
> 5Aである．
>
> 　　回路に流れる電流$i$［A］の電圧$e$［V］に対する位相を求めなさい．
>
>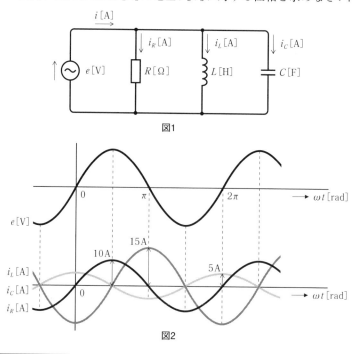
>
> 図1
>
> 図2

【解説】　電流$i_R$，$i_L$，$i_C$，$e$の波形を読み取って，瞬時値式で表し，さらにS表示およ
び直交表示します．

$$i_R = 10 \sin(\omega t) \text{ [A]} \qquad \Leftrightarrow \qquad \dot{I}_R = \frac{10}{\sqrt{2}} \angle 0° = \frac{10}{\sqrt{2}} \text{ [A]}$$

$$i_L = 15 \sin(\omega t - 90°) \text{ [A]} \qquad \Leftrightarrow \qquad \dot{I}_L = \frac{15}{\sqrt{2}} \angle -90° = -j\frac{15}{\sqrt{2}} \text{ [A]}$$

$$i_C = 5 \sin(\omega t + 90°) \text{ [A]} \qquad \Leftrightarrow \qquad \dot{I}_C = \frac{5}{\sqrt{2}} \angle 90° = j\frac{5}{\sqrt{2}} \text{ [A]}$$

$$e = \sqrt{2}\, E \sin(\omega t) \text{ [V]} \qquad \Leftrightarrow \qquad \dot{E} = E \angle 0° = E \text{[V]}$$

全電流 $\dot{I}$ は，

$$\dot{I} = \frac{10}{\sqrt{2}} - j\frac{15}{\sqrt{2}} + j\frac{5}{\sqrt{2}} = \frac{1}{\sqrt{2}}(10-j10)$$

$$= \frac{1}{\sqrt{2}} \times \left(10\sqrt{2} \angle -45°\right)$$

$$= 10 \angle -45° \ [\text{A}]$$

上式から，電流の瞬時値式は，

$$i = 10\sqrt{2} \sin(\omega t - 45°) \ [\text{A}]$$

したがって，電流 $i$ の位相は電圧 $e$ より45°遅れていることがわかります．

## ■インピーダンス $\dot{Z}$ [Ω] とアドミタンス $\dot{Y}$ [S] の関係

問84　(1) インピーダンス $\dot{Z} = 4 + j3$ [Ω] をアドミタンス $\dot{Y}$ [S] に，
　　　(2) アドミタンス $\dot{Y} = 0.006 + j0.008$ [S] をインピーダンス $\dot{Z}$ [Ω] に，
　　　それぞれ変換しなさい．

### 【解説】

(1) インピーダンス $\dot{Z}$ が，

$$\dot{Z} = 4 + j3 = 5 \angle 36.9° \ [\Omega] \tag{1}$$

であるとき，アドミタンス $\dot{Y}$ はインピーダンス $\dot{Z}$ [Ω] の逆数であるから，

$$\dot{Y} = \frac{1}{\dot{Z}_1} = \frac{1}{4+j3} = \frac{4-j3}{(4+j3)(4-j3)} = \frac{4-j3}{4^2+3^2}$$

$$= 0.16 - j0.12 = 0.2 \angle -36.9° \ [\text{S}] \tag{2}$$

となります．一般に，$\dot{Z} = R + jX$ [Ω] であるとき，アドミタンス $\dot{Y}$ は，

$$\dot{Y} = \frac{1}{R+jX} = \frac{R-jX}{R^2+X^2} = \frac{R}{R^2+X^2} - j\frac{X}{R^2+X^2} \ [\text{S}] \tag{3}$$

であり，

$$\dot{Y} = G - jB \ [\text{S}] \tag{4}$$

$$G = \frac{R}{R^2+X^2} \ [\text{S}], \quad B = \frac{X}{R^2+X^2} \ [\text{S}] \tag{5}$$

と表されます．このとき $G$ [S] を**コンダクタンス**，$B$ [S] を**サセプタンス**と呼びます．

留意すべきは，インピーダンス $\dot{Z}$ が誘導性であるとき，サセプタンスが負になることです．

(2) $\dot{Y} = 0.006 + j0.008 = 0.01 \angle 53.1°\,[\text{S}]$

$$\dot{Z} = \frac{1}{\dot{Y}} = \frac{1}{0.01 \angle 53.1} = 100 \angle -53.1$$
$$= 60 - j80\,[\Omega]$$

## ■電圧測定と未知インピーダンス

**問85** 図のように，抵抗 $11\,\Omega$ と未知インピーダンス $\dot{Z}\,[\Omega]$ を直列接続し，これに電流を流し電圧降下を測定したところ，各電圧計の読みは，

$V_1 = 22\,[\text{V}],\quad V_2 = 26\,[\text{V}],\quad V_3 = 40\,[\text{V}]$

であった．未知インピーダンス $\dot{Z} = R \pm jX\,[\Omega]$ を求めなさい．

ただし，電圧計の電流は無視できるものとする．

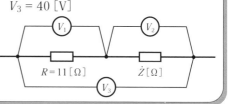

**【解説】**　回路に流れている電流 $I$ を求めます．抵抗 $11\,\Omega$ の端子間電圧が $22\,\text{V}$ であることから，

$$I = \frac{V_1}{R} = \frac{22}{11} = 2\,[\text{A}] \tag{1}$$

が流れています．未知インピーダンス $\dot{Z} = R \pm jX\,[\Omega]$ の端子間電圧が $26\,\text{V}$ であることから，

$$Z = \frac{V_2}{I} = \frac{26}{2} = 13\,[\Omega] \tag{2}$$
$$\sqrt{R^2 + X^2} = 13\,[\Omega] \tag{3}$$

さらに，全体のインピーダンスを $\dot{Z}_t$ とすれば，

$$\dot{Z}_t = 11 + R + jX\,[\Omega] \tag{4}$$

であり，$\dot{Z}_t$ の端子間電圧が $40\,[\text{V}]$ であることから，

$$Z_t = \frac{40}{2} = 20\,[\Omega]$$
$$\sqrt{(11 + R)^2 + X^2} = 20\,[\Omega] \tag{5}$$

そこで，(3)および(5)式の両辺を2乗すると，次式を得ます．

$$R^2 + X^2 = 13^2 \tag{6}$$
$$(11 + R)^2 + X^2 = 20^2 \tag{7}$$

(7)式を展開します．

$121 + 22R + R^2 + X^2 = 400$

上式に(6)式を代入します.

$121 + 22R + 169 = 400$

したがって,

$$R = \frac{110}{22} = 5\,[\Omega] \tag{8}$$

$R = 5$を(6)式に代入し,$X$を求めます.

$X^2 = 169 - 25 = 144$

$X = \pm 12$

したがって,

$\dot{Z} = 5 + j12\,[\Omega]$ または $\dot{Z} = 5 - j12\,[\Omega]$

であります.

## ■未知リアクタンス

> **問86** 図のように,抵抗$12\Omega$と誘導リアクタンス$16\Omega$を直列接続し,a–b端子間に交流電圧$V\,[V]$を加えると15A(電流計指示)の電流が流れる.
>
> いま,スイッチを投入し,誘導リアクタンス$X\,[\Omega]$を並列接続したところ,同一電圧に対して電流が20Aに増加した.
>
> 並列接続したリアクタンス$X$の値を求めなさい.

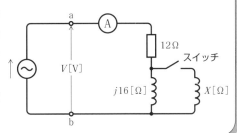

**【解説】** a–b間に加えた電圧を$V\,[V]$(実効値)としましょう.

スイッチが開いているときのインピーダンスを$\dot{Z}_0$とすれば,

$\dot{Z}_0 = 12 + j16 = 20\angle 53.1^\circ\,[\Omega]$

であり,15Aが流れていることから,

$V = 20 \times 15 = 300\,[V]$

この電圧を基準($\dot{V} = 300\angle 0^\circ\,[V]$)にして進めます.

スイッチを閉じ,電圧$\dot{V} = 300\angle 0^\circ\,[V]$を加えると,20Aの電流が流れることから,インピーダンス$Z_C$は,

$$Z_C = \frac{300}{20} = 15\,[\Omega]$$

であります．すなわち，次式を満たさなければなりません．

$$\sqrt{12^2+\left(\frac{16 \times X}{16 + X}\right)^2} = 15$$

上式の両辺を2乗し，整理します．

$$12^2+\left(\frac{16 \times X}{16 + X}\right)^2 = 15^2 \qquad \left(\frac{16 \times X}{16 + X}\right)^2 = 15^2 - 12^2 = 9^2$$

$$\frac{16 \times X}{16 + X} = \pm 9$$

上式から，

$$X = \frac{144}{7} = 20.6\,[\Omega] \text{ または } X = -\frac{144}{25} = -5.76\,[\Omega]$$

ですが，$X$は誘導性であることから，$X = 20.6\,[\Omega]$ です．

このとき，インピーダンス$\dot{Z}_C$は次式となります．

$$\dot{Z}_C = 12 + \frac{j16 \times j20.6}{j16 + j20.6} = 12 + j9 = 15 \angle 36.9^\circ\,[\Omega]$$

電流$\dot{I}$を求めてみると，

$$\dot{I} = \frac{300}{15 \angle 36.9^\circ} = 20 \angle -36.9^\circ\,[A]$$

であり，確かに20Aが流れていることがわかります．

## ■有効電力 $P$ [W]，無効電力 $Q$ [var]，皮相電力 $S$ [V・A]

**問87** 図に示した交流回路における有効電力，無効電力，皮相電力について説明しなさい．

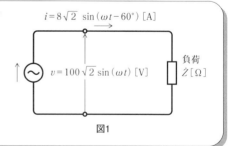

図1

**【解説】** 加えた電圧$v$が，

$$v = 100\sqrt{2}\,\sin(\omega t)\,[V] \tag{1}$$

であり，回路に流れる電流$i$が次式であるとき，

$$i = 8\sqrt{2}\,\sin(\omega t - 60^\circ)\,[A] \tag{2}$$

負荷では，電圧 $v$[V]と電流 $i$[A]の積である瞬時電力 $p$[W]が時々刻々変化しながら消費されています．その**瞬時電力** $p$[W]は次式で表されます．

$$p = vi = 100\sqrt{2}\,\sin(\omega t) \times 8\sqrt{2}\,\sin(\omega t - 60°)$$

$$= 2 \times 100 \times 8 \times \sin(\omega t) \times \sin(\omega t - 60°)$$

$$= 2 \times 100 \times 8 \times \frac{1}{2}\,\{\cos 60° - \cos(2\omega t - 60°)\} \quad \text{(付録参照)}$$

$$= 800\cos 60° - 800\cos(2\omega t - 60°)\,[\text{W}] \tag{3}$$

電圧 $v$[V]，電流 $i$[A]，電力 $p$[W]の波形を図2に示します．

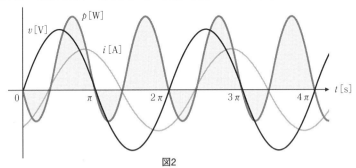

図2

瞬時電力 $p$ の波形は，$v$ や $i$ の2倍の周波数で繰り返しています．さらに，正の部分の面積と負の部分の面積が等しくないことに留意してください．

実は，正の部分では電源から負荷に電力を供給しており，負の部分では負荷から電源に電力を返還しているのです．したがって，実際に消費している電力 $P$[W]は，瞬時電力 $p$ を1周期にわたって平均した値になります．

ところで，(3)式の第2項は2倍の周波数で変化しており，平均すると0です．したがって，

$$P = 800\cos 60° = 800 \times 0.5 = \boxed{400}\,[\text{W}]$$

このように，瞬時電力 $p$ の1周期にわたる平均値 $P$ は次式となります．

$$P = VI\cos\theta\,[\text{W}] \tag{4}$$

上式を**平均電力**と呼びます．時には**消費電力**，**有効電力**，**電力**と呼ぶこともあります．そして，$\cos\theta$ を**力率**（$pf$）と呼び，電圧と電流の位相差 $\theta$ を**力率角**と呼びます．力率は，100を掛けた**パーセント力率**で表すこともあります．

$$pf = \cos\theta \times 100\,[\%] \tag{5}$$

力率 $\cos\theta$ は，$-90° < \theta < 90°$ であることから，

$$0 \leqq \cos\theta \leqq 1 \tag{6}$$

の値を取ります．

　　　　**平均電力 $P = VI\cos\theta$ = 電圧 × 電流 × 力率[W]**

であることを覚えておきましょう.

　　力率と電力について調べてみましょう. 電圧と電流の位相差 $\theta = 0$(**同相の場合**)の瞬時電力 $p$ の変化を図3に示します.

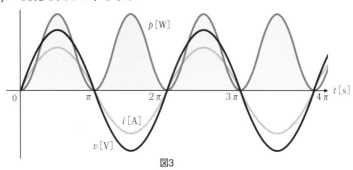

図3

　　電圧と電流が同相の場合($\cos\theta = 1$),すなわち負荷が抵抗 $R$[Ω]だけのとき,負の電力は存在しません. この場合,電源から送られた電力は100%消費されます.

　　次に,電圧と電流の位相差 $\theta = \pm 90°$ の場合の瞬時電力 $p$ の変化を図4に示します.

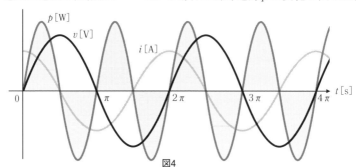

図4

　　電圧と電流の位相差が $\theta = \pm 90°$($\cos\theta = 0$)のとき,瞬時電力 $p$ の波形は正の面積と負の面積が等しく,これは電源が供給したエネルギーすべてを返還していることを示しています. すなわち電力を消費しないのです.

　　このように平均電力は電圧と電流の位相差 $\theta$ で変化します.

　　交流回路における電圧 $V$[V]と電流 $I$[A]の積

　　　　$S = VI$[V・A]　　　　　　　　　　　　　　　　　　　　(7)

は見かけ上の電力で**皮相電力**（ひそうでんりょく）と呼び,記号 $S$ と単位[ **V・A** ]（ボルトアンペア）で表します.

　　さらに,皮相電力 $S$ に**無効率**（むこうりつ）$\sin\theta$ を掛けた

　　　　$Q = VI\sin\theta$ [var]　　　　　　　　　　　　　　　　　(8)

を**無効電力**と呼び，単位[var]を用いて表します．

　交流回路における電力計算は，皮相電力$S$[V・A]，有効電力$P$[W]，無効電力$Q$[var]をセットにして考えます．

　　**皮相電力**　$S = VI$[V・A]

　　**有効電力**　$P = VI\cos\theta$[W]

　　**無効電力**　$Q = VI\sin\theta$[var]

これらの間には，

$$S^2 = P^2 + Q^2 \tag{9}$$

の関係があります．したがって，各電力は図5に示す**電力三角形**（直角三角形）の各辺に対応します．

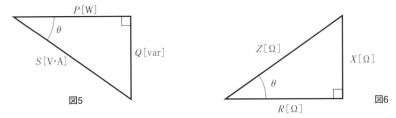

図5　　　　　　　　　　　　　図6

　さて，負荷に加えた電圧$\dot{V}$[V]と負荷インピーダンス$\dot{Z}$[Ω]が次式であるとしましょう．

$$\dot{V} = V\angle 0°\ [\mathrm{V}]$$

$$\dot{Z} = R + jX = Z\angle\theta\ [\Omega]$$

$$Z = \sqrt{R^2 + X^2}\ [\Omega], \qquad \theta = \tan^{-1}\left(\frac{X}{R}\right)$$

このとき，次式の電流$\dot{I}$[A]が流れます．

$$\dot{I} = \frac{V}{Z\angle\theta} = \frac{V}{Z}\angle -\theta\ [\mathrm{A}]$$

　皮相電力$S$[V・A]，有効電力$P$[W]，無効電力$Q$[var]は，図6の**インピーダンス三角形**を参照して，次のように表現できます．

　　**皮相電力**　$S = VI \qquad\ = (ZI)\times I \qquad\qquad = ZI^2$[V・A]　(10)

　　**有効電力**　$P = VI\cos\theta = (ZI)\times I\times\dfrac{R}{Z} = RI^2$[W]　(11)

　　**無効電力**　$Q = VI\sin\theta = (ZI)\times I\times\dfrac{X}{Z} = XI^2$[var]　(12)

　上記の電力公式は重要です．

## ■電力三角形

**問88** 図1の回路における電力三角形を求めなさい.

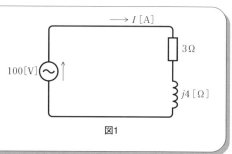

図1

**【解説】** 負荷インピーダンス $\dot{Z}[\Omega]$（誘導性）は,

$$\dot{Z} = 3 + j4 = 5\angle 53.1°\,[\Omega]$$

であるから, 回路に流れる電流 $I[A]$ は,

$$\dot{I} = \frac{\dot{V}}{\dot{Z}} = \frac{100}{5\angle 53.1°}$$

$$= 20\angle -53.1° = 12 - j16[A]$$

となります.

図2のベクトル図に示すように, 電流 $I[A]$ は電圧 $V[V]$ より $53.1°$ 遅れていますが, 電圧と同相分 12 A は有効電力に寄与する**有効電流**, 16 A は有効電力に寄与しない**無効電流**です.

電圧と電流の位相差が $53.1°$（遅れ）であることから,

$$\cos\theta = \cos 53.1° = 0.6$$

$$\sin\theta = \sin 53.1° = 0.8$$

となります.

皮相電力 $S$, 有効電力 $P$, 無効電力 $Q$ は次式となります.

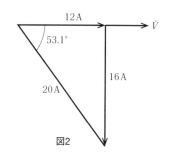

図2

---

### ● 二つの商用周波数

我が国の家庭や工場に送られている交流電圧の周波数は 50 Hz と 60 Hz の 2 種類があります. それは明治時代, 東京電力の前身・東京電灯がドイツ製の 50 Hz 発電機を, 関西電力の前身・大阪電灯がアメリカ製の 60 Hz 発電機を採用したことに起因します. 二つの周波数の境は富士川と新潟（糸魚川）を結ぶあたりといいます. これら 50 Hz と 60 Hz を**商用周波数**と呼んでいます.

$$S = VI = 100 \times 20 = 2,000 [\text{V·A}]$$
$$P = S \cos\theta = 2000 \times 0.6 = 1,200 [\text{W}]$$
$$Q = S \sin\theta = 2000 \times 0.8 = 1,600 [\text{var}]$$
したがって，電力三角形は図3となります．

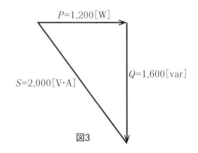

図3

## ■力率改善

問89 前問における力率を遅れ力率 $\cos\theta$ = 0.9に改善したい．その方法を示しなさい．

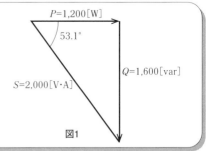

図1

【解説】 前問における電力三角形は図1でした．負荷は誘導性であり，電流は位相遅れで無効電力が比較的大きな値になっています．望ましいのは，有効電力 $P$ [W] が皮相電力 $S$ [V·A] に近いことです．そのためには，無効電力を減らし，力率改善を図らなければなりません．

無効電力のみを減少させる方法は，図2のように，負荷にコンデンサ $C$ を並列接続し，90°進んだ無効電流を重ねて流す方法があります．コンデンサに電流 $\dot{I_c}$ [A] を流し，無効電力を $Q_c = VI_c$ [var] だけ減少させることができます．

図3は前問の電力三角形に無効電力 $Q_c = VI_c$ [var] を重ねて描き，無効電力が減少した様子を示しています．

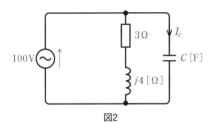

図2

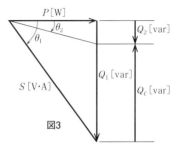

図3

さて，図3を参照すると，力率が $\cos\theta_1$ から $\cos\theta_2$ に改善された（$\theta_1 > \theta_2$）とき，次の二つの式を得ます．

$$\begin{cases} \tan \theta_1 = \dfrac{Q_1}{P} \qquad (1) \\ \text{上式より,} \\ Q_1 = P \tan \theta_1 \, [\mathrm{var}] \quad (3) \end{cases} \qquad \begin{cases} \tan \theta_2 = \dfrac{Q_2}{P} \qquad (2) \\ \text{上式より,} \\ Q_2 = P \tan \theta_2 \, [\mathrm{var}] \quad (4) \end{cases}$$

したがって,力率を $\cos \theta_1$ から $\cos \theta_2$ に改善するには,コンデンサの無効電力 $Q_c$ は次式を満たすことが必要です.すなわち,

$$Q_c = Q_1 - Q_2 = P(\tan \theta_1 - \tan \theta_2) \, [\mathrm{var}] \qquad (5)$$

の無効電力 $Q_c$ を生じさせることが必要です.

問は $P = 1,200 \, [\mathrm{W}]$ で力率角を $\theta_1 = 53.1°$ から $\theta_2 = 25.8°$ に改善するというわけですから,コンデンサでの無効電力 $Q_c$ は,

$$Q_c = 1,200 \, (\tan 53.1° - \tan 25.8°) = 1,018 \, [\mathrm{var}]$$

であることが要求されます.

このとき皮相電力は $S = \sqrt{1,200^2 + (1,600 - 1,018)^2} = 1,334 \, [\mathrm{V \cdot A}]$ です.

力率改善後の皮相電力が減少しました.

## ■直交表示による有効・無効電力計算

問**90** 図1の回路において,$\dot{V} = 100 \angle 60°$ $[\mathrm{V}]$,$\dot{I} = 50 \angle 30°$ $[\mathrm{A}]$ である.有効電力 $P \, [\mathrm{W}]$ と無効電力 $Q \, [\mathrm{var}]$ を求め,電力三角形を描きなさい.

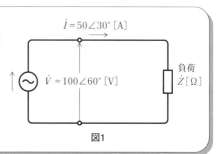

図1

【解説】 交流回路の有効電力および無効電力は次式で求まりました.

$$P = VI \cos \theta \, [\mathrm{W}]$$

$$Q = VI \sin \theta \, [\mathrm{var}]$$

ただし,$\theta$ は電圧と電流の位相差です.

ところで,電圧 $\dot{V} [\mathrm{V}]$ および電流 $\dot{I} [\mathrm{A}]$ が次の形式で表されたとします.

$$\dot{V} = V \angle \alpha = V_1 + jV_2 \, [\mathrm{V}]$$

$$\dot{I} = I \angle \beta = I_1 + jI_2 \, [\mathrm{A}]$$

電圧 $\dot{V}$ および電流 $\dot{I}$ のベクトルを図2に示します.

ベクトル図を参照して,有効電力 $P$ および無効電力 $Q$ を求めると,

$$P = VI \cos \theta = VI \cos (\alpha - \beta)$$
$$= VI \{ \cos \alpha \cdot \cos \beta + \sin \alpha \cdot \sin \beta \} \quad [\text{W}] \tag{1}$$

$$Q = VI \sin \theta = VI \sin (\alpha - \beta)$$
$$= VI \{ \sin \alpha \cdot \cos \beta - \cos \alpha \cdot \sin \beta \} \quad [\text{var}] \tag{2}$$

です．ところで，ベクトル図から，

$$\cos \alpha = \frac{V_1}{V} \qquad \sin \alpha = \frac{V_2}{V}$$

$$\cos \beta = \frac{I_1}{I} \qquad \sin \beta = \frac{I_2}{I}$$

です．これを(1)および(2)式に代入すると
次式となります．

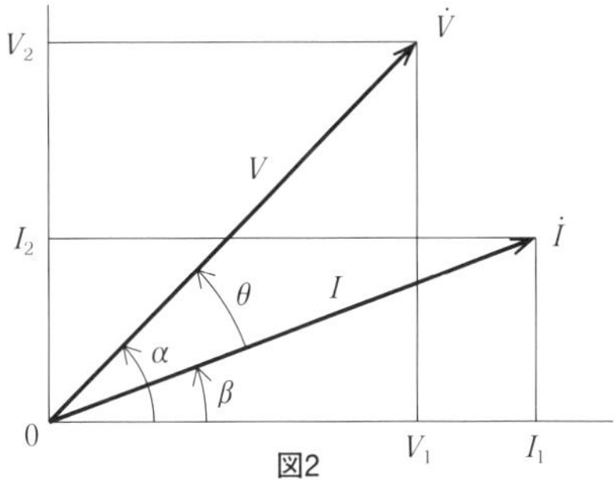

$$P = VI \left( \frac{V_1}{V} \cdot \frac{I_1}{I} + \frac{V_2}{V} \cdot \frac{I_2}{I} \right) \tag{3}$$

$$\boldsymbol{P = V_1 I_1 + V_2 I_2 \, [\text{W}]}$$

$$Q = VI \left( \frac{V_2}{V} \cdot \frac{I_1}{I} - \frac{V_1}{V} \cdot \frac{I_2}{I} \right) \tag{4}$$

$$\boldsymbol{Q = V_2 I_1 - V_1 I_2 \, [\text{var}]}$$

一方，直交表示された電圧 $\dot{V}$ [V]と共役電流 $\overline{I}$ [A]の積を計算してみると，

$$\dot{V} \overline{I} = (V_1 + jV_2) \cdot (I_1 - jI_2)$$
$$= \underset{\text{有効電力}P}{(V_1 I_1 + V_2 I_2)} + \underset{\text{無効電力}Q}{j (V_2 I_1 - V_1 I_2)}$$

であり，実部および虚部が(3)および(4)式と一致します．すなわち，**電圧 $\dot{V}$ と共役電流 $\overline{I}$ の積**を計算することで，有効電力 $P$ と無効電力 $Q$ を得ることがわかります．

解答に移りましょう．

$$\dot{V} = 100 \angle 60° = 50 \quad + j86.6 \, [\text{V}]$$
$$\dot{I} = 50 \angle 30° = 43.3 + j25 \quad [\text{A}]$$
$$\dot{V} \overline{I} = (50 + j86.6) \cdot (43.3 - j25)$$
$$= (50 \times 43.3 + 86.6 \times 25) + j (86.6 \times 43.3 - 50 \times 25)$$
$$= 4,330 + j2,500$$
$$\quad\;\; P \qquad\;\; Q$$

$$\dot{V} \dot{I} = (100 \angle 60°)(50 \angle -30°)$$
$$= 5,000 \angle 30°$$
$$= 5,000 (0.866 + j0.5)$$
$$= 4,330 + j2,500$$

図2

直交
表示計算

S 表示計算

したがって,

$$P = 4,330\,[\mathrm{W}] = 4.33\,[\mathrm{kW}]$$

$$Q = 2,500\,[\mathrm{var}] = 2.5\,[\mathrm{kvar}]$$

電力三角形は図3となります.

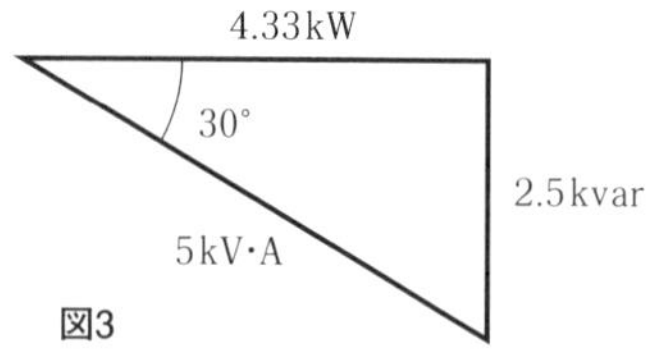

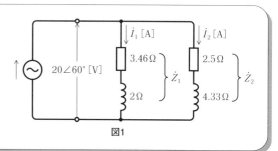

図3

## ■並列回路の電力三角形

> **問91**　図1に示す並列回路における各枝路の電力三角形を描きなさい.
>
> 図1

【解説】　枝路のインピーダンス$\dot{Z}_1$および$\dot{Z}_2$を$S$表示します.

$$\dot{Z}_1 = 3.46 + j2 = 4 \angle 30°\,[\Omega]$$

$$\dot{Z}_2 = 2.5 + j4.33 = 5 \angle 60°\,[\Omega]$$

枝路電流$\dot{I}_1$および$\dot{I}_2$を求めます.

$$\dot{I}_1 = \frac{20 \angle 60°}{4 \angle 30°} = 5 \angle 30° = 4.33 + j2.5\,[\mathrm{A}]$$

$$\dot{I}_2 = \frac{20 \angle 60°}{5 \angle 60°} = 4 \angle 0°\,[\mathrm{A}]$$

各枝路の$\dot{V}\,\overline{I}$を計算し,有効電力,無効電力および皮相電力を求めます.

$$\dot{V} = 20 \angle 60°\,[\mathrm{V}]$$

$$\dot{V}\,\overline{I}_1 = (20 \angle 60°) \cdot (5 \angle -30°)$$

$$= 100 \angle 30°$$

$$= 100\,(\cos 30° + j\sin 30°)$$

$$= 86.6 + j50$$

$$\left.\begin{array}{l} P_1 = 86.6\,[\mathrm{W}] \\ Q_1 = 50\,[\mathrm{var}] \\ S_1 = 20 \times 5 = 100\,[\mathrm{V\cdot A}] \end{array}\right\} \quad (1)$$

同様にして,

$$\dot{V}\,\overline{I}_2 = (20 \angle 60°) \cdot 4$$

$$= 80 \angle 60°$$
$$= 40 + j69.3$$

$$\left.\begin{array}{l} P_2 = 40\,[\text{W}] \\ Q_2 = 69.3\,[\text{var}] \\ S_2 = 20 \times 4 = 80\,[\text{V·A}] \end{array}\right\} \quad (2)$$

したがって，回路全体の有効電力$P$，無効電力$Q$，皮相電力$S$は，

$$P = P_1 + P_2 = 86.6 + 40 = 126.6\,[\text{W}]$$

$$Q = Q_1 + Q_2 = 50 + 69.3 = 119.3\,[\text{var}]$$

$$S = \sqrt{126.6^2 + 119.3^2} = 174\,[\text{V·A}]$$

図2は，二つの電力三角形を重ねた電力三角形です.

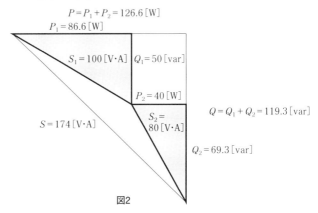

図2

## ■周波数変化と力率

**問92** 図1の回路のように，抵抗$R = 4$ [Ω]とインダクタンス$L$[H]を直列接続した負荷がある. 50Hzにおける力率は0.8であるという. 25Hzにおける力率を求めなさい.

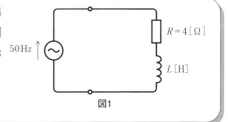

図1

**【解説】** 力率角$\theta$は電圧と電流の位相差です. 負荷のインピーダンス角でもあります. インピーダンス角$\theta$は$-90° < \theta < 90°$であり，回路が誘導性では$+$，容量性では$-$の値です. しかしながら，$\cos(-\theta) = \cos(\theta)$です.

回路のインピーダンス$\dot{Z}$は，50Hzにおける誘導リアクタンスを$X$[Ω]とするとき，

$$\dot{Z} = 4 + jX = Z \angle \theta\,[\Omega] \tag{1}$$

$$Z = \sqrt{4^2 + X^2}\ [\Omega], \qquad \theta = \tan^{-1}\left(\frac{X}{4}\right) \qquad\qquad (2)$$

図2に示すインピーダンス三角形および題意から，

$$\cos(\theta) = \frac{4}{Z} = 0.8 \quad \Leftrightarrow \quad Z = \frac{4}{0.8} = 5\ [\Omega] \qquad\qquad (3)$$

$Z = 5$を(2)式に代入して，次式を得ます．

$$5 = \sqrt{4^2 + X^2}$$

両辺を2乗して，

$$X^2 = 5^2 - 4^2 = 3^2$$

上式から$X = \pm 3$となりますが，誘導リアクタンスで

あることから，

$$X = 3\ [\Omega]$$

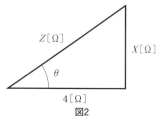

図2

ところで，誘導リアクタンスは$X = 2\pi f L\ [\Omega]$であり，周波数$f$に比例します．したがって，周波数が半分の25Hzになれば誘導リアクタンス$X$も半分の3/2 = 1.5 $[\Omega]$になります．よって，

$$\dot{Z}_{25} = 4 + j1.5 = 4.27 \angle 20.6°\ [\Omega]$$

したがって，25Hzにおける力率$pf$は，

$$pf = \cos 20.6° = \frac{4}{4.27} = 0.937$$

となります．

## ■直列共振回路

問93　図1に示す$R-L-C$直列回路において，電圧源の電圧

$$v = \sqrt{2}\ V \sin(2\pi f t)\ [V]$$

の周波数$f\,[\mathrm{Hz}]$のみが変化したとき，回路に流れる電流$i\,[A]$の変化について説明しなさい．

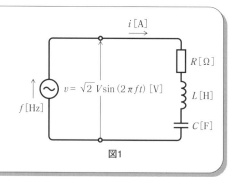

図1

【解説】　回路の誘導リアクタンス$X_L$および容量リアクタンス$X_C$は

$$X_L = \omega L\,[\Omega], \quad X_C = \frac{1}{\omega C}\,[\Omega]$$

ですから，インピーダンス $\dot{Z}$ は次式になります．

$$\dot{Z} = R + j\left(\omega L - \frac{1}{\omega C}\right) = Z\angle\,\theta\,[\Omega]$$

ただし，

$$Z = \sqrt{R^2 + \left(\omega L - \frac{1}{\omega C}\right)^2}\,[\Omega] \qquad \theta = \tan^{-1}\left(\frac{\omega L - \dfrac{1}{\omega C}}{R}\right)$$

したがって，回路に流れる電流 $I$（実効値）は次式になります．

$$I = \frac{V}{\sqrt{R^2 + \left(\omega L - \dfrac{1}{\omega C}\right)^2}}\quad[\mathrm{A}] \tag{1}$$

　電圧 $V$ を一定に保ち，周波数 $f$（すなわち $\omega$）を $0$ から次第に増加していくと，誘導リアクタンスは $\omega$ に比例して増加し，容量リアクタンスは $\omega$ に反比例して減少します．その様子を図2に示します．

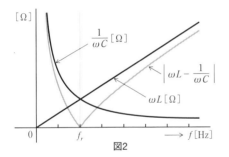

図2

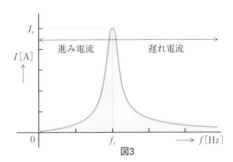

図3

図2を見ると，

$$\omega L = \frac{1}{\omega C} \tag{2}$$

を満たす周波数 $f_r\,[\mathrm{Hz}]$ を境にして，

① $f < f_r$ では $\omega L < \dfrac{1}{\omega C}$　であり，インピーダンス $\dot{Z}$ は容量性

② $f > f_r$ では $\omega L > \dfrac{1}{\omega C}$　であり，インピーダンス $\dot{Z}$ は誘導性

③ $f = f_r$ では $\omega L = \dfrac{1}{\omega C}$　であり，インピーダンス $\dot{Z}$ は抵抗分だけ

です．③のとき，電流は電圧と同相です．電流が電圧と同相になった状態を**直列共振**

と呼びます.

　周波数の変化にともなう電流 $I$ の変化 (**共振曲線**) を図3に示します. 直列共振したとき, 電流は最大で,

$$I_r = \frac{V}{R} \ [\text{A}] \tag{3}$$

となります. さらに, 直列共振したときの周波数 $f_r$ は, (2)式から, 次のように求めることができます.

$$2\pi f_r L = \frac{1}{2\pi f_r C} \quad \Rightarrow \quad (2\pi f_r)^2 = \frac{1}{LC}$$

$$f_r = \frac{1}{2\pi\sqrt{LC}} \ [\text{Hz}] \tag{4}$$

この周波数 $f_r$ を**直列共振周波数**といいます. 大切な公式です.

　直列共振したとき, $X_L = X_C$ ですから, それらの端子間電圧(実効値)は,

$$V_L = V_C[\text{V}] \tag{5}$$

ところで, $\dot{V}_L = jX_L I_r$ [V], $\dot{V}_C = -jX_C I_r$ [V] であり, $\dot{V}_L$ と $\dot{V}_C$ は180°の位相差があります. なお, 加えた電圧 $V$ [V]はそのまま抵抗 $R$ の端子間に加わります.

　直列共振状態を整理しておきます.

$$\omega_r L = \frac{1}{\omega_r C} \ [\Omega]$$

$$Z_r = R \ [\Omega]$$

$$V = RI_r \ [\text{V}]$$

$$I_r = \frac{V}{R} \ [\text{A}]$$

$$V_L = V_C \ [\text{V}]$$

$$V_L = \omega_r L I_r = \frac{\omega_r L}{R} V = QV \ [\text{V}] \tag{6}$$

$$V_C = \frac{1}{\omega_r C} I_r = \frac{1/\omega_r C}{R} V = QV \ [\text{V}] \tag{7}$$

ただし, $Q = \dfrac{\omega_r L}{R} = \dfrac{1/\omega_r C}{R}$

　(6) および (7) 式は, 直列共振したとき, 誘導リアクタンス $X_L$ または容量リアクタンス $X_C$ の端子間には電源電圧の $Q$ 倍の電圧が生じていることを示しています.

## ■直列共振周波数

問94 $R = 300\,[\Omega]$, $L = 1.76\,[\mathrm{H}]$, $C = 4\,[\mu\mathrm{F}]$ の直列回路に,

$$v = 120\sqrt{2}\,\sin(\omega t)\,[\mathrm{V}]$$

の電圧を加えた. 次の値を求めなさい.

(1) 回路の共振周波数 $f_r\,[\mathrm{Hz}]$

(2) 共振時の電流 $I_r\,[\mathrm{A}]$

(3) 共振時の端子間電圧 $V_R$, $V_L$, $V_C\,[\mathrm{V}]$

【解説】

(1) 共振周波数 $f_r$ は,

$$f_r = \frac{1}{2\pi\sqrt{LC}} = \frac{1}{2\times 3.14\times\sqrt{1.76\times 4\times 10^{-6}}} = 60\,[\mathrm{Hz}]$$

(2) 共振時は, $X_L = \omega L = 2\pi fL$, $X_C = \dfrac{1}{\omega C} = \dfrac{1}{2\pi fC}$ であり, ともに 664 [$\Omega$] となる.

インピーダンス $\dot{Z}$ と電流 $I_r$ は,

$$\dot{Z} = 300\,[\Omega] \qquad \text{したがって} \quad I_r = \frac{120}{300} = 0.4\,[\mathrm{A}]$$

(3) 共振時の端子間電圧は,

$$V_R = 300 \times 0.4 = 120\,[\mathrm{V}]$$
$$V_L = V_C = 664 \times 0.4 = 266\,[\mathrm{V}]$$

## ■理想並列共振回路

問95 図1に示す $L-C$ 並列回路において, 電源の周波数 $f\,[\mathrm{Hz}]$ のみを変化させたとき, 各枝路に流れる電流の変化を求めなさい.

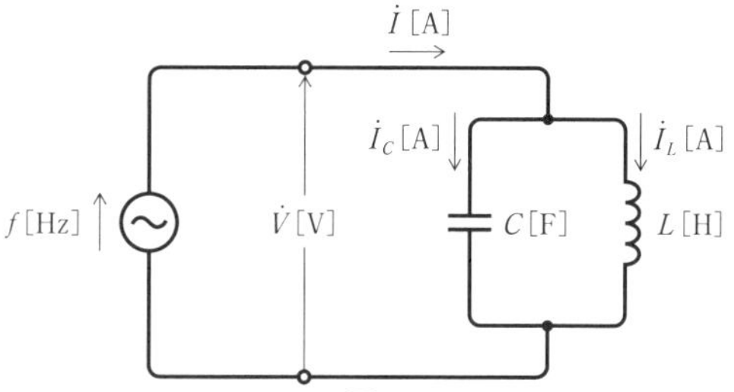

図1

【解説】 図1のように, インダクタンス $L\,[\mathrm{H}]$ と静電容量 $C\,[\mathrm{F}]$ の並列回路を **理想並列共振回路** と呼んでいます.

周波数$f$[Hz]の一定電圧$V$[V]を加えたとき，各枝路に流れる電流は次式となります．

$$\dot{I}_L = \frac{1}{j\omega L}\ \dot{V}\ [\text{A}],\qquad \dot{I}_C = j\omega C\dot{V}\ [\text{A}] \tag{1}$$

$$\dot{I} = \dot{I}_L + \dot{I}_C = \left(j\omega C + \frac{1}{j\omega L}\right)\dot{V} = j\left(\omega C - \frac{1}{\omega L}\right)\dot{V}\ [\text{A}] \tag{2}$$

そこで，周波数$f$[Hz]を0から増加していくと，誘導リアクタンス$\omega L$[Ω]および容量リアクタンス$1/(\omega C)$[Ω]はp.157の図2に示したように変化します．したがって，ある周波数$f_r$[Hz]で，

$$\omega_r C = \frac{1}{\omega_r L} \tag{3}$$

を満たします．上式を満たしたとき，$\dot{I}=0$[A]です．

すなわち，電源から見たインピーダンスが無限大となります．このような現象を**並列共振**といい，そのときの周波数$f_r$[Hz]を**並列共振周波数**と呼びます．

並列共振周波数$f_r$は，（3）式から，

$$f_r = \frac{1}{2\pi\sqrt{LC}}\ [\text{Hz}] \tag{4}$$

であり，直列共振周波数と同じ式です．

並列共振状態にあるとき，電源から流れ出る電流は$I=0$となります．他の枝路では，

$$\dot{I}_L = \frac{1}{j\omega_r L}\ \dot{V} = -j\frac{1}{\omega_r L}\ \dot{V}\ [\text{A}]$$

$$\dot{I}_C = j\omega_r C\dot{V}\ [\text{A}]$$

が流れます．

二つの電流のベクトルを図2に示します．二つの電流は大きさが等しく，位相が180°異なっていますが，$L$と$C$が蓄えたエネルギーを交互に授受（キャッチボール）しているのです．

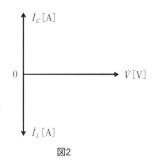

図2

## ■並列共振回路

問96 図1に示すコイルとコンデンサの並列回路において，電源電圧 $V$ [V]を一定に保ち，周波数 $f$ [Hz]のみを変化させた場合の現象について説明しなさい.

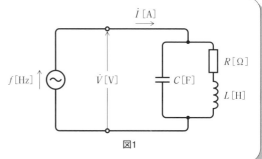

図1

【解説】 実際のコイルは自己インダクタンス $L$ [H]とともに抵抗 $R$ [Ω]を含んでいます．したがって，並列回路は図1のようになります.

周波数 $f$ [Hz]の電圧が加わっているとき，各枝路のアドミタンスは次式となります.

$$\dot{Y}_c = j\omega C \,[\text{S}], \qquad \dot{Y}_L = \frac{1}{R + j\omega L} \,[\text{S}] \tag{1}$$

$$\dot{Y} = \dot{Y}_c + \dot{Y}_L = \left( j\omega C + \frac{1}{R + j\omega L} \right) [\text{S}] \tag{2}$$

上式の $\dot{Y}$ を整理します.

$$\dot{Y} = j\omega C + \frac{1}{R + j\omega L} = j\omega C + \frac{R - j\omega L}{R^2 + (\omega L)^2}$$

$$\dot{Y} = \frac{R}{R^2 + (\omega L)^2} + j \left( \omega C - \frac{\omega L}{R^2 + (\omega L)^2} \right) \tag{3}$$

周波数 $f$ を変化させることによって，上式の虚部を0にすることができないかを考えます．虚部＝0であるとき，電圧 $\dot{V}$ [V]と電流 $\dot{I}$ [A]は同相になります．同相になった状態は**並列共振**です.

(3)式の虚部＝0の条件から，並列共振周波数 $f_r$ を求めます.

$$\omega_r C = \frac{\omega_r L}{R^2 + (\omega_r L)^2} \tag{4}$$

$$L = C\{ R^2 + (\omega_r L)^2 \} = CR^2 + \omega_r^2 C L^2$$

$$\omega_r^2 C L^2 = L - CR^2$$

です．したがって，

$$\omega_r^2 = \frac{1}{LC} - \left( \frac{R}{L} \right)^2$$

$$\omega_r = \sqrt{\frac{1}{LC} - \left(\frac{R}{L}\right)^2} \; [\mathrm{rad/s}] \tag{5}$$

$$f_r = \frac{1}{2\pi} \sqrt{\frac{1}{LC} - \left(\frac{R}{L}\right)^2} \; [\mathrm{Hz}] \tag{6}$$

となり，**並列共振周波数**が求まりました．

ところで，共振周波数 $f_r$ が高周波数であるときは，$\omega L \gg R$ となります．したがって，(4)式から，

$$\omega_r C = \frac{1}{\omega_r L} \quad \Rightarrow \quad \omega_r^2 = \frac{1}{LC}$$

であることから，

$$f_r = \frac{1}{2\pi} \sqrt{\frac{1}{LC}} = \frac{1}{2\pi\sqrt{LC}} \; [\mathrm{Hz}] \tag{7}$$

となります．すなわち，理想並列共振回路の周波数とほぼ一致します．

共振時のアドミタンス $\dot{Y}_r$ は，(3)式の虚数部 = 0 で，

$$\dot{Y}_r = \frac{R}{R^2 + (\omega_r L)^2} \; [\mathrm{S}] \tag{8}$$

であり，インピーダンス $\dot{Z}_r$ は，

$$\dot{Z}_r = \frac{R^2 + (\omega_r L)^2}{R} \; [\Omega] \tag{9}$$

となります．

さらに，条件 $\omega_r L \gg R$ が満たされているときは，

$$\dot{Z}_r = \frac{(\omega_r L)^2}{R} = \frac{1}{(\omega_r C)^2 R} = \frac{L}{CR} \; [\Omega] \tag{10}$$

です．したがって，電源から流れる電流は，

$$\dot{I}_r = \frac{\dot{V}}{\dot{Z}_r} = \frac{V}{\dfrac{L}{CR}} \; [\mathrm{A}] \tag{11}$$

以上のことから，並列共振時の電圧 $\dot{V}$，電流 $\dot{I}_r$ のベクトルを図2に，回路図を図3に示します．

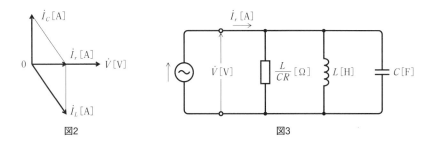

図2                    図3

## ■並列共振周波数-1

問97 図に示す共振回路において，
$\dot{V} = 100\angle 0°$ [V]，$R = 200[\Omega]$，
$L = 25$ [mH]，$C = 0.001$ [$\mu$F]
である.

　共振周波数 $f_r$[Hz] を求めな
さい.

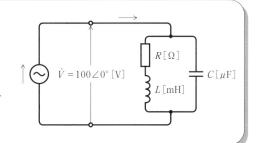

【解説】

共振周波数 $f_r$ を前問(6)，(7)式を用いて求めます.

$$f_r = \frac{1}{2\pi} \sqrt{\frac{1}{LC} - \left(\frac{R}{L}\right)^2}$$

$$= \frac{1}{6.28} \sqrt{\frac{1}{25\times10^{-3}\times0.001\times10^{-6}} - \left(\frac{200}{25\times10^{-3}}\right)^2} \ [\text{Hz}] = 31.8\,[\text{kHz}]$$

共振時の誘導リアクタンス $X_L$ を求めてみると，

$$X_L = \omega_r L = 6.28 \times 31.8 \times 10^3 \times 25 \times 10^{-3} = 5\,[\text{k}\Omega]$$

条件 $\omega_r L \gg R$ を満たしています. したがって，

$$f_r = \frac{1}{6.28} \sqrt{\frac{1}{25\times10^{-3}\times0.001\times10^{-6}}} = 31.9\,[\text{kHz}]$$

## ■並列共振周波数-2

**問98** 前問97の共振回路における

(1) 共振時のインピーダンス$Z_r[\Omega]$

(2) 共振時の電流$I_r[\text{A}]$

を求めなさい.

**【解説】**

(1) $\omega_r L \gg R$であることから,$Z_r$は,

$$Z_r = \frac{L}{CR} = \frac{25 \times 10^{-3}}{0.001 \times 10^{-6} \times 200} = \boxed{125\,[\text{k}\Omega]}$$

(2) 回路に流れる電流$I_r$は,

$$I_r = \frac{100}{125 \times 10^3} = \boxed{0.8\,[\text{mA}]}$$

であります.

**コラム**

### ●電気の研究小史

1752年：**フランクリン**（アメリカ）,凧をあげ雷の研究.静電気に正負の2種があることを発見.

1785年：**クーロン**（フランス）,電荷間および磁極間に働く力を調べ,クーロンの法則を発見.

1800年：**ボルタ**（イタリア）,電池を発明し,定常電流が流せるようになる.

1820年：**エルステッド**（デンマーク）,電流の磁気作用を発見.

1820年：**アンペール**（フランス）,電流と磁気の関係,2本の線状電流間の力の研究.

1827年：**オーム**（ドイツ）,電圧・電流・抵抗間の関係,オームの法則を発見.

1831年：**ファラデー**（イギリス）,電磁誘導,自己誘導作用を発見.

1834年：**レンツ**（ロシア）,磁束変化と起電力の関係,レンツの法則を発見.

1841年：**ジュール**（イギリス）,電流の流れる抵抗の発熱作用,ジュールの法則を発見.

1845年：**キルヒホッフ**（ドイツ）,複雑な電気回路の解析法,キルヒホッフの法則を発見.

1893年：**スタインメッツ**（アメリカ）,複素数を用いた交流回路計算法（記号法）を発表.

# 3章　自習問題　1〜43

解答 → 296〜302頁

---

**問3-1**　(1)〜(8)の直交表示をS表示し，(9)〜(16)のS表示を直交表示しなさい．

(1) $4 + j3 =$　　　　　　　　　　(9) $25 \angle -45° =$

(2) $3 - j4 =$　　　　　　　　　　(10) $15 \angle 30° =$

(3) $2 - j2 =$　　　　　　　　　　(11) $85 \angle -75° =$

(4) $80 - j60 =$　　　　　　　　　(12) $100 \angle 36.9° =$

(5) $-15 + j60 =$　　　　　　　　(13) $220 \angle -120° =$

(6) $-8 + j8 =$　　　　　　　　　(14) $0.5 \angle -53.1° =$

(7) $0.002 + j0.0065 =$　　　　　　(15) $0.02 \angle 270° =$

(8) $-0.02 - j0.015 =$　　　　　　(16) $6.6 \times 10^{-3} \angle 55° =$

---

**問3-2**　次の計算結果をS表示しなさい．

(1) $(5 - j6) + (3 + j3) =$　　　　　(7) $(60 + j80) \cdot (6 - j8) =$

(2) $(4 + j2) + (10 \angle 53.1°) =$　　(8) $j2 \cdot (4 - j3) =$

(3) $(8 - j2) + (8 \angle 90°) =$　　　(9) $j80 \cdot (-j5) =$

(4) $(3 - j2) - (1 - j4) =$　　　　　(10) $(8 - j4) / (2 + j2) =$

(5) $(10 + j3) - (13.45 \angle -30°) =$　(11) $(12 + j8) / j2 =$

(6) $(10 \angle 36.9°) - (4 \angle 45°) =$　(12) $100 \angle 53.1° / (4 + j3) =$

---

**問3-3**　次の$\dot{Z}_1$, $\dot{Z}_2$に対する$\dfrac{\dot{Z}_1 \cdot \dot{Z}_2}{\dot{Z}_1 + \dot{Z}_2}$（和分の積）を求めS表示しなさい．

(1) $\dot{Z}_1 = 8 + j6$，　　$\dot{Z}_2 = 5 + j5$

(2) $\dot{Z}_1 = 0.45 \angle 30°$，$\dot{Z}_2 = 2 - j2$

(3) $\dot{Z}_1 = 25 \angle 15°$，　$\dot{Z}_2 = 30 \angle 45°$

(4) $\dot{Z}_1 = 20$，　　　$\dot{Z}_2 = j40$

(5) $\dot{Z}_1 = 12 \angle 60°$，$\dot{Z}_2 = 4.33 - j2.5$

---

**問3-4**　(a)周波数に対する容量リアクタンスが与えられている．静電容量を求めなさい．

(1)　　　50Hzのとき　30Ω

(2)　　　60Hzのとき　60Ω

(3)　　300Hzのとき　8Ω

(4) 1,000Hzのとき100Ω

(b) 50 μF のコンデンサの端子間電圧が与えられている．流れている電流の瞬時値(sin 表示)を求めなさい．

(5) $v_1 = 30 \sin (200t)$ [V]

(6) $v_2 = 90 \sin (314t + 45°)$ [V]

(7) $v_3 = -120 \sin (377t - 30°)$ [V]

(8) $v_4 = 70 \cos (1{,}000t - 60°)$ [V]

(c) 470 μF のコンデンサに流れている電流が与えられている．端子間電圧の瞬時式(sin 表示)を求めなさい．

(9) $i_1 = 1.25 \sin (314t)$ [A]

(10) $i_2 = 14.14 \sin (377t + 90°)$ [A]

(11) $i_3 = 0.3 \sin (1{,}000t - 30°)$ [A]

(12) $i_4 = 25 \cos (3{,}000t)$ [A]

**問3-5** $R$, $L$, $C$ いずれかの端子間電圧と流れている電流の組が与えられている．それぞれの素子と抵抗またはリアクタンスを求めなさい．

(1) $v_1 = 550 \sin (314t + 40°)$ [V]，$i_1 = 1.1 \sin (314t - 50°)$ [A]

(2) $v_2 = 240 \sin (377t + 120°)$ [V]，$i_2 = 1.2 \sin (377t + 210°)$ [A]

(3) $v_3 = 80 \cos (157t + 60°)$ [V]，$i_3 = 2 \sin (157t + 60°)$ [A]

(4) $v_4 = 35 \sin (500t - 20°)$ [V]，$i_4 = 5 \cos (500t - 110°)$ [A]

**問3-6** 次の交流電圧および電流を S 表示および直交表示しなさい．

(1) $v_1 = 100 \sqrt{2} \sin (\omega t + 45°)$ [V]

(2) $v_2 = 50 \sqrt{2} \sin (314t - 30°)$ [V]

(3) $i_1 = 14.14 \sin (377t - 60°)$ [A]

(4) $i_2 = 30 \sin (3{,}145t + 30°)$ [A]

**問3-7** 次の電圧および電流を瞬時値式で表しなさい．ただし各周波数は $\omega$ [rad/s] とする．

(1) $\dot{V}_1 = 6 - j8$ [V]　　　　(3) $\dot{I}_1 = 2 + j2$ [A]

(2) $\dot{V}_2 = 100 \angle 30°$ [V]　　　(4) $\dot{I}_2 = 0.5 \angle -36.9°$ [A]

**問3-8** 図の回路において，

$e = 60 \sin (377t + 90°)$ [V]

$v = 20 \sin (377t)$ [V]

である．

$v_R$ [V] を求めなさい．

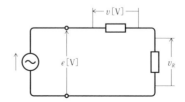

**問3-9** 図の回路におけるインピーダンス$\dot{Z}$[Ω]およびアドミタンス$\dot{Y}$[S]をS表示しなさい.

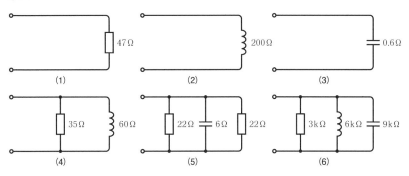

**問3-10** 図の回路において，$R = 10$ [Ω]，$L = 20$ [mH]である. a-b間に60Hz・100Vの電圧を加えたとき，この回路に流れる電流$\dot{i}$[A]および力率を求めなさい.

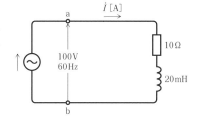

**問3-11** 図に示す回路において，電圧$v = 240\sqrt{2}\sin(\omega t)$ [V]を加えたときに，電流$i = 20\sqrt{2}\sin(\omega t - 30°)$ [A] が流れた.

負荷インピーダンス$\dot{Z} = R + jX$ [Ω]を求めなさい.

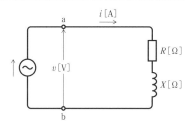

**問3-12** 図の回路において，Ⓐは交直両用の電流計である. 交流電圧100Vを加えたとき，電流計の指示は20Aで，直流電圧100Vを加えたときの指示は25Aであった.

負荷$R + jX$ [Ω]を求めなさい.

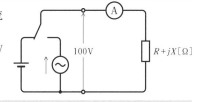

**問3-13** $R-L$直列回路がある. 直流電圧300Vを加えたとき電流10Aが流れ，交流電圧25Hz・300Vを加えたときは6Aが流れた.

50Hz・300Vの交流電圧を加えたときに流れる電流$\dot{i}$を求めなさい.

**問3-14** $R-L$直列回路に交流電圧100Vを加えたところ，電流10Aが流れた．この回路に15Ωの抵抗を直列接続し，同一電圧を加えたところ電流は5Aに減少した．
$R$[Ω]および$X$[Ω]を求めなさい．

**問3-15** 抵抗3,500Ωと静電容量$C$[F]のコンデンサを直列接続して，60Hzの電圧を加えたところ，図のように$V_1 = 47$[V]，$V_2 = 114$[V]であった．
$C$の値を求めなさい．

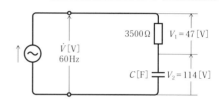

**問3-16** $\dot{Z} = R + jX$[Ω]のコイルと50μFのコンデンサを直列接続し，これに60Hzの電圧200Vを加えたところ，電流$\dot{I} = 10 + j5$[A]が流れた．
コイルの$R$[Ω]と$L$[H]を求めなさい．

**問3-17** 図の回路に流れる各枝路電流を求め，電圧$\dot{V}$と電流$\dot{I}$のベクトルを描きなさい．ただし，$\dot{V} = 100$[V]，$R = 20$[Ω]，$X_C = 20$[Ω]である．

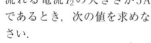

**問3-18** 図の回路において，抵抗$R_2$に流れる電流$\dot{I}_2$の大きさが5Aであるとき，次の値を求めなさい．
(1) 抵抗$R_1$に流れる電流$\dot{I}$[A]
(2) 電源電圧$\dot{E}$[V]

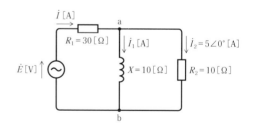

**問3-19** 図の回路におけるa–b間の電圧$\dot{V}_{ab}$[V]の大きさを求めなさい．

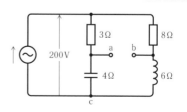

**問3-20** 図の回路において，電流 $\dot{I}$ [A] と電源電圧 $\dot{V}$ [V] とが同相であった．コンデンサの静電容量 $C$[F] を求めなさい．ただし，電源の角周波数は $\omega$[rad/s] である．

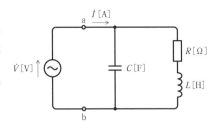

**問3-21** 図の回路において，抵抗 $R$ に 6A の電流が流れ，リアクタンス $X_1$ と $X_2$ に流れる電流が 1：4 であるとき，$X_1$ と $X_2$ の値を求めなさい．

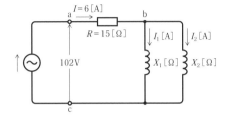

**問3-22** 図の回路における次の値を求めなさい．
(1) 電源から見たインピーダンス $\dot{Z}$[Ω]
(2) インダクタンス $L$ [H]，静電容量 $C$ [F]
(3) $\dot{V}_R$, $\dot{V}_L$, $\dot{V}_C$ [V]

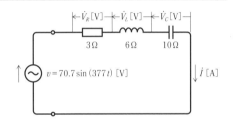

**問3-23** 図の回路における電圧 $\dot{V}_1$ および $\dot{V}_2$ [V] を求めなさい．

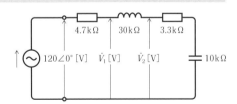

**問3-24** 図の回路における電流 $\dot{I}$, $\dot{I}_1$ および $\dot{I}_2$ [A] を求め，電流 $\dot{I}$, $\dot{I}_1$, $\dot{I}_2$ のベクトルを描きなさい．

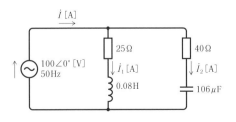

**問3-25** 210Vの交流電源に誘導性負荷$\dot{Z}$[Ω]を接続したとき，電流60Aが流れ，力率0.6であった．この負荷に抵抗$R$[Ω]を並列接続したところ合成電流が80Aになった．接続した抵抗$R$[Ω]およびそのときの力率を求めなさい．

**問3-26** 図の回路において電圧$v$[V]と電流$i$[A]が次式であった．

$v = 100\sqrt{2}\sin(\omega t)$ [V]

$i = 20\sqrt{2}\sin(\omega t - \pi/3)$ [A]

回路の皮相電力$S$[V・A]，有効電力$P$[W]，無効電力$Q$[var]を求めなさい．

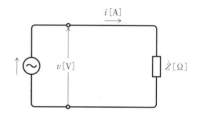

**問3-27** 図の回路における有効電力$P$[W]および無効電力$Q$[var]を求めなさい．

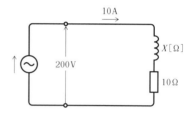

**問3-28** 図の回路において，皮相電力$S = 2,000$[V・A]，有効電力$P = 1,600$[W]であった．抵抗$R$[Ω]およびリアクタンス$X$[Ω]を求めなさい．

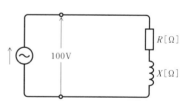

**問3-29** 図の回路において，交流電圧100V・50Hzを加えたところ，電流10Aが流れ，電力計は1時間に500W・hを示した．

抵抗$R$[Ω]およびインダクタンス$L$[H]を求めなさい．

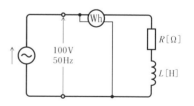

**問3-30** 図の回路における消費電力 $P$ [W]および無効電力 $Q$ [var]を求めなさい.

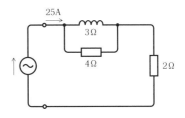

**問3-31** 交流電圧110Vを加えたとき,電圧より位相の遅れた電流25Aが流れ,電力2,000Wを消費する負荷がある.

負荷の等価インピーダンス $\dot{Z}$ [Ω]および等価アドミタンス $\dot{Y}$ [S]を求めなさい.

**問3-32** 図の回路における皮相電力 $S$ [V・A],有効電力 $P$ [W],無効電力 $Q$ [var]を求めなさい.

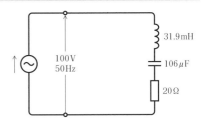

**問3-33** コイルに直流電圧100Vを加えると500Wを消費し,交流電圧150Vを加えると720W消費するという.

コイルの抵抗 $R$ [Ω]およびリアクタンス $X$ [Ω]を求めなさい.

**問3-34** 誘導性負荷がある.交流電圧100Vを加えたとき電流20Aが流れ,電力1.6kWを消費するという.

力率,電流の有効分および無効分を求めなさい.

**問3-35** 図(1)および(2)に示す回路の有効電力 $P$ [W],無効電力 $Q$ [var]を求めなさい.

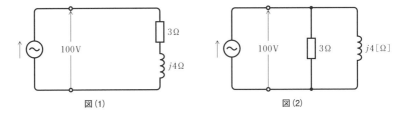

図(1)　　　　　　　　　　　　図(2)

**問3-36** 図の回路において，消費電力が500W
である．コンデンサCに流れる電流
$I_C$[A]を求めなさい.

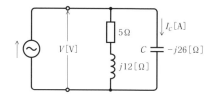

**問3-37** 図の回路における有効電力$P$[W]およ
び無効電力$Q$[var]を求めなさい.

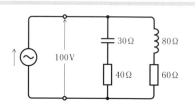

**問3-38** 図の回路における各枝路の電力およ
び無効電力を求め，合成電力三角形
を描きなさい.

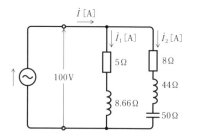

**問3-39** 図の回路において，周波数$f$を変化
させるとき，最大電流$I_r$[A]およびそ
のときの周波数$f_r$[Hz]を求めなさい.

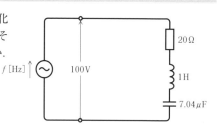

**問3-40** 図の回路において，交流発電機の電
圧$V$[V]を一定に保ち，周波数$f$[Hz]
を変化させたところ400Hzで最大電
流となった.
　静電容量$C$[F]の値を求めなさい.

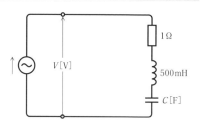

**問3-41** 図の回路において，最大電流を得るための周波数 $f_r$ [Hz] を求め，そのときの電圧 $\dot{V}_1, \dot{V}_2, \dot{V}_3$ [V] を求めなさい．

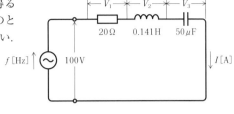

**問3-42** 図に示す回路の共振周波数 $f_r$ [Hz] を求めなさい．

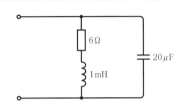

**問3-43** 図に示す回路における次の値を求めなさい．

(1) 共振周波数 $f_r$ [Hz]

(2) 共振時のインピーダンス $\dot{Z}_r$ [Ω]

(3) 共振時の電流 $I_r$ [A]

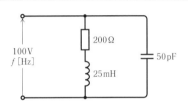

# 交流回路計算❷

## キルヒホッフの法則とべんりな定理

　直流回路において，オームの法則とキルヒホッフの法則を理解すると複雑な回路も解析できました．さらに，これらから導かれるいろいろな定理を理解し，適用することによって回路網であっても比較的容易に解析できることを理解しました．

　交流回路においてもほぼ同じです．みなさんは第3章において，右記のように記号を置き替えて，交流回路におけるオームの法則を理解しました．電圧 $\dot{V}$ [V] も電流 $\dot{I}$ [A] も，そしてインピーダンス $\dot{Z}$ [Ω] も複素数（ベクトル）です．計算には少し手間がかかることを知りました．

$$
\begin{array}{l}
E \rightarrow \dot{E} \text{ [V]} \\
V \rightarrow \dot{V} \text{ [V]} \\
I \rightarrow \dot{I} \text{ [A]} \\
R \rightarrow \dot{Z} \text{ [Ω]}
\end{array}
$$

　この第4章ではさらに複雑な交流回路網の計算を学びます．左手に電卓，右手にエンピツを持ってねばり強くがんばりましょう．

### アンペール （André Marie Ampére, フランス, 1775〜1836年）

　アンペールは，1775年，フランスのリヨンで生まれた物理学者で，電磁気学の創始者の一人です．12歳のときすでに微分学を理解し神童といわれ，25歳でブルグ中央学校教授，29歳でエコール・ポリテクニク講師，そして34歳で教授に就任しています．

　その頃，フランス革命によって誕生した大学エコール・ポリテクニクの研究者たちによって電気の研究が精力的に行われていました．

　アンペールは当初，応用数学に興味を持ちましたが，物理学に転向し，電流と磁界の関係を研究しました．そして1820年に「電流の向きを右ねじが進む方向にとると，磁界はねじの回る方向に一致する」（アンペールの右ねじの法則）ことを発見しました．

　その業績をたたえ，1881年，パリ第1回電気国際会議において，電流の単位を「アンペア」（アンペールの英語読み）とすることが決まりました．

## ■枝路電流法

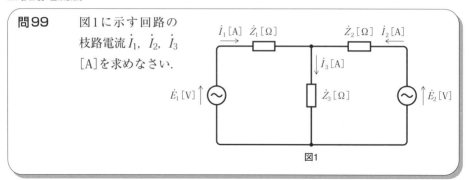

**問99** 図1に示す回路の枝路電流 $\dot{I}_1$, $\dot{I}_2$, $\dot{I}_3$ [A]を求めなさい.

図1

【解説】 回路は二つの起電力を持っています. 起電力 $\dot{E}_1$, $\dot{E}_2$ [V]およびインピーダンス $\dot{Z}_1$, $\dot{Z}_2$, $\dot{Z}_3$ [Ω]が与えられている(既知)とき, 未知である各枝路電流 $\dot{I}_1$, $\dot{I}_2$, $\dot{I}_3$ [A]を求めよ, というのが問です.

オームの法則とキルヒホッフの法則を頼りに考えてみましょう. キルヒホッフの電流則および電圧則を再確認しておきます.

**電流則:節点に流入する電流の代数和は0である.**

**電圧則:閉回路中の電圧の代数和は0である.**

電流則, 電圧則を復習したところで, **枝路電流法**について説明します.

① 各枝路電流 $\dot{I}_1$, $\dot{I}_2$ および $\dot{I}_3$ [A]が図2に示す向きに流れていると仮定しました. 枝路電流の向きから, 各インピーダンスの端子間電圧 (**電圧降下またはインピーダンス降下**) の大きさと向き(電流に逆らう向き) が決まります.

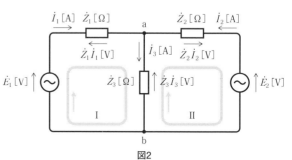

図2

大きさと向き(矢印)を回路中に記入します.

② 節点aに電流則を適用し, 次式を得ます.

$$\dot{I}_1 + \dot{I}_2 = \dot{I}_3 [\text{A}] \tag{1}$$

③ 閉回路ⅠおよびⅡに電圧則を適用し, 次式を得ます.

$$\dot{E}_1 = \dot{Z}_1 \dot{I}_1 + \dot{Z}_3 \dot{I}_3 \tag{2}$$

$$\dot{E}_2 = \dot{Z}_2 \dot{I}_2 + \dot{Z}_3 \dot{I}_3 \tag{3}$$

上式に(1)式を代入し, 整理します.

$$\dot{E}_1 = (\dot{Z}_1 + \dot{Z}_3)\dot{I}_1 + \dot{Z}_3\dot{I}_2 \tag{4}$$

$$\dot{E}_2 = \dot{Z}_3\dot{I}_1 + (\dot{Z}_2 + \dot{Z}_3)\dot{I}_2 \tag{5}$$

さらに，上式を行列式で表します．

$$\begin{vmatrix} (\dot{Z}_1 + \dot{Z}_3) & \dot{Z}_3 \\ \dot{Z}_3 & (\dot{Z}_2 + \dot{Z}_3) \end{vmatrix} \begin{vmatrix} \dot{I}_1 \\ \dot{I}_2 \end{vmatrix} = \begin{vmatrix} \dot{E}_1 \\ \dot{E}_2 \end{vmatrix} \tag{6}$$

④ クラメルの公式を用いて電流$\dot{I}_1$および$\dot{I}_2$を求めます(p.62参照)．

$$\dot{I}_1 = \frac{\begin{vmatrix} \dot{E}_1 & \dot{Z}_3 \\ \dot{E}_2 & (\dot{Z}_2 + \dot{Z}_3) \end{vmatrix}}{\begin{vmatrix} (\dot{Z}_1 + \dot{Z}_3) & \dot{Z}_3 \\ \dot{Z}_3 & (\dot{Z}_2 + \dot{Z}_3) \end{vmatrix}} = \frac{(\dot{Z}_2 + \dot{Z}_3)\dot{E}_1 - \dot{Z}_3\dot{E}_2}{\dot{Z}_1\dot{Z}_2 + \dot{Z}_2\dot{Z}_3 + \dot{Z}_3\dot{Z}_1} \, [\text{A}] \tag{7}$$

$$\dot{I}_2 = \frac{\begin{vmatrix} (\dot{Z}_1 + \dot{Z}_3) & \dot{E}_1 \\ \dot{Z}_3 & \dot{E}_2 \end{vmatrix}}{\begin{vmatrix} (\dot{Z}_1 + \dot{Z}_3) & \dot{Z}_3 \\ \dot{Z}_3 & (\dot{Z}_2 + \dot{Z}_3) \end{vmatrix}} = \frac{(\dot{Z}_1 + \dot{Z}_3)\dot{E}_2 - \dot{Z}_3\dot{E}_1}{\dot{Z}_1\dot{Z}_2 + \dot{Z}_2\dot{Z}_3 + \dot{Z}_3\dot{Z}_1} \, [\text{A}] \tag{8}$$

$$\dot{I}_3 = \dot{I}_1 + \dot{I}_2 = \frac{\dot{Z}_2\dot{E}_1 + \dot{Z}_1\dot{E}_2}{\dot{Z}_1\dot{Z}_2 + \dot{Z}_2\dot{Z}_3 + \dot{Z}_3\dot{Z}_1} \, [\text{A}] \tag{9}$$

こうして各枝路電流が明らかになります．

## ■枝路電流法とループ電流法

問100 図1に示す回路の枝路電流$\dot{I}_1$，$\dot{I}_2$および$\dot{I}_3$ [A]を枝路電流法およびループ電流法で求めなさい．

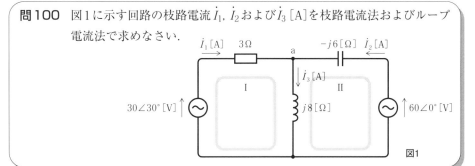

図1

【解説】

(1) 枝路電流法

① 枝路電流$\dot{I}_1$，$\dot{I}_2$および$\dot{I}_3$ [A] が図1のように流れていると仮定し，節点aに電流則を適用します．

$$\dot{I}_1 + \dot{I}_2 = \dot{I}_3 \tag{1}$$

② 各素子の電圧降下を求め，閉回路 I および II に電圧則を適用します．

$$3\dot{I}_1 + j8\dot{I}_3 = 30 \angle 30° \tag{2}$$

$$(-j6)\dot{I}_2 + j8\dot{I}_3 = 60 \angle 0° \tag{3}$$

上式に(1)式を代入し，$\dot{I}_3$ を消去します．

$$\left.\begin{array}{l} 3\dot{I}_1 + j8(\dot{I}_1 + \dot{I}_2) = (3+j8)\dot{I}_1 + j8\dot{I}_2 = 30 \angle 30° \\ (-j6)\dot{I}_2 + j8(\dot{I}_1 + \dot{I}_2) = j8\dot{I}_1 + (j8 - j6)\dot{I}_2 = 60 \angle 0° \end{array}\right\} \tag{4}$$

上式を整理し，行列式で表します．

$$\begin{vmatrix} 3+j8 & j8 \\ j8 & j2 \end{vmatrix} \begin{vmatrix} \dot{I}_1 \\ \dot{I}_2 \end{vmatrix} = \begin{vmatrix} 30 \angle 30° \\ 60 \angle 0° \end{vmatrix}$$

③ クラメルの公式を用いて，各枝路電流を求めます．

$$\dot{I}_1 = \frac{\begin{vmatrix} 30 \angle 30° & j8 \\ 60 \angle 0° & j2 \end{vmatrix}}{\begin{vmatrix} 3+j8 & j8 \\ j8 & j2 \end{vmatrix}} = \frac{(30 \angle 30°) \times (j2) - (60 \angle 0°) \times (j8)}{(3+j8) \times (j2) - (j8)^2}$$

$$= \frac{(30 \angle 30°) \times (2 \angle 90°) - 60 \times (8 \angle 90°)}{(-16+j6) - (-64)} = \frac{60 \angle 120° - 480 \angle 90°}{48 + j6}$$

$$= \frac{(-30+j52) - j480}{48 + j6} = \frac{-30 - j428}{48 + j6}$$

$$= \frac{429.1 \angle -94°}{48.4 \angle 7.1°} = 8.87 \angle -101° \text{ [A]}$$

$$\dot{I}_2 = \frac{\begin{vmatrix} 3+j8 & 30 \angle 30° \\ j8 & 60 \angle 0° \end{vmatrix}}{\begin{vmatrix} 3+j8 & j8 \\ j8 & j2 \end{vmatrix}} = \frac{(3+j8) \times (60 \angle 0°) - (j8) \times (30 \angle 30°)}{(3+j8) \times (j2) - (j8)^2}$$

$$= \frac{405.1 \angle 42.2°}{48.4 \angle 7.1°} = 8.37 \angle 35° \text{ [A]}$$

$$\dot{I}_3 = \dot{I}_1 + \dot{I}_2 = 8.87 \angle -101° + 8.37 \angle 35°$$

$$= (-1.693 - j8.71) + (6.86 + j4.8)$$

$$= 5.17 - j3.91 = 6.48 \angle -37° \text{ [A]}$$

### (2) ループ電流法

① 二つの閉回路Ⅰおよ
びⅡは，図2のように，
ループ電流 $\dot{I}_a$ および $\dot{I}_b$
[A]が時計向きに流れて
いると仮定します.

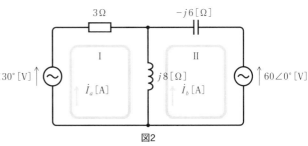

図2

② 二つの未知ループ電
流 $\dot{I}_a$, $\dot{I}_b$ を求めるため閉回路に電圧則を適用すると，次の2行2列の行列式を得ます.

$$\begin{vmatrix} \dot{A} & \dot{B} \\ \dot{C} & \dot{D} \end{vmatrix} \begin{vmatrix} \dot{I}_a \\ \dot{I}_b \end{vmatrix} = \begin{vmatrix} \dot{E} \\ \dot{F} \end{vmatrix}$$

各閉回路に電圧則を適用し，$\dot{A}$, $\dot{B}$, $\dot{C}$, $\dot{D}$, $\dot{E}$, $\dot{F}$ を得ることができますが，与えられた回路をじっくりと見据え，次の要領で得ることもできます.

$\dot{A}$：ループ電流 $\dot{I}_a$ が流れているインピーダンスの総和.

$\dot{A} = 3 + j8 \,[\Omega]$

$\dot{B}$：ループ電流 $\dot{I}_a$ に逆らう電流 $\dot{I}_b$ が流れるインピーダンスの総和に − を付ける.

$\dot{B} = -j8 \,[\Omega]$

$\dot{C}$：ループ電流 $\dot{I}_b$ に逆らう電流 $\dot{I}_a$ が流れるインピーダンスの総和に − を付ける.

すなわち，$\dot{C} = -j8 \,[\Omega] = \dot{B}$

$\dot{D}$：ループ電流 $\dot{I}_b$ が流れるインピーダンスの総和.

$\dot{D} = -j6 + j8 = j2 \,[\Omega]$

$\dot{E}$：ループ電流 $\dot{I}_a$ が流れる閉回路の電圧の代数和（時計向きの電圧は＋，逆向きの電圧は−符号を付けた総和）.

$\dot{E} = 30 \angle 30 \,[\mathrm{V}]$

$\dot{F}$：ループ電流 $\dot{I}_b$ が流れる閉回路の電圧の代数和.

$\dot{F} = -60 \angle 10 \,[\mathrm{V}]$

となります.

こうして次の行列式を得ます.

$$\begin{vmatrix} 3+j8 & -j8 \\ -j8 & j2 \end{vmatrix} \begin{vmatrix} \dot{I}_a \\ \dot{I}_b \end{vmatrix} = \begin{vmatrix} 30 \angle 30° \\ -60 \angle 0° \end{vmatrix}$$

③ 得られた行列式にクラメルの公式を適用し，ループ電流 $\dot{I}_a$ および $\dot{I}_b$ を求めます.

$$\dot{I}_a = \frac{\begin{vmatrix} 30 \angle 30° & -j8 \\ -60 \angle 0° & j2 \end{vmatrix}}{\begin{vmatrix} 3+j8 & -j8 \\ -j8 & j2 \end{vmatrix}} = \frac{429.1 \angle -94°}{48.37 \angle 7.1°} = 8.87 \angle -101° \,[\mathrm{A}]$$

$$\dot{I}_b = \frac{\begin{vmatrix} 3+j8 & 30\angle 30° \\ -j8 & -60\angle 0° \end{vmatrix}}{\begin{vmatrix} 3+j8 & -j8 \\ -j8 & j2 \end{vmatrix}} = \frac{405.1\angle -137.8°}{48.37\angle 7.1°} = 8.37\angle -145°\,[\text{A}]$$

ループ電流 $\dot{I}_a$, $\dot{I}_b$ が求まったところで,

$$\dot{I}_1 = \dot{I}_a = 8.87\angle -101.1°\,[\text{A}]\,,\quad \dot{I}_2 = -\dot{I}_b = 8.37\angle 35°\,[\text{A}]$$

$$\dot{I}_3 = \dot{I}_a - \dot{I}_b = 8.87\angle -101.1° + 8.37\angle 35° = 6.48\angle -37°\,[\text{A}]$$

となります.

### ■ループ電流と電力

**問101**　図1に示す回路のループ電流 $\dot{I}_a$, $\dot{I}_b$ [A] を求め, 二つの抵抗が消費する電力 $P_1$, $P_2$ [W] および全消費電力 $P$ [W] を求めなさい.

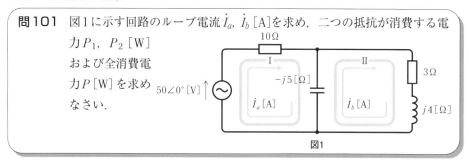

図1

**【解説】**　ループ電流を求めます.

(1) 閉回路ⅠおよびⅡには, ループ電流 $\dot{I}_a$ および $\dot{I}_b$ [A] が時計向きに流れていると仮定します. 電圧則を適用して, 次の行列式を得ます.

$$\begin{vmatrix} 10-j5 & j5 \\ j5 & 3-j \end{vmatrix}\begin{vmatrix} \dot{I}_a \\ \dot{I}_b \end{vmatrix} = \begin{vmatrix} 50\angle 0° \\ 0 \end{vmatrix}$$

(2) クラメルの公式を用いて, $\dot{I}_a$ および $\dot{I}_b$ を求めます.

$$\dot{I}_a = \frac{\begin{vmatrix} 50\angle 0° & j5 \\ 0 & 3-j \end{vmatrix}}{\begin{vmatrix} 10-j5 & j5 \\ j5 & 3-j \end{vmatrix}} = \frac{158.1\angle -18.4°}{55.9\angle -26.6°} = 2.83\angle 8.2°\,[\text{A}]$$

$$\dot{I}_b = \frac{\begin{vmatrix} 10-j5 & 50\angle 0° \\ j5 & 0 \end{vmatrix}}{\begin{vmatrix} 10-j5 & j5 \\ j5 & 3-j \end{vmatrix}} = \frac{250\angle -90°}{55.9\angle -26.6°} = 4.47\angle -63.4°\,[\text{A}]$$

(3) 抵抗に流れる電流が求まったところで，抵抗が消費する電力$P_1$，$P_2$および全電力$P$[W]を求めます.

$$P_1 = 10 \times 2.83^2 = \boxed{80}\,[\text{W}]$$

$$P_2 = 3 \times 4.47^2 = \boxed{60}\,[\text{W}]$$

$$P = P_1 + P_2 = 80 + 60 = \boxed{140}\,[\text{W}]$$

## ■重ね合わせの理

**問102** 図1に示す回路の各枝路電流$\dot{I}_1$，$\dot{I}_2$，$\dot{I}_3$[A]を重ね合わせの理を用いて求めなさい.

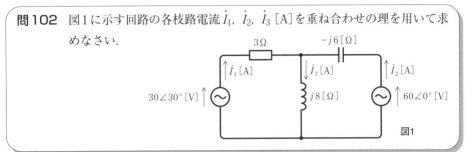

図1

**【解説】** 図示回路のように，二つの電圧源を持つ回路網の各枝路電流は，図2(a)，(b)に示す二つの単独電圧源回路の各枝路電流を重ね合わせたものに等しい，というのが**重ね合わせの理**です.

さっそく単独電源回路図2(a)，(b)の各枝路電流を求め，重ね合わせてみましょう. ただし，単独電源回路にするとき，他の電圧源は短絡し，電流源は開放します.

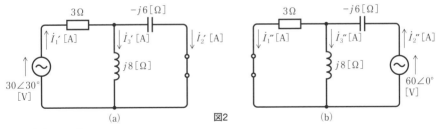

図2 (a) (b)

図2(a)の回路から，

$$\dot{Z}_1 = 3 + \frac{(j8) \times (-j6)}{j8 - j6} = 24.2 \angle -82.9°\,[\Omega]$$

$$\dot{I}_1' = \frac{30 \angle 30°}{24.2 \angle -82.9°} = 1.24 \angle 113°\,[\text{A}]$$

$$\dot{I}_2' = 1.24 \angle 113° \times \frac{j8}{j8 - j6} = 4.96 \angle 113°\,[\text{A}]$$

$$\dot{I_3}' = 1.24 \angle 113° \times \frac{-j6}{j8 - j6} = 3.72 \angle -67° \, [\text{A}]$$

図(b)の回路から,

$$\dot{Z_2} = -j6 + \frac{3 \times j8}{3 + j8} = 5.66 \angle -62.3° \, [\Omega]$$

$$\dot{I_2}'' = \frac{60 \angle 0°}{5.66 \angle -62.3°} = 10.6 \angle 62.3° \, [\text{A}]$$

$$\dot{I_1}'' = 10.6 \angle 62.3° \times \frac{j8}{3 + j8} = 9.93 \angle 82.9° \, [\text{A}]$$

$$\dot{I_3}'' = 10.6 \angle 62.3° \times \frac{3}{3 + j8} = 3.72 \angle -7.1° \, [\text{A}]$$

各枝路電流の向きを考慮し,重ね合わせます.

$$\dot{I_1} = \dot{I_1}' - \dot{I_1}''$$
$$= 1.24 \angle 113° - 9.93 \angle 82.9° = \boxed{8.88 \angle -101° \, [\text{A}]}$$
$$\dot{I_2} = \dot{I_2}'' - \dot{I_2}'$$
$$= 10.6 \angle 62.3° - 4.96 \angle 113° = \boxed{8.39 \angle 35° \, [\text{A}]}$$
$$\dot{I_3} = \dot{I_3}' + \dot{I_3}''$$
$$= 3.72 \angle -67° + 3.72 \angle -7.1° = \boxed{6.45 \angle -37° \, [\text{A}]}$$

お気づきだと思いますが,重ね合わせの理を適用したことで,連立方程式を解かなくてすみました.

## ■電圧源と電流源

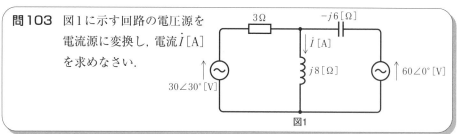

**問103** 図1に示す回路の電圧源を電流源に変換し,電流 $\dot{I}$ [A] を求めなさい.

3Ω  $-j6\,[\Omega]$
$\downarrow \dot{i}\,[\text{A}]$
$j8\,[\Omega]$
$30\angle30°\,[\text{V}]$  $60\angle0°\,[\text{V}]$

図1

**【解説】** 電圧源と電流源の関連について調べましょう.

図2(a)を見てください.直列接続された電圧源 $\dot{E}$ [V]とインピーダンス $\dot{Z}$ [Ω]のa-b端子間に,負荷 $\dot{Z_L}$ [Ω]を接続すると,次式の電流が流れます.

$$\dot{I} = \frac{\dot{E}}{\dot{Z} + \dot{Z_L}} \, [\text{A}] \tag{1}$$

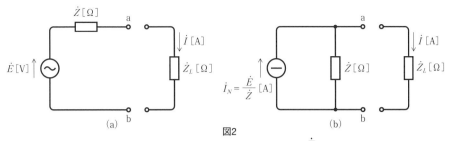

図2

ところで, 図(b)のように, 並列接続した電流源 $\dot{I}_N = \dfrac{\dot{E}}{\dot{Z}}$ [A]と $\dot{Z}$ [Ω]のa−b端子間に負荷 $\dot{Z}_L$ [Ω]を接続したとき, 負荷に流れる電流 $\dot{I}$ [A]は次のようになります.

$$\dot{I} = \dot{I}_N \times \frac{\dot{Z}}{\dot{Z} + \dot{Z}_L} = \frac{\dot{E}}{\dot{Z}} \times \frac{\dot{Z}}{\dot{Z} + \dot{Z}_L} = \frac{\dot{E}}{\dot{Z} + \dot{Z}_L} \text{ [A]} \tag{2}$$

上式は(1)式と一致しています.

このように, 電圧源 $\dot{E}$ [V]とインピーダンス $\dot{Z}$ [Ω]の直列接続は, 電流源 $\dot{I}_N = \dfrac{\dot{E}}{\dot{Z}}$ [A]と $\dot{Z}$ [Ω]の並列接続に置き換えることができます.

さらに, 二つの電流源が図3(a)のように並列に接続されているときは, 図3(b)のように, 一つの電流源に置き換えることができます.

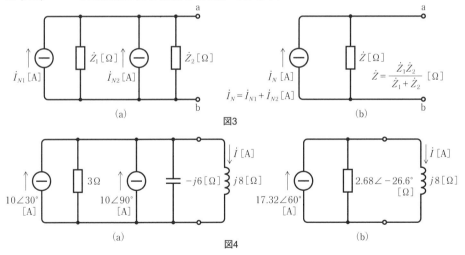

図3

図4

以上のことから, 与えられた問題の回路は, 二つの電圧源を図4(a)のように二つの電流源に置き換え, さらに一つの電流源(図4(b))に置き換えたものになります.

$$\dot{I}_{N1} = \frac{30 \angle 30°}{3} = 10 \angle 30° \text{ [A]}$$

$$\dot{I}_{N2} = \frac{60 \angle 0°}{-j6} = 10 \angle 90° \text{[A]}$$

$$\dot{I}_N = \dot{I}_{N1} + \dot{I}_{N2} = 10 \angle 30° + 10 \angle 90° = 17.32 \angle 60° \text{[A]}$$

$$\dot{Z} = \frac{\dot{Z}_1 \times \dot{Z}_2}{\dot{Z}_1 + \dot{Z}_2} = \frac{3 \times (-j6)}{3 - j6} = 2.68 \angle -26.6° \text{[Ω]}$$

したがって，インピーダンス $j8 = 8 \angle 90°$［Ω］に流れる電流 $\dot{I}$ は，図4(b)を参照し，次のように求めます．

$$\dot{I} = 17.32 \angle 60° \times \frac{2.68 \angle -26.6°}{2.68 \angle -26.6° + 8 \angle 90°} = \boxed{6.44 \angle -37.2° \text{[A]}}$$

## ■節点電圧法 1

**問104**　図1に示す回路の各枝路
電流を，節点電圧法を
用いて求めなさい．

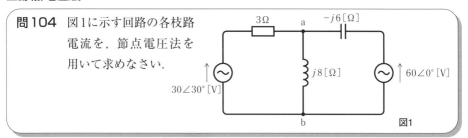

図1

【解説】

(1) 図1の回路の各枝路電流を求めたいとき，図2に示すように節点bを接地（0［V］）し，節点aの電圧が $\dot{V}_a$［V］であると仮定します．そして，各枝路に流れている電流を $\dot{I}_1$, $\dot{I}_2$, $\dot{I}_3$［A］であると仮定します．

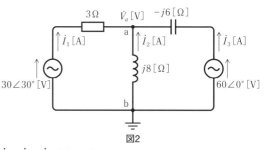

図2

もし $\dot{V}_a$［V］が求まれば，枝路電流 $\dot{I}_1$, $\dot{I}_2$, $\dot{I}_3$［A］は次式で求めることができます．

$$\dot{I}_1 = \frac{30 \angle 30° - \dot{V}_a}{3} \text{[A]} \tag{1}$$

$$\dot{I}_2 = \frac{60 \angle 0° - \dot{V}_a}{-j6} \text{[A]} \tag{2}$$

$$\dot{I}_3 = \frac{0 - \dot{V}_a}{j8} \text{[A]} \tag{3}$$

(2) 節点aに電流則を適用すると，次式を得ます．

$$\dot{I}_1 + \dot{I}_2 + \dot{I}_3 = 0 \tag{4}$$

上式に，(1)，(2)，(3)式を代入します．

$$\frac{30 \angle 30° - \dot{V}_a}{3} + \frac{0 - \dot{V}_a}{j8} + \frac{60 \angle 0° - \dot{V}_a}{-j6} = 0 \tag{5}$$

上式から，

$$\left( \frac{1}{3} + \frac{1}{j8} + \frac{1}{-j6} \right) \dot{V}_a = \left( \frac{30 \angle 30°}{3} + \frac{60 \angle 0°}{-j6} \right)$$

両辺の( )内を計算し，次式を得ます．

$$0.336 \angle 7.1° \times \dot{V}_a = 17.32 \angle 60°$$

$$\dot{V}_a = \frac{17.32 \angle 60°}{0.336 \angle 7.1°} = 51.5 \angle 52.9° \, [\text{V}] \tag{6}$$

節点電圧 $\dot{V}$ [V]が求められました．

節点電圧 $\dot{V}_a$ の値を(1)〜(3)式に代入すると枝路電流を得ます．

$$\dot{I}_1 = \frac{30 \angle 30° - 51.5 \angle 52.9°}{3} = 8.87 \angle -101° \, [\text{A}]$$

$$\dot{I}_2 = \frac{-51.5 \angle 52.9°}{j8} = 6.44 \angle -37.1° \, [\text{A}]$$

$$\dot{I}_3 = \frac{60 \angle 0° - 51.5 \angle 52.9°}{-j6} = 8.38 \angle 35° \, [\text{A}]$$

回路網の節点電圧が明らかになると，各枝路の電流を求めることが可能です．

## ■重ね合わせの理と節点電圧法2

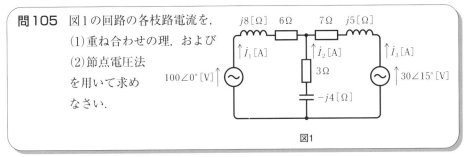

問105　図1の回路の各枝路電流を，
(1)重ね合わせの理，および
(2)節点電圧法
を用いて求め
なさい．

図1

【解説】

(1) 重ね合わせの理を適用し求めます．

　図2(a)および(b)に示す単独電源回路の各枝路電流を求め，重ね合わせます．

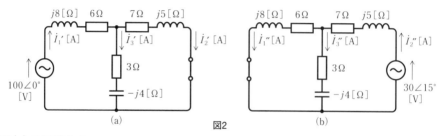

図2

図 (a) の回路から,

$$\dot{Z}_1 = ( 6 + j8 ) + \frac{( 7 + j5 ) \times ( 3 - j4 )}{( 7 + j5 ) + ( 3 - j4 )} = 11.76 \angle 32.4° \, [\Omega]$$

$$\dot{I}_1' = \frac{100 \angle 0°}{11.76 \angle 32.4°} = 8.5 \angle -32.4° \, [A]$$

$$\dot{I}_2' = 8.5 \angle -32.4° \times \frac{3 - j4}{( 7 + j5 ) + ( 3 - j4 )} = 4.23 \angle -91.2° \, [A]$$

$$\dot{I}_3' = 8.5 \angle -32.4° \times \frac{7 + j5}{( 7 + j5 ) + ( 3 - j4 )} = 7.28 \angle -2.6° \, [A]$$

図 (b) の回路から,

$$\dot{Z}_2 = ( 7 + j5) + \frac{( 6 + j8 ) \times ( 3 - j4 )}{( 6 + j8 ) + ( 3 - j4 )} = 12 \angle 14.2° \, [\Omega]$$

$$\dot{I}_2'' = \frac{30 \angle 15°}{12 \angle 14.2°} = 2.5 \angle 0.8° \, [A]$$

$$\dot{I}_1'' = 2.5 \angle 0.8° \times \frac{3 - j4}{( 6 + j8 ) + ( 3 - j4 )} = 1.27 \angle -76.3° \, [A]$$

$$\dot{I}_3'' = 2.5 \angle 0.8° \times \frac{6 + j8}{( 6 + j8 ) + ( 3 - j4 )} = 2.54 \angle 30° \, [A]$$

各電流の方向を考慮して重ね合わせます.

$$\dot{I}_1 = \dot{I}_1' - \dot{I}_1'' = 8.5 \angle -32.8° - 1.27 \angle -76.3° = 7.64 \angle -25.8° \, [A]$$

$$\dot{I}_2 = \dot{I}_2'' - \dot{I}_2' = 2.5 \angle 0.8° - 4.23 \angle -91.2° = 5 \angle 58.7° \, [A]$$

$$\dot{I}_3 = \dot{I}_3' + \dot{I}_3'' = 7.28 \angle -2.6° + 2.54 \angle 30° = 9.51 \angle 5.6° \, [A]$$

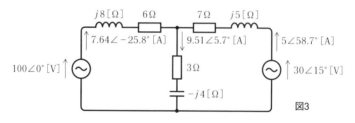

図3

各枝路電流を図3に示しました.

## (2) 節点電圧法で求めます.

図4に示すように,節点bに対する節点aの電圧を$\dot{V}_a$[V]と仮定します. このとき各枝路の電流が$\dot{I}_1$,

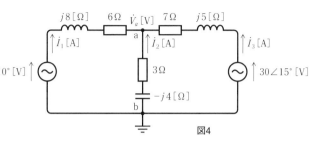

図4

$\dot{I}_2$, $\dot{I}_3$[A]で, 図示方向に流れているとします.

節点aに電流則を適用し, 次式を得ます.

$$\dot{I}_1 + \dot{I}_2 = \dot{I}_3 \tag{1}$$

節点aの電位が$\dot{V}_a$[V]であるとき, 各枝路電流は次式となります.

$$\dot{I}_1 = \frac{100 \angle 0° - \dot{V}_a}{6 + j8} \ [A] \tag{2}$$

$$\dot{I}_2 = \frac{-\dot{V}_a}{3 - j4} \ [A] \tag{3}$$

$$\dot{I}_3 = \frac{30 \angle 15° - \dot{V}_a}{7 + j5} \ [A] \tag{4}$$

上式を(1)式に代入し, $\dot{V}_a$を求めます.

$$\frac{100 \angle 0° - \dot{V}_a}{6 + j8} + \frac{0 - \dot{V}_a}{3 - j4} = \frac{30 \angle 15° - \dot{V}_a}{7 + j5}$$

$$\left( \frac{1}{6 + j8} + \frac{1}{3 - j4} + \frac{1}{7 + j5} \right) \dot{V}_a = \frac{100 \angle 0°}{6 + j8} + \frac{30 \angle 15°}{7 + j5}$$

$$0.275 \angle 2.6° \times \dot{V}_a = 13.07 \angle -44.9°$$

$$\dot{V}_a = \frac{13.07 \angle -44.9°}{0.275 \angle 2.6°} = 47.5 \angle -47.5° \ [V] \tag{5}$$

節点電圧$\dot{V}_a$の値を(2), (3), (4)式に代入し, 各枝路電流を求めます.

$$\dot{I}_1 = \frac{100 \angle 0° - 47.5 \angle -47.5°}{6 + j8} = 7.64 \angle -25.8° \ [A]$$

$$\dot{I}_2 = \frac{-47.5 \angle -47.5°}{3 - j4} = 9.5 \angle -174° \ [A]$$

$$\dot{I}_3 = \frac{30 \angle 15° - 47.5 \angle -47.5°}{7 + j5} = 5 \angle 58.7° \ [A]$$

## ■テブナンの定理とノートンの定理

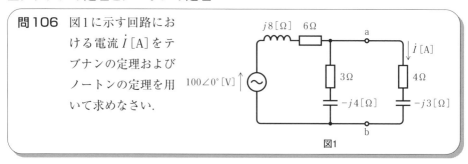

**問106** 図1に示す回路における電流 $\dot{I}$ [A]をテブナンの定理およびノートンの定理を用いて求めなさい.

図1

**【解説】**　この問題は，テブナンの定理やノートンの定理に頼らなくても，次のように計算できます.

$$\dot{Z} = (6 + j8) + \frac{(4 - j3) \times (3 - j4)}{(4 - j3) + (3 - j4)} = 9.96 \angle 38.6° \, [\Omega]$$

$$\dot{I}_t = \frac{100 \angle 0°}{9.96 \angle 38.6°} = 10 \angle -38.6° \, [A]$$

分流式を用いて，

$$\dot{I} = 10 \angle -38.6° \times \frac{3 - j4}{(4 - j3) + (3 - j4)} = 5.05 \angle -46.7° \, [A]$$

ところでこの方法では，もしa−b端子間に別のインピーダンス $\dot{Z}$ [Ω]が接続されたときは，最初から計算をしなおさなければなりません. そのときこそ，テブナンの定理やノートンの定理がべんりです.

### (1) テブナンの定理

　図2のインピーダンス $\dot{Z}$ [Ω]に流れる電流 $\dot{I}$ [A]を求めたいとき，一度 $\dot{Z}$ [Ω]をa−b端子間で切り離します（図2(a)）. 残った回路網（電源を含む側）から次の二つの値を求めます.

　① **テブナン電圧 $\dot{E}_T$ [V]**：a−b端子間の電圧.

　② **テブナンインピーダンス $\dot{Z}_T$ [Ω]**：a−b端子から電源側を見たときのインピーダンス. ただし，$\dot{Z}_T$ を求めるとき，電圧源は短絡，電流源は開放します.

　$\dot{E}_T$ [V]および $\dot{Z}_T$ [Ω]が求まると，電源側の回路網は図2(b)に示す電源(**テブナン電圧源**)に置き換えるとよいというのです.

　したがって，a−b端子間に $\dot{Z}$ [Ω]を接続したとき，$\dot{Z}$ に流れる電流 $\dot{I}$ は次式で求まります.

$$\dot{I} = \frac{\dot{E}_T}{\dot{Z}_T + \dot{Z}} \text{[A]} \tag{1}$$

この方式を**テブナンの定理**と呼びます.

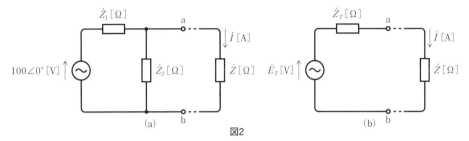

図2

## (2) ノートンの定理

ノートンの定理はテブナン電圧源を電流源に置き換えたものです.

図の回路のインピーダンス$\dot{Z}$[Ω]に流れる電流$\dot{I}$[A]を求めるとき,$\dot{Z}$[Ω]をa−b端子で切り離し,残った回路網から次の二つの値を求めます.

① **ノートン電流$\dot{I}_N$[A]**:a−b端子を短絡したとき,そこを流れる電流.

② **ノートンインピーダンス$\dot{Z}_N$[Ω]**:a−b端子から回路網を見たインピーダンス.

ただし,$\dot{Z}_N$を求めるとき,電圧源は短絡,電流源は開放します.

気づいたと思いますが,$\dot{Z}_N$[Ω]$= \dot{Z}_T$[Ω]です.

負荷$\dot{Z}$[Ω]を切り離した回路は,図3に示すように,$\dot{I}_N$[A]および$\dot{Z}_N$[Ω]からなる電流源(ノートン電流源)に等しく,負荷$\dot{Z}$[Ω]に流れる電流は,

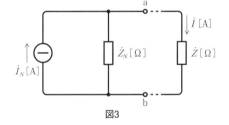

$$\dot{I} = \dot{I}_N \times \frac{\dot{Z}_N}{\dot{Z}_N + \dot{Z}} \text{[A]} \tag{2}$$

図3

である,というのがノートンの定理です.

(1) テブナンの定理を適用し問題に解答します.

図1の回路のa−b端子間から$\dot{Z} = 4 - j3 = 5\angle-36.9°$[Ω]を切り離し,$\dot{E}_T$[V]および$\dot{Z}_T$[Ω]を求めます.

$$\dot{E}_T = \frac{100\angle0°}{(6+j8)+(3-j4)} \times (3-j4) = 11.34 - j49.5$$

$$= 50.8\angle-77.1° \text{[V]} \tag{3}$$

$$\dot{Z}_T = \frac{(6+j8)\times(3-j4)}{(6+j8)+(3-j4)} = 4.64 - j2.06 = 5.08\angle-24° \text{[Ω]} \tag{4}$$

したがって，負荷$\dot{Z} = 4 - j3$［Ω］に流れる電流$\dot{I}$は，テブナンの定理を適用し，次のようになります．

$$\dot{I} = \frac{50.8 \angle -77.1°}{(4.64 - j2.06) + (4 - j3)} = 5.07 \angle -46.7°\,[A] \qquad (5)$$

もし，負荷インピーダンス$\dot{Z}$の値が変化したときは，上式の$\dot{Z}$［Ω］の値を入れ換えて計算するところからスタートです．

(2) ノートンの定理を適用します．

図1の回路のa–b端子間から負荷$\dot{Z} - 4 - j3$［Ω］を切り離し，ノートンインピーダンス$\dot{Z}_N$（$= \dot{Z}_T$［Ω］）およびノートン電流$\dot{I}_N$［A］を求めます．

$$\dot{I}_N = \frac{100 \angle 0°}{6 + j8} = 10 \angle -53.1°\,[A]$$

$$\dot{Z}_N = \frac{(6 + j8) \times (3 - j4)}{(6 + j8) + (3 - j4)} = 4.64 - j2.06 = 5.08 \angle -24°\,[Ω]$$

ノートンの定理を適用して，

$$\dot{I} = 10 \angle -53.1° \times \frac{5.08 \angle -24°}{(4.64 - j2.06) + (4 - j3)}$$
$$= 5.07 \angle -46.7°\,[A]$$

となります．

## ■ブリッジ回路の電流

問107 ブリッジ回路をテブナン電圧源に置き換えて，a–b端子間の抵抗$R = 80$［Ω］に流れる電流を求めなさい．

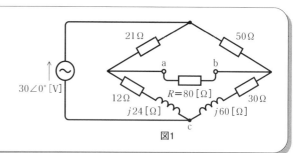

21Ω　50Ω　$30 \angle 0°$［V］　a　b　$R = 80$［Ω］　12Ω　$j24$［Ω］　30Ω　$j60$［Ω］　c

図1

【解説】

(1) テブナン電圧源を求めます．抵抗$R = 80$［Ω］を切り離したときのa–b端子間の電圧がテブナン電圧$\dot{E}_T$［V］です．

$$\dot{V}_{ac} = \frac{30 \angle 0°}{21 + (12 + j24)} \times (12 + j24) = 19.73 \angle 27.4°\,[V]$$

$$\dot{V}_{bc} = \frac{30 \angle 0°}{50 + (30 + j60)} \times (30 + j60) = 20.1 \angle 26.6° \text{ [V]}$$

であることから，

$$\dot{E}_T = \dot{V}_{ac} - \dot{V}_{bc}$$

$$= 19.73 \angle 27.4° - 20.1 \angle 26.6° = 0.493 \angle 170° \text{ [V]}$$

(2) テブナンインピーダンス$\dot{Z}_T$ [Ω]を求めます．電圧源は短絡します．

$$\dot{Z}_T = \frac{21 \times (12 + j24)}{21 + (12 + j24)} + \frac{50 \times (30 + j60)}{50 + (30 + j60)}$$

$$= 47.4 \angle 26.8° \text{ [Ω]}$$

したがって，テブナン電圧源は図2となります．

テブナン電圧源に$R = 80$ [Ω] を接続した
とき，流れる電流$\dot{I}$[A]は次のとおりです．

$$\dot{I} = \frac{0.493 \angle 170°}{47.4 \angle 26.8° + 80}$$

$$= 3.73 \angle 160° \text{ [mA]}$$

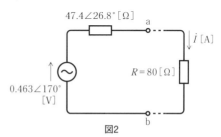

図2

## ■節点電圧法３

**問108** 図1に示す回路の節点
電圧 $\dot{V}_a$ を求めなさい．

図1

**【解説】** 図2に示すように，節点bを
接地（アース）したときの接点aの電
圧が$\dot{V}_a$ [V] と仮定し，各枝路には図
示の向きに電流$\dot{I}_1$, $\dot{I}_2$, $\dot{I}_3$ [A] が流れ
ているとします．

(1) 節点電圧$\dot{V}_a$ [V] が明らかになる
と，各枝路電流は次式で求めること
ができます．

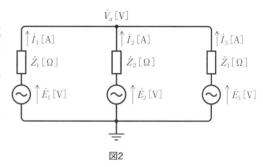

図2

$$\left.\begin{array}{l} \dot{I}_1 = \dfrac{\dot{E}_1 - \dot{V}_a}{\dot{Z}_1} \ [\mathrm{A}] \\[3mm] \dot{I}_2 = \dfrac{\dot{E}_2 - \dot{V}_a}{\dot{Z}_2} \ [\mathrm{A}] \\[3mm] \dot{I}_3 = \dfrac{\dot{E}_3 - \dot{V}_a}{\dot{Z}_3} \ [\mathrm{A}] \end{array}\right\} \tag{1}$$

(2) 節点電圧 $\dot{V}_a$ [V]を求めます．接点aに電流則を適用すると，次式を満たします．

$$\dot{I}_1 + \dot{I}_2 + \dot{I}_3 = 0 \tag{2}$$

上式に(1)式を代入します．

$$\frac{\dot{E}_1 - \dot{V}_a}{\dot{Z}_1} + \frac{\dot{E}_2 - \dot{V}_a}{\dot{Z}_2} + \frac{\dot{E}_3 - \dot{V}_a}{\dot{Z}_3} = 0 \tag{3}$$

上式の $\dot{E}_1$, $\dot{E}_2$, $\dot{E}_3$ [V] および $\dot{Z}_1$, $\dot{Z}_2$, $\dot{Z}_3$ [Ω] の値は与えられているとして，$\dot{V}_a$ [V]を求めると，

$$\left( \frac{1}{\dot{Z}_1} + \frac{1}{\dot{Z}_2} + \frac{1}{\dot{Z}_3} \right) \dot{V}_a = \left( \frac{\dot{E}_1}{\dot{Z}_1} + \frac{\dot{E}_2}{\dot{Z}_2} + \frac{\dot{E}_3}{\dot{Z}_3} \right) \tag{4}$$

上式から，節点電圧 $\dot{V}_a$ は，次式となります．

$$\dot{V}_a = \frac{\dfrac{\dot{E}_1}{\dot{Z}_1} + \dfrac{\dot{E}_2}{\dot{Z}_2} + \dfrac{\dot{E}_3}{\dot{Z}_3}}{\dfrac{1}{\dot{Z}_1} + \dfrac{1}{\dot{Z}_2} + \dfrac{1}{\dot{Z}_3}} \ [\mathrm{V}] \tag{5}$$

### ■節点電圧法4

問109 図に示す回路の枝路電流 $\dot{I}_1$, $\dot{I}_2$, $\dot{I}_3$ [A] を求めなさい．

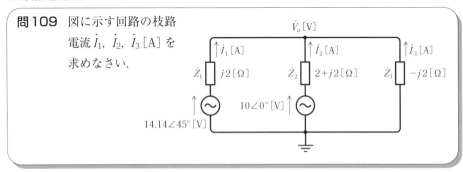

**【解説】** 前問の解説を適用し，節点aの電圧 $\dot{V}_a$ [V]を求めます．

$$\dot{V}_a = \frac{\dfrac{14.14 \angle 45°}{j2} + \dfrac{10 \angle 0°}{2 + j2} + \dfrac{0}{-j2}}{\dfrac{1}{j2} + \dfrac{1}{2 + j2} + \dfrac{1}{-j2}}$$

$$= \frac{10.61 \angle -45°}{0.354 \angle -45°} = 30 \angle 0° \text{ [V]}$$

節点電圧 $\dot{V}_a$ [V]が求められたところで，各枝路電流は次のようになります．

$$\dot{I}_1 = \frac{14.14 \angle 45° - 30}{j2} = 11.18 \angle 63.4° \text{[A]}$$

$$\dot{I}_2 = \frac{10 - 30}{2 + j2} = 7.07 \angle 135° \text{[A]}$$

$$\dot{I}_3 = \frac{0 - 30}{-j2} = 15 \angle -90° \text{[A]}$$

## ■負荷 Δ－Y 変換

> **問110** 図1の回路において、a-b端子間から見た合成インピーダンス $\dot{Z}$ [Ω]を求めなさい．
>
> $\dot{Z}$ [Ω] ⇒
>
>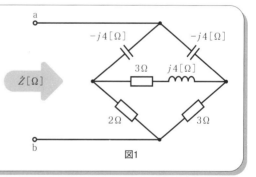
>
> 図1

**【解説】** a-b端子から見た合成インピーダンス $\dot{Z}$ [Ω] を求めたいのですが，回路は直列や並列接続の組合せにできません．さて，どんな方法で解決しますか．冷静に考えると，次の二つの方法が思い浮かびます．

**［方法1］** a-b端子間に電圧 $\dot{V} = 100 \angle 0°$ [V]を加え，a端子を流れる電流 $\dot{I}$ [A]を求め，その結果から，

$$\dot{Z} = \frac{\dot{V}}{\dot{I}} \text{ [Ω]}$$

**［方法2］** 図示のブリッジ回路には二つのΔ回路が存在します．どちらかのΔ回路を等価 Δ－Y 変換し，直並列回路にする．

　ここでは，［方法2］で解決することにしましょう．p.74で示した $\Delta-\mathrm{Y}$ 変換公式ですが，直流回路における変換公式の各抵抗 $R\,[\Omega]$ をインピーダンス $\dot{Z}\,[\Omega]$ に置き換えるだけでよいのです．

　交流回路における $\Delta-\mathrm{Y}$ 変換公式を示します．図2に示すように，$\Delta$ 回路のインピーダンスが $\dot{Z}_A$，$\dot{Z}_B$，$\dot{Z}_C\,[\Omega]$ が与えられたとき，等価Y回路の $\dot{Z}_a$，$\dot{Z}_b$，$\dot{Z}_c\,[\Omega]$ は次式で計算したものになります．

$$
\left.
\begin{aligned}
\dot{Z}_a &= \frac{\dot{Z}_B \cdot \dot{Z}_C}{\dot{Z}_A + \dot{Z}_B + \dot{Z}_C}\ [\Omega] \\[2mm]
\dot{Z}_b &= \frac{\dot{Z}_C \cdot \dot{Z}_A}{\dot{Z}_A + \dot{Z}_B + \dot{Z}_C}\ [\Omega] \\[2mm]
\dot{Z}_c &= \frac{\dot{Z}_A \cdot \dot{Z}_B}{\dot{Z}_A + \dot{Z}_B + \dot{Z}_C}\ [\Omega]
\end{aligned}
\right\}
\qquad (1)
$$

　上式が **$\Delta-\mathrm{Y}$ 変換公式** です．図2と関連づけて記憶するといいでしょう．$\dot{Z}_a$ を求める公式の分子は，$\dot{Z}_a$ を挟む $\dot{Z}_B$ と $\dot{Z}_C$ の積になっています．他の式も同様です．

　ところで，$\Delta$ 回路を構成するインピーダンスがすべて等しいとき，すなわち

$$\dot{Z}_\Delta = \dot{Z}_A = \dot{Z}_B = \dot{Z}_C\,[\Omega]$$

であるときは，

$$\dot{Z}_Y = \dot{Z}_a = \dot{Z}_b = \dot{Z}_c\,[\Omega]$$

であり，

$$\dot{Z}_Y = \frac{1}{3}\dot{Z}_\Delta\,[\Omega] \qquad \left(\mathrm{Y}\ \text{は}\ \Delta\ \text{の}\ \frac{1}{3}\right) \qquad (2)$$

です（図3）．

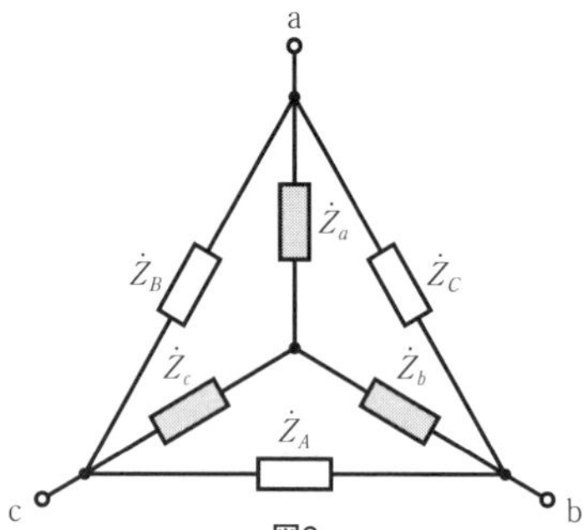

図2

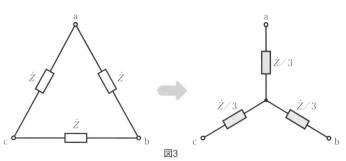

図3

## □負荷 Y－Δ 変換

つづいて，図2において，Y回路を構成するインピーダンス$\dot{Z}_a$, $\dot{Z}_b$, $\dot{Z}_c$ [Ω] が与えられたとき，等価Δ回路のインピーダンス$\dot{Z}_A$, $\dot{Z}_B$, $\dot{Z}_C$ [Ω]は，次式のようになります．

$$\left.\begin{aligned}
\dot{Z}_A &= \frac{\dot{Z}_a \cdot \dot{Z}_b + \dot{Z}_b \cdot \dot{Z}_c + \dot{Z}_c \cdot \dot{Z}_a}{\dot{Z}_a} \ [\Omega] \\[2mm]
\dot{Z}_B &= \frac{\dot{Z}_a \cdot \dot{Z}_b + \dot{Z}_b \cdot \dot{Z}_c + \dot{Z}_c \cdot \dot{Z}_a}{\dot{Z}_b} \ [\Omega] \\[2mm]
\dot{Z}_C &= \frac{\dot{Z}_a \cdot \dot{Z}_b + \dot{Z}_b \cdot \dot{Z}_c + \dot{Z}_c \cdot \dot{Z}_a}{\dot{Z}_c} \ [\Omega]
\end{aligned}\right\} \tag{3}$$

上式が**Y－Δ 変換公式**です．図2と関連づけて覚えておきましょう．

**Y回路を構成するインピーダンスがすべて等しいとき**，すなわち，

$$Z_Y = Z_a = Z_b = Z_c \, [\Omega]$$

であるときは，

$$\dot{Z}_\Delta = \dot{Z}_A = \dot{Z}_B = \dot{Z}_C \, [\Omega]$$

$$\boldsymbol{\dot{Z}_\Delta = 3\dot{Z}_Y \, [\Omega]} \qquad (\text{Δ は Y の 3 倍}) \tag{4}$$

となります(図4).

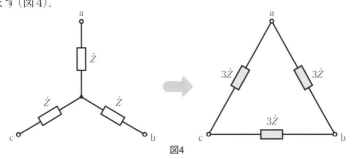

**図4**

Δ－Y変換公式を知ったところで，解答に移りましょう．

図1に示すブリッジ回路において，

$$\dot{Z}_A = 3 + j4 \, [\Omega], \quad \dot{Z}_B = -j4 \, [\Omega], \quad \dot{Z}_C = -j4 \, [\Omega]$$

はΔ回路を構成しています．これをY回路に変換します．

$$\Delta = \dot{Z}_A + \dot{Z}_B + \dot{Z}_C$$
$$= (3 + j4) + (-j4) + (-j4) = 3 - j4 = 5 \angle -53.1° \, [\Omega]$$

$$\dot{Z}_a = \frac{\dot{Z}_B \cdot \dot{Z}_C}{\Delta} = \frac{(-j4) \times (-j4)}{5 \angle -53.1°} = -1.92 - j2.56 = 3.2 \angle -127° \, [\Omega]$$

$$\dot{Z}_b = \frac{\dot{Z}_C \cdot \dot{Z}_A}{\Delta} = \frac{(-j4) \times (3 + j4)}{5 \angle -53.1°} = 3.84 + j1.12 = 4 \angle 16.2° \, [\Omega]$$

$$\dot{Z}_c = \frac{\dot{Z}_A \cdot \dot{Z}_B}{\Delta} = \frac{(\,3\,+j4\,) \times (\,-j4\,)}{5 \angle -53.1°}$$

$$= 3.84 + j1.12 = 4 \angle 16.2°\,[\Omega]$$

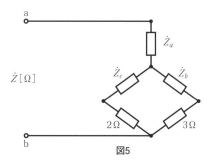

Y回路に変換したことによって，問題の回路は図5に示す回路と等価となります．a–b端子から見た回路が直並列回路になったところで，合成インピーダンス$\dot{Z}$を求めます．図5から，

$$\dot{Z} = \dot{Z}_a + \frac{(\,\dot{Z}_b + 3\,) \times (\,\dot{Z}_c + 2\,)}{(\,\dot{Z}_b + 3\,) + (\,\dot{Z}_c + 2\,)}$$

$$= (\,-1.92\,-\,j2.56\,) + \frac{(\,3.84 + j1.12 + 3\,) \times (\,3.84 + j1.12 + 2\,)}{(\,3.84 + j1.12 + 3\,) + (\,3.84 + j1.12 + 2\,)}$$

$$= 1.23\,-\,j2 = 2.34 \angle -58.4°\,[\Omega]$$

であります．

## ■Δ－Y負荷のインピーダンス

> **問111**　図1に示す回路のa–b端子から見た合成インピーダンス$\dot{Z}\,[\Omega]$を求めなさい．
>
>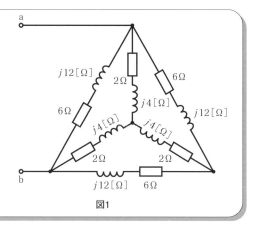
>
> 図1

**【解説】**　図1の回路はY回路とΔ回路で構成されていますが，次の方法で直並列回路にすることができます．

(1) Y回路をΔ回路に変換する．

(2) Δ回路をY回路に変換する．

　最初に(1)を実行することにしましょう．Y回路を構成しているインピーダンスはすべて等しく，

$$\dot{Z}_Y = 2 + j4\,[\Omega]$$

ですから，$Y - \Delta$変換公式を適用し，

$$\dot{Z}_\Delta = 3 \times \dot{Z}_Y = 3 \times (2 + j4)$$
$$= 6 + j12\,[\Omega]$$

ですから，Y回路は図2に示す$\Delta$回路に変換できます．

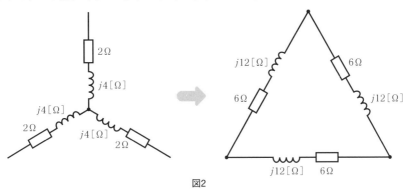

図2

したがって，図1の回路は図3に示す回路と等価です．

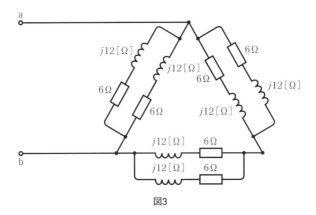

図3

a-b端子から見た合成インピーダンス$\dot{Z}\,[\Omega]$は，直並列回路であり，次のように求めることができます．

$\dot{Z}$は$\dfrac{6 + j12}{2}$と$2 \times \dfrac{6 + j12}{2}$の並列回路ですから，

$$\dot{Z} = \frac{(3 + j6) \times (6 + j12)}{(3 + j6) + (6 + j12)} = 2 + j4$$
$$= 4.47 \angle 63.4°\,[\Omega]$$

(2) $\Delta-Y$変換し，合成インピーダンス$\dot{Z}$を求めます．

$$\dot{Z}_\Delta = 6 + j12\,[\Omega]$$

で構成された$\Delta$回路に$\Delta-Y$変換公式を適用します．

$$\dot{Z}_Y = \frac{\dot{Z}_\Delta}{3} = \frac{1}{3} \times (6 + j12) = 2 + j4$$
$$= 4.47 \angle 63.4°\,[\Omega]$$

したがって，図4に示すように，$\Delta$回路はY回路に変換できます．

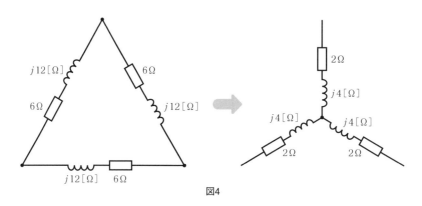

図4

図1の回路は，二つのY回路の並列接続となり，図5に示す回路と等価です．

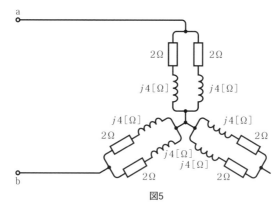

図5

a–b端子から見た合成インピーダンス$\dot{Z}\,[\Omega]$は次のように求まります．

$$\dot{Z} = \frac{2 + j4}{2} \times 2 = 2 + j4$$
$$= 4.47 \angle 63.4°\,[\Omega]$$

## ■最大消費電力定理

> **問112** 図1に示す回路において，a-b端子間に接続した負荷 $\dot{Z}_\ell$ [Ω] が最大電力を消費するとき，$\dot{Z}_\ell = R + jX$ [Ω] の値を求めなさい．

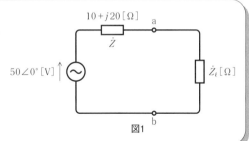

図1

**【解説】** 最大消費電力定理について説明しましょう．電圧 $\dot{E}$ [V]，内部インピーダンス $\dot{Z}_i = r + jx$ [Ω] である電圧源のa-b端子間に接続された負荷 $\dot{Z}_\ell$ [Ω] が最大電力を消費するのは，どんな値のときでしょうか．実は，負荷 $\dot{Z}_\ell$ [Ω] が，最大電力を消費するのは，電圧源の内部インピーダンス $\dot{Z}_i = r + jx$ [Ω] に関係し，**負荷 $\dot{Z}_\ell$ が電圧源の内部インピーダンス $\dot{Z}_i$ [Ω] の共役インピーダンスであるとき**，すなわち，

$$\dot{Z}_\ell = r - jx = \overline{\dot{Z}_i} \, [\Omega]$$

のとき，**最大電力を消費**します．

図2は負荷として，a-b端子間に共役インピーダンスを接続した状態を示しました．

負荷の電流 $\dot{I}$ [A] および最大消費電力 $P$ [W] を求めると，次のようになります．

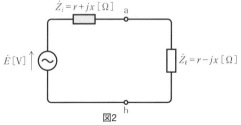

図2

$$\dot{I} = \frac{\dot{E}}{\dot{Z}_i + \dot{Z}_\ell} = \frac{\dot{E}}{2r} \, [\text{A}]$$

$$P = rI^2 = r \times \left(\frac{E}{2r}\right)^2 = \frac{E^2}{4r} \, [\text{W}]$$

です．

理論的背景を追ってみましょう．図3の回路において，$\dot{E}$ [V]，$\dot{Z} = r + jx$ [Ω] は一定，$R$ および $X$ は可変であるとします．

負荷に流れる電流 $\dot{I}$ [A] および負荷の消費電力 $P$ [W] を求めます．

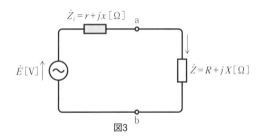

図3

$$\dot{I} = \frac{\dot{E}}{(r+jx)+(R+jX)} \ [\text{A}]$$

$$P = R\left\{\frac{E}{\sqrt{(r+R)^2+(x+X)^2}}\right\}^2 = R\left\{\frac{E^2}{(r+R)^2+(x+X)^2}\right\} \ [\text{W}]$$

です．電力$P$[W]を最大にする（分母を小さくする）ために，$x+X=0$，つまり$X=-x$[Ω]にします．すると，

$$P = R \times \frac{E^2}{(r+R)^2} = R \times \frac{E^2}{r^2+2rR+R^2} = \frac{E^2}{\dfrac{r^2}{R}+2r+R} \ [\text{W}]$$

となります．分母の2数の積$\dfrac{r^2}{R} \times R = r^2$が一定であることから，最小定理（p.47参照）を適用します．

$$\frac{r^2}{R} = R \quad \Rightarrow \quad R = r \ [\text{Ω}]$$

のとき，すなわち，

$$\dot{Z}_\ell = r - jx \ [\text{Ω}]$$

のとき，消費電力$P$[W]は最大になります．

　最大消費電力定理を理解したところで，与えられた問題に解答してみましょう．

　負荷$\dot{Z}_\ell$として，**内部インピーダンス$\dot{Z}$[Ω]と共役なインピーダンスを接続したとき，最大電力を消費する**ので，内部インピーダンス$\dot{Z}=10+j20$[Ω]であることから，

$$\dot{Z}_\ell = 10 - j20 \ [\text{Ω}]$$

の負荷を接続します．このとき負荷に流れる電流$I$は，次式です．

$$I = \frac{50}{20} = 2.5 \ [\text{A}]$$

　したがって，最大消費電力$P_{max}$は次のようになります．

$$P_{max} = 10 \times 2.5^2 = 62.5 \ [\text{W}]$$

### ■最大消費電力-1

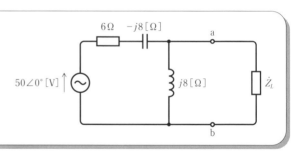

**問113**　図の回路において最大電力を消費するインピーダンス$\dot{Z}_L$[Ω]および最大消費電力$P_{max}$[W]を求めなさい．

【解説】 図の回路のa-b端子から見た電圧源側の電圧$\dot{E}$[V]およびインピーダンス$\dot{Z}$[Ω]を求めます.

$$\dot{E} = \frac{50 \angle 0°}{6 - j8 + j8} \times j8 = 66.7 \angle 90° \text{ [V]}$$

$$\dot{Z} = \frac{(6 - j8) \times j8}{(6 - j8) + j8} = 10.67 + j8 \text{[Ω]}$$

です. したがって, 最大電力を消費するためのインピーダンス$\dot{Z}_L$は,

$$\dot{Z}_L = 10.67 - j8 \text{[Ω]}$$

となります. このとき回路に流れる電流$\dot{I}$および最大消費電力$P_{max}$は次のようになります.

$$\dot{I} = \frac{66.7 \angle 90°}{(10.67 + j8) + (10.67 - j8)} = \frac{66.7 \angle 90°}{21.3} = 3.13 \angle 90° \text{ [A]}$$

$$P_{max} = 10.67 \times 3.13^2 = 104.5 \text{ [W]}$$

## ■最大消費電力-2

問114 図に示す回路において,負荷$R$[Ω]は可変抵抗である. 最大消費電力を得る$R$[Ω]および最大消費電力$P$[W]を求めなさい.

【解説】 図の回路を見るとき, a-b端子から電源側を見たインピーダンスは$\dot{Z} = 5 + j10$[Ω]であるのに対して, 負荷抵抗は$R$[Ω]だけです. したがって, 最大消費電力定理を適用することができません. 原点に戻って考えてみます.

$$\dot{E} = 100 \angle 0° \text{ [V]}$$

$$\dot{Z} = 5 + j10 \text{[Ω]}$$

の電圧源側に, 抵抗$R$[Ω]を接続したとき負荷に流れる電流$\dot{I}$は次式となります.

$$\dot{I} = \frac{100}{(5 + j10) + R} \text{ [A]}$$

$$I = \frac{100}{\sqrt{(5 + R)^2 + 10^2}} \text{ [A]}$$

したがって, $R$[Ω]の消費電力$P$は,

$$P = R \times \left( \frac{100}{\sqrt{(5+R)^2 + 10^2}} \right)^2 = R \times \frac{100^2}{(5+R)^2 + 10^2}$$

$$= R \times \frac{100^2}{125 + 10R + R^2} = \frac{100^2}{\frac{125}{R} + 10 + R} \ [\mathrm{W}]$$

分母2数の積 $\left( \frac{125}{R} \right) \times R = 125$（一定）であり，最小定理を適用します．

$$\frac{125}{R} = R \ \Rightarrow \ R = \sqrt{125} = 11.18 \ [\Omega]$$

のとき分母が最小で，最大電力 $P$ は次式となります．

$$P = \frac{100^2}{\frac{125}{11.18} + 10 + 11.18} = 309 \ [\mathrm{W}]$$

## ■可逆の定理-1

問115　図(a)および(b)に示す回路において，電流 $\dot{I}_B$ [A]および $\dot{I}_A$ [A]を求め，可逆の定理が成り立つことを確かめなさい．

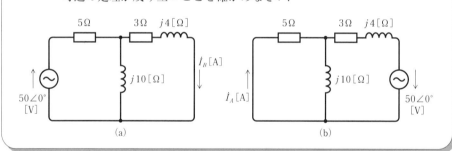

(a)　　　　　　　　　　　　(b)

【解説】　可逆の定理について説明しましょう．図(a)に示す回路網の枝路電流 $\dot{I}_B$ [A]は，図(b)に示す回路の枝路電流 $\dot{I}_A$ [A]に等しい，というのが可逆の定理です．

　さっそく，可逆の定理を確かめてみることにします．図(a)回路の電流 $\dot{I}_B$ [A]を求めます．

$$\dot{Z}_A = 5 + \frac{j10 \times (3+j4)}{j10 + (3+j4)} = 6.46 + j3.17 = 7.2 \angle 26.1° \ [\Omega]$$

$$\dot{I}_B = \frac{50}{7.2 \angle 26.1°} \times \frac{j10}{j10 + (3+j4)} = 6.94 \angle -26.1° \times 0.698 \angle 12°$$

$$= 4.85 \angle -14° \ [\mathrm{A}] \tag{1}$$

同様に，図(b)回路の電流 $\dot{I}_A$ [A]を求めます．

$$\dot{Z}_B = ( \, 3 + j4 \, ) + \frac{5 \times j10}{5 + j10} \ = \ 7 + j6 = 9.22 \angle 40.6° \,[\Omega]$$

$$\dot{I}_A = \frac{50}{7 + j6} \times \frac{j10}{5 + j10} \ = \ 4.85 \angle -14° \,[\text{A}] \tag{2}$$

$\dot{I}_A = \dot{I}_B$ となり，可逆の定理が確かめられました．

## ■可逆の定理-2

問116　図 (a) に示す回路の電流 $\dot{I}_c$[A]，および図 (b) に示す回路の電流 $\dot{I}_a$[A] を求め，可逆の定理を確かめなさい．

(a)　　　　　　　　　　　(b)

**【解説】**　図 (a) 回路の各閉回路に流れるループ電流 $\dot{I}_a$, $\dot{I}_b$ [A] および $\dot{I}_c$ [A] が時計の向きに流れているとすると，次式を得ます．

$$\begin{vmatrix} 10 + j5 & -j5 & 0 \\ -j5 & 10 & j5 \\ 0 & j5 & 5-j5 \end{vmatrix} \begin{vmatrix} \dot{I}_a \\ \dot{I}_b \\ \dot{I}_c \end{vmatrix} = \begin{vmatrix} 100 \angle 45° \\ 0 \\ 0 \end{vmatrix}$$

上式から，$\dot{I}_c$ を求めます．

$$\dot{I}_c = \frac{\begin{vmatrix} 10 + j5 & -j5 & 100 \angle 45° \\ -j5 & 10 & 0 \\ 0 & j5 & 0 \end{vmatrix}}{\begin{vmatrix} 10 + j5 & -j5 & 0 \\ -j5 & 10 & j5 \\ 0 & j5 & 5-j5 \end{vmatrix}}$$

$$\dot{I}_c = \frac{2,500 \angle 45°}{1,152 \angle -12.53°} \ = \ 2.17 \angle 57.5° \,[\text{A}]$$

同様にして，図 (b) 回路から次の方程式を得ます．

$$\begin{vmatrix} 10+j5 & -j5 & 0 \\ -j5 & 10 & j5 \\ 0 & j5 & 5-j5 \end{vmatrix} \begin{vmatrix} \dot{I}_a \\ \dot{I}_b \\ \dot{I}_c \end{vmatrix} = \begin{vmatrix} 0 \\ 0 \\ 100\angle 45° \end{vmatrix}$$

上式から，電流$\dot{I}_a$を求めます.

$$\dot{I}_a = \frac{\begin{vmatrix} 0 & -j5 & 0 \\ 0 & 10 & j5 \\ 100\angle 45° & j5 & 5-j5 \end{vmatrix}}{\begin{vmatrix} 10+j5 & -j5 & 0 \\ -j5 & 10 & j5 \\ 0 & j5 & 5-j5 \end{vmatrix}}$$

$$\dot{I}_a = \frac{2,500\angle 45°}{1,152\angle -12.5°} = 2.17\angle 57.5°\ [\text{A}]$$

こうして可逆の定理が確かめられました.

もし，連立方程式を解くのが面倒ならば，直並列回路として取り扱うこともできます.

### ■ひずみ波回路

> **問117**　ひずみ波電圧および，ひずみ波電流を表す瞬時値式について説明しなさい.

【解説】　これまでに直流回路および交流回路について研究してきました．交流回路では，単一周波数の正弦波電圧と電流の関係を取り扱いました．しかしながら，電気回路では単一周波数成分だけではなく，直流や複数の周波数成分が混じり合った電圧・電流が存在します．このような混じり合った電圧・電流を**ひずみ波電圧・ひずみ波電流**と呼んでいます.

ひずみ波電圧・電流は，下式のように混じり合った成分の和の形で表します.

$$v = V_0 + \sqrt{2}\ V_1 \sin(\omega t + \alpha_1) + \sqrt{2}\ V_2 \sin(2\omega t + \alpha_2)$$
$$\qquad + \sqrt{2}\ V_3 \sin(3\omega t + \alpha_3) + \cdots\ [\text{V}]$$
$$i = I_0 + \sqrt{2}\ I_1 \sin(\omega t + \beta_1) + \sqrt{2}\ I_2 \sin(2\omega t + \beta_2)$$
$$\qquad + \sqrt{2}\ I_3 \sin(3\omega t + \beta_3) + \cdots\ [\text{A}]$$

ここで，$V_0$, $I_0$：直流分，$V_1$, $V_2$, $V_3$, $I_1$, $I_2$, $I_3$：実効値です.

　この式のように表されたひずみ波電圧・電流の$V_0$, $I_0$を**直流分**，また，複数の周波数成分のうち最も低い周波数成分を**基本波**，その2倍，3倍，…の周波数成分を**第2高調波**，**第3高調波**…と呼びます．

　このように複数の成分を含む電圧と電流の関係を解析していくときは，**重ね合わせの理**をよりどころに進めていくことになります．

## ■ひずみ波の波形

**問118** 図1および図2を参照し，次式で示すひずみ波電圧の波形を描きなさい．

$$v = 12 \sin(\omega t) + 4 \sin(3\omega t) \,[\text{V}]$$

$$(ただし，\omega = 314\,[\text{rad/s}])$$

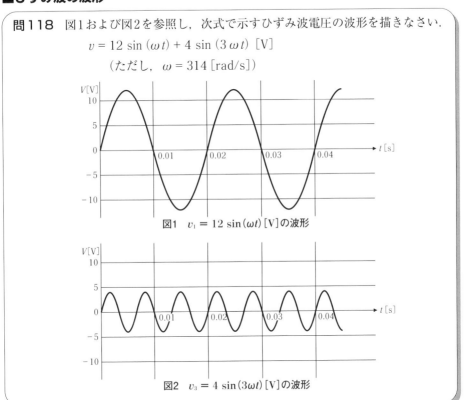

図1　$v_1 = 12 \sin(\omega t)\,[\text{V}]$ の波形

図2　$v_3 = 4 \sin(3\omega t)\,[\text{V}]$ の波形

**【解説】**　ひずみ波電圧$v$は，基本波と第3高調波の和になっています．基本波の角速度$\omega = 314\,[\text{rad/s}]$であることから，

　　周波数 $f = \dfrac{\omega}{2\pi} = 50\,[\text{Hz}]$

　　周　期 $T = \dfrac{1}{f} = \dfrac{1}{50} = 0.02\,[\text{s}] = 20\,[\text{ms}]$

です．第3高調波の周波数は基本波の3倍,周期は1/3倍であることに留意してください.

　図1の基本波$v_1$と図2の第3高調波$v_3$の波形を加えてください．加えた結果が，与えられたひずみ波電圧$v$[V]の波形です．

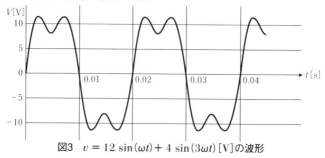

図3　$v = 12\sin(\omega t) + 4\sin(3\omega t)$[V]の波形

## ■ひずみ波回路の電圧と電流

**問119**　図1に示す回路に加わる電圧が次式である．

$$v = 100\sqrt{2}\,\sin(\omega t) + 40\sqrt{2}\,\sin(3\omega t)\ [\text{V}]$$

回路に流れる電流$i$[A]を求めなさい．ただし，$\omega = 314$[rad/s]．

　ここで，表示したインピーダンスは基本波に対する値とする．

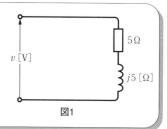

図1

**【解説】**　加える電圧は，基本波と第3高調波の和です．基本波に対するインピーダンス$Z_1$[Ω]は，

$$\dot{Z}_1 = 5 + j5 = 7.07 \angle 45°\ [\Omega]$$

です．また，第3高調波に対するインピーダンス$Z_3$[Ω]は，

$$\dot{Z}_3 = 5 + j(3 \times 5) = 15.81 \angle 71.6°\ [\Omega]$$

です．

　基本波電流$\dot{I}_1$[A]および第3高調波電流$\dot{I}_3$[A]を求めます．

$$\dot{I}_1 = \frac{100}{7.07 \angle 45°} = 14.14 \angle -45°\ [\text{A}]$$

$$\dot{I}_3 = \frac{40}{15.81 \angle 71.6°} = 2.53 \angle -71.6°\ [\text{A}]$$

したがって，回路に流れる電流$i$[A]は，

$$i = 14.14\sqrt{2}\,\sin(\omega t - 45°) + 2.53\sqrt{2}\,\sin(3\omega t - 71.6°)\ [\text{A}]$$

となります．

　電圧$v$[V]と電流$i$[A]の波形を図2および図3に示します．

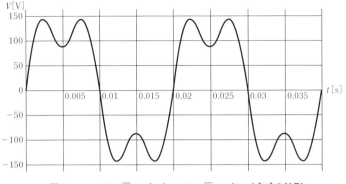

図2　$v = 100\sqrt{2}\sin(\omega t) + 40\sqrt{2}\sin(3\omega t)$ [V] の波形

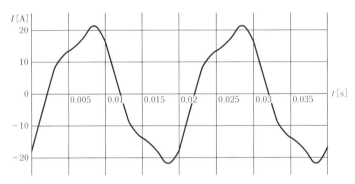

図3　$i = 14.14\sqrt{2}\sin(\omega t - 45°) + 2.53\sqrt{2}\sin(3\omega t - 71.6°)$ [A] の波形

## ■ひずみ波電圧・電流の実効値

問120　次式で表されるひずみ波電圧・電流の実効値を求めなさい.

$$v = V_0 + \sqrt{2}\,V_1\sin(\omega t + \alpha_1) + \sqrt{2}\,V_2\sin(2\omega t + \alpha_2)$$
$$\qquad + \sqrt{2}\,V_3\sin(3\omega t + \alpha_3)\,[\text{V}] \tag{1}$$
$$i = I_0 + \sqrt{2}\,I_1\sin(\omega t + \beta_1) + \sqrt{2}\,I_2\sin(2\omega t + \beta_2)$$
$$\qquad + \sqrt{2}\,I_3\sin(3\omega t + \beta_3)\,[\text{A}] \tag{2}$$

ただし，$V_0$, $I_0$：直流分

$V_1$, $V_2$, $V_3$, $I_1$, $I_2$, $I_3$：実効値

**【解説】**　ひずみ波電圧・電流が上式のように直流分および各調波の和で与えられたとき，ひずみ波電圧の実効値 $V$ [V]，およびひずみ波電流の実効値 $I$ [A] は次式で与えられます.

ひずみ波電圧の実効値 $V = \sqrt{V_0^2 + V_1^2 + V_2^2 + V_3^2}$　[V]　　　　(3)

ひずみ波電流の実効値 $I = \sqrt{I_0^2 + I_1^2 + I_2^2 + I_3^2}$　　[A]　　　　(4)

すなわち，**ひずみ波の実効値は各成分の実効値の2乗の和の平方根**です．

ひずみ波電圧・電流の実効値を求める公式がどうして上の2式となるのか？と質問が出そうですが，もともと**実効値**は「**瞬時値の2乗の1サイクル間の平均の平方根**」であり，次式のように積分を含む式で定義されているのです．

$$V = \sqrt{\frac{1}{2\pi}\int_0^{2\pi} v^2\, d\theta}\ [\text{V}] \qquad I = \sqrt{\frac{1}{2\pi}\int_0^{2\pi} i^2\, d\theta}\ [\text{A}] \qquad (\omega t = \theta \text{ として})$$

上式の定義に従って，与式を積分した結果が(3)および(4)式となるのです．したがって，(3)および(4)式が実効値を求める公式であると記憶してください．

## ■ひずみ波電流の実効値計算

**問121**　図1の回路に流れる電流 $i$ [A]および実効値を求めなさい．
　　　　ただし，インピーダンスは基本波に対する値とする．

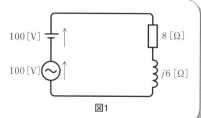

**図1**

【解説】　回路に加わっている電圧は直流と基本波電圧の和です．それぞれの電圧が単独に加わっている場合の電流を求め，**重ね合わせの理を適用**します．

　　$R = 8\,[\Omega]$　　　　$\dot{Z}_1 = 8 + j6 = 10\angle 36.9°\,[\Omega]$

電流を求めます．

$$I_0 = \frac{100}{8}\ \ = 12.5\,[\text{A}]$$

$$\dot{I}_1 = \frac{100}{10\angle 36.9°} = 10\angle -36.9°\,[\text{A}]$$

したがって，回路に流れる電流 $i$ は，

　　$i = 12.5 + 10\sqrt{2}\,\sin(\omega t - 36.9°)\,[\text{A}]$

です．よって，電流の実効値 $I$ は，

　　$I = \sqrt{12.5^2 + 10^2} = 16\,[\text{A}]$

です．

## ■ひずみ波回路の皮相電力，消費電力，力率

**問122** 回路に加えた電圧 $v$ [V]，流れる電流 $i$ [A]が次式であるとする.

$$v = V_0 + \sqrt{2}\,V_1 \sin(\omega t) + \sqrt{2}\,V_2 \sin(2\omega t)$$
$$+ \sqrt{2}\,V_3 \sin(3\omega t)\ [\text{V}]$$
$$i = I_0 + \sqrt{2}\,I_1 \sin(\omega t - \beta_1) + \sqrt{2}\,I_2 \sin(2\omega t - \beta_2)$$
$$+ \sqrt{2}\,I_3 \sin(3\omega t - \beta_3)\ [\text{A}]$$

このときの以下の(1)～(4)の値を求めなさい.

(1) 電圧および電流の実効値 $V$ [V]，$I$ [A]

(2) 全消費電力 $P$ [W]

(3) 皮相電力 $S$ [VA]

(4) 力率 $\cos\theta$

**【解説】** 題意より回路に加えた電圧には直流，基本波，第2高調波，第3高調波が含まれています. したがって，流れる電流にもそれらの成分が含まれます.

(1) 実効値を求めます.

**ひずみ波電圧の実効値** $V = \sqrt{V_0^2 + V_1^2 + V_2^2 + V_3^2}$ [V]

**ひずみ波電流の実効値** $I = \sqrt{I_0^2 + I_1^2 + I_2^2 + I_3^2}$ [A]

(2) 消費電力を求めます.

全消費電力は直流分，基本波，各調波分の消費電力の和です. すなわち，

**直流分** $P_0 = V_0 I_0$ [W]

**基本波成分** $P_1 = V_1 I_1 \cos\beta_1$ [W]

**第2高調波分** $P_2 = V_2 I_2 \cos\beta_2$ [W]

**第3高調波分** $P_3 = V_3 I_3 \cos\beta_3$ [W]

であり，全消費電力は上式のすべての和となります.

**全消費電力** $P = P_0 + P_1 + P_2 + P_3$ [W]

異なる周波数間の電力は0であることを確かめてください.

(3) 皮相電力は，電圧実効値と電流実効値の積であり，

$$S = VI\ [\text{VA}]$$

となります.

(4) ひずみ波回路の力率は，下式であります.

$$\cos\theta = \frac{P}{VI}$$

### ■ひずみ波回路の消費電力-1

> **問123**　電気回路に加わる電圧 $v$ [V]および流れる電流 $i$ [A]が次式であった.
>
> $$v = 100\sqrt{2}\,\sin\left(\omega t\right) + 10\sqrt{2}\,\sin\left(3\omega t + \frac{\pi}{3}\right)\ [\text{V}]$$
>
> $$i = 40\sqrt{2}\,\sin\left(\omega t - \frac{\pi}{6}\right) + 5\sqrt{2}\,\sin\left(3\omega t + \frac{\pi}{12}\right)\ [\text{A}]$$
>
> このときの消費電力を求めなさい.

**【解説】**　基本波の消費電力 $P_1$ および第3高調波の消費電力 $P_3$ を求めます.

$$P_1 = 100 \times 40\,\cos\left(\frac{\pi}{6}\right) = 3{,}464\,[\text{W}]$$

$$P_3 = 10 \times 5 \times \cos\left(\frac{\pi}{3} - \frac{\pi}{12}\right) = 35.4\,[\text{W}]$$

全消費電力 $P$ は,

$$P = 3{,}464 + 35 = 3{,}500\,[\text{W}] = 3.5\,[\text{kW}]$$

となります.

### ■ひずみ波回路の消費電力-2

> **問124**　抵抗 $R = 5$ [Ω]と基本波に対する誘導リアクタンス $\omega L = 2$ [Ω]との直列
> 回路に次式の電圧を加えた.
>
> $$v = 200\sqrt{2}\ V_1\,\sin\left(\omega t\right) + 50\sqrt{2}\,\sin\left(3\omega t\right) + 30\sqrt{2}\,\sin\left(5\omega t\right)[\text{V}]$$
>
> このときの回路の消費電力および力率を求めなさい.

**【解説】**

(1) 基本波, 第3高周波, 第5高周波に対するインピーダンスを求めます.

$$\dot{Z}_1 = 5 + j2 = 5.39\angle 21.8°\,[\Omega]$$

$$\dot{Z}_3 = 5 + j(2 \times 3) = 7.81\angle 50.2°\,[\Omega]$$

$$\dot{Z}_5 = 5 + j(2 \times 5) = 11.18\angle 63.4°\,[\Omega]$$

(2) 基本波および各調波の電流を求めます.

$$\dot{I}_1 = \frac{200}{5.39\angle 21.8°} = 37.1\angle -21.8°\,[\text{A}]$$

$$\dot{I}_3 = \frac{50}{7.81\angle 50.2°} = 6.40\angle -50.2°\,[\text{A}]$$

$$\dot{I}_5 = \frac{30}{11.18\angle 63.4°} = 2.68\angle -63.4°\,[\text{A}]$$

(3) 基本波および各調波の消費電力を求めます.

$P_1 = 200 \times 37.1 \times \cos 21.8° = 6,889\,[\text{W}]$

$P_3 = \phantom{0}50 \times \phantom{0}6.4 \times \cos 50.2° = 205\,[\text{W}]$

$P_5 = \phantom{0}30 \times 2.68 \times \cos 63.4° = 36\,[\text{W}]$

したがって,全消費電力$P$は,

$P = 6,889 + 205 + 36 = 7,130\,[\text{W}]$

(4) 電圧および電流の実効値を求めます.

$V = \sqrt{200^2 + 50^2 + 30^2} = 208.3\,[\text{V}]$

$I = \sqrt{37.1^2 + 6.4^2 + 2.68^2} = 37.7\,[\text{A}]$

(5) 力率を求めます.

$\cos\theta = \dfrac{P}{VI} = \dfrac{7,130}{208.3 \times 37.7} = 0.91$

## ■ひずみ波回路の消費電力-3

問125 図1の回路に次式の電圧を加えた.

$v = 100\sin(\omega t) + 25\sin(3\omega t)\,[\text{V}]$

次の値を求めなさい.

(ただし,$\omega = 314\text{rad/s}$)

(1) 消費電力

(2) 力率

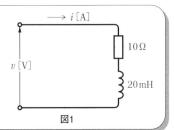

図1

【解説】

(1) 基本波および第3高調波に対するインピーダンスを求めます.

$\dot{Z}_1 = 10 + j(314 \times 20 \times 10^{-3}) = 10 + j6.28 = 11.81\angle 32.1°\,[\Omega]$

$\dot{Z}_3 = 10 + j(3 \times 6.28) = 21.3\angle 62.0°\,[\Omega]$

基本波および第3高調波電流を求めます.

$\dot{I}_1 = \dfrac{100/\sqrt{2}}{11.81\angle 32.1°} = 6.0\angle -32.1°\,[\text{A}]$

$\dot{I}_3 = \dfrac{25/\sqrt{2}}{21.3\angle 62.0°} = 0.83\angle -62.0°\,[\text{A}]$

各調波電力および全消費電力を求めます.

$P_1 = RI_1^2 = 10 \times \phantom{0}6.0^2 = 360\,[\text{W}]$

$P_3 = RI_3^2 = 10 \times 0.83^2 = \phantom{0}6.9\,[\text{W}]$

$P \phantom{_3}= P_1 + P_3 = \phantom{0}367\,[\text{W}]$

(2) 電圧および電流の実効値を求めます. $V = \dfrac{1}{\sqrt{2}}\sqrt{100^2 + 25^2} = 73\,[\text{V}]$

$$I = \sqrt{6.0^2 + 0.83^2} = 6.06 \,[\mathrm{A}]$$

ひずみ波回路の力率は,

$$\cos \theta = \frac{P}{VI} = \frac{367}{73 \times 6.06} = 0.83$$

です.

## ■ひずみ波回路の消費電力-4

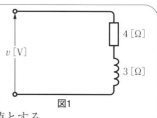

**問126** 図1の回路に次式の電圧を加えた.

$$v = 200 \sin (\omega t)$$
$$+ 50 \sin (3\omega t)$$
$$+ 30 \sin (5\omega t)$$

(1) 消費電力, および(2)力率を求めなさい.

ただし, インピーダンスは基本波に対する値とする.

図1

**【解説】** 各調波に対するインピーダンスを求めます.

$$\dot{Z}_1 = 4 + j3 = 5 \angle 36.9° \,[\Omega]$$
$$\dot{Z}_3 = 4 + j(3 \times 3) = 9.85 \angle 66° \,[\Omega]$$
$$\dot{Z}_5 = 4 + j(5 \times 3) = 15.52 \angle 75° \,[\Omega]$$

各調波電流を求めます.

$$\dot{I}_1 = \frac{200/\sqrt{2}}{5 \angle 36.9°} = 28.3 \angle -36.9° \,[\mathrm{A}]$$
$$\dot{I}_3 = \frac{50/\sqrt{2}}{9.85 \angle 66°} = 3.60 \angle -66° \,[\mathrm{A}]$$
$$\dot{I}_5 = \frac{30/\sqrt{2}}{15.52 \angle 75°} = 1.367 \angle -75° \,[\mathrm{A}]$$

各調波の電力および全消費電力を求めます.

$$P_1 = 4 \times 28.3^2 = 3{,}204 \,[\mathrm{W}]$$
$$P_3 = 4 \times 3.6^2 = 51.8 \,[\mathrm{W}]$$
$$P_5 = 4 \times 1.367^2 = 7.5 \,[\mathrm{W}]$$
$$P = P_1 + P_3 + P_5 = 3{,}263 \,[\mathrm{W}]$$

電圧および電流の実効値を求めます.

$$V = \frac{1}{\sqrt{2}} \sqrt{200^2 + 50^2 + 30^2} = 147.3 \,[\mathrm{V}]$$

$$I = \sqrt{28.3^2 + 3.6^2 + 1.37^2} = 28.6 \,[\mathrm{A}]$$

力率を求めます.

$$\cos \theta = \frac{P}{VI} = \frac{3{,}263}{147.3 \times 28.6} = 0.775$$

したがって, 力率は77.5%となります.

# 4章　自習問題　（1〜43）

解答 → 303〜309頁

**問4-1**　図に示す回路の電圧 $\dot{V}$ [V]を求めなさい.

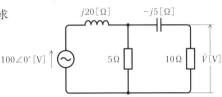

**問4-2**　図に示す回路の枝路電流 $i_1$, $i_2$, $i_3$ [A]（瞬時値式）を求めなさい.

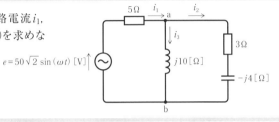

**問4-3**　図に示す回路の電流 $\dot{I}$ [A]および電圧 $\dot{V}$ [V]を求めなさい.

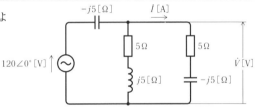

**問4-4**　図に示す回路の電流 $\dot{I}_1$, $\dot{I}_2$および $\dot{I}_3$ [A]を求めなさい.

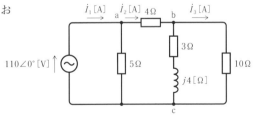

**問4-5**　図の回路において，a–b端子から見た力率を0.8にしたい. そのために必要なリアクタンス $jX$ [Ω]を求めなさい.

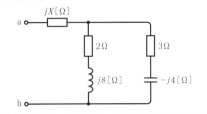

**問4-6** 図に示した回路において、インピーダンス $\dot{Z} = 2 + j3\,[\Omega]$ に流れる電流が0になる電圧 $\dot{E}\,[\text{V}]$ を求めなさい。

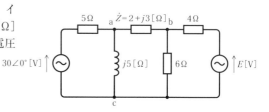

**問4-7** 図に示した回路において、電源が供給する電力を求めなさい。

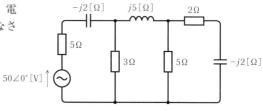

**問4-8** 図に示す回路の枝路電流 $\dot{I}_1$, $\dot{I}_2$ および $\dot{I}_3\,[\text{A}]$ を求めなさい。

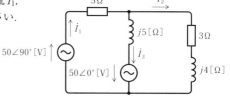

**問4-9** 図に示す回路の電流 $\dot{I}\,[\text{A}]$ を求めなさい。

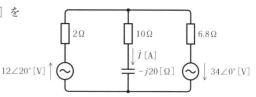

**問4-10** 図に示す回路の各枝路電流を求めなさい。

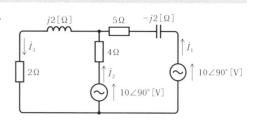

**問4-11** 図に示す回路の全消費電力$P$ [W]を求めなさい.

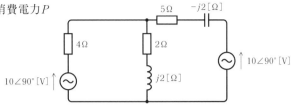

**問4-12** 図に示す回路における枝路電流$\dot{I}_1$, $\dot{I}_2$, $\dot{I}_3$, $\dot{I}_4$および$\dot{I}_5$ [A]を求めなさい.

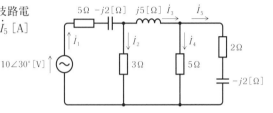

**問4-13** 図に示す回路の全消費電力$P$ [W]を求めなさい.

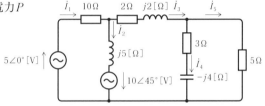

**問4-14** 図に示す回路の電位$\dot{V}$ [V]を求め,枝路電流$\dot{I}_1$, $\dot{I}_2$, $\dot{I}_3$ [A]を求めなさい.

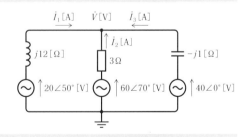

**問4-15** 図に示す回路の枝路電流$\dot{I}_1$, $\dot{I}_2$, $\dot{I}_3$ [A]を求めなさい.

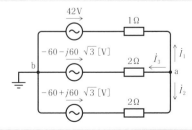

**問4-16** 図に示す回路における節点電圧 $\dot{V}_1$ [V] および $\dot{V}_2$ [V] を求めなさい.

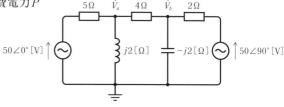

**問4-17** 図に示す回路の全消費電力 $P$ [W]を求めなさい.

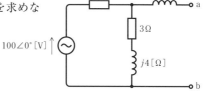

**問4-18** 図に示す回路のa–b端子から見たテブナン電圧源を求めなさい.

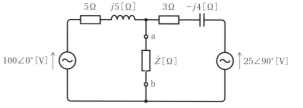

**問4-19** 図に示す回路において,a–b端子間に接続する負荷が最大電力を消費する $\dot{Z}$ [Ω] および最大電力 $P$ [W]を求めなさい.

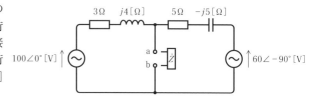

**問4-20** 図に示す回路のa–b端子間に負荷 $\dot{Z}=4+j3$ [Ω]を接続したとき,負荷の消費電力 $P$ [W] を求めなさい.

**問4-21**　図に示す回路のa–b端子から見たノートン電流源を求めなさい.

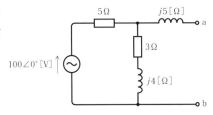

**問4-22**　図に示す回路において, 最大電力を消費する負荷$\dot{Z}$[Ω]および最大電力$P$[W]を求めなさい.

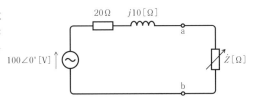

**問4-23**　図に示す回路において, 最大電力を消費する負荷インピーダンス$\dot{Z}$[Ω]および負荷の最大消費電力$P$[W]を求めなさい.

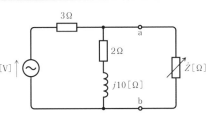

**問4-24**　図に示す回路において,
$\dot{Z}_A = 5 + j15$ [Ω]
$\dot{Z}_B = 15 - j5$ [Ω]
$\dot{Z}_C = 10 + j30$ [Ω]
である. 等価なY結線回路を求めなさい.

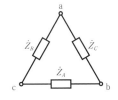

**問4-25**　Δ–YまたはY–Δ変換公式を用いて, 図に示す回路の全インピーダンス$\dot{Z}$[Ω]および電流$\dot{I}$[A]を求めなさい.

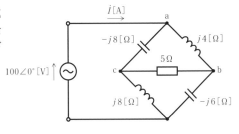

**問4-26**　Δ－YまたはY－Δ変換公式を用いて，図に示す回路の電流 $\dot{i}$ [A] を求めなさい.

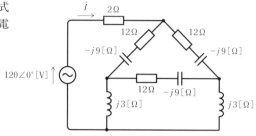

**問4-27**　図に示す回路のa-b端子から見たインピーダンス $\dot{Z}$ [Ω] および電流 $\dot{i}$ [A] を求めなさい.

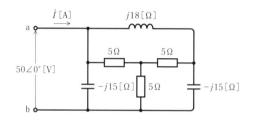

**問4-28**　図に示す回路のa-b端子間から見た合成インピーダンス $\dot{Z}$ [Ω] および電流 $\dot{i}$ [A] を求めなさい.

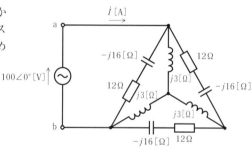

**問4-29**　図に示すように，$\dot{Z}_d = 12\angle 30°$ [Ω] のΔ回路と $\dot{Z}_y = 4\angle -45°$ [Ω] のY回路で構成された回路がある.

等価なY結線回路を求めなさい.

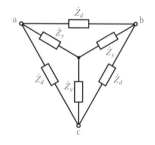

**問4-30** 図に示すブリッジ回路は平衡している．未知である$R_x$[Ω]および$L_x$[H]を求めなさい．

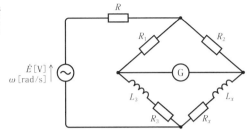

**問4-31** 図に示すマックスウェルブリッジは平衡している．未知である$R_x$[Ω]および$L_x$[H]を求めなさい．

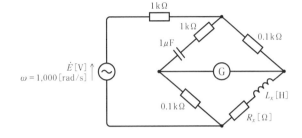

**問4-32** 図(a)および図(b)に示す回路の電流$\dot{I}_1$[A]および$\dot{I}_2$[A]を求め，可逆の定理を確かめなさい．

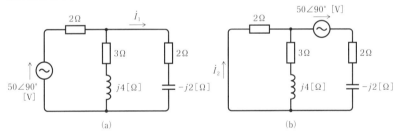

**問4-33** 図(a)および図(b)に示す回路の電流$\dot{I}_1$[A]および$\dot{I}_2$[A]を求め，可逆の定理を確かめなさい．

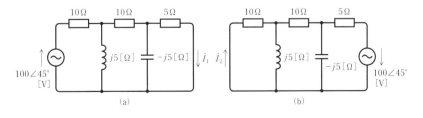

**問4-34**　図1，2，3を参照し，次式で表すひずみ波電流 $i$ [A]の波形を描きなさい．

$$i = 5 - 3 \sin(\omega t) - 1.5 \sin(2\omega t) \, [A]$$

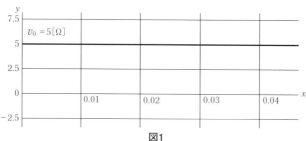

図1

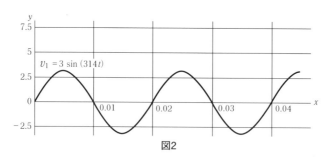

図2

図3

**問4-35**　図の回路に次式の電圧 $v$ [V]が加えられている．

$$v = 100 + 50 \sin(\omega t) + 20 \sin(3\omega t) \, [V]$$

回路に流れる電流 $i$ [A]を求めなさい．

ただし，インピーダンスは基本波に対する値とする．

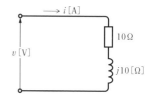

**問4-36** 図の回路における電流 $i$ [A] および消費電力 $P$ [W] を求めなさい．

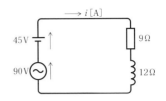

**問4-37** 図に示す回路の枝路電流 $i$ [A] （瞬時値式）を求めなさい．

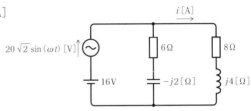

**問4-38** 図の回路に次式の電圧を加えた．

$$v = 100\sqrt{2}\sin(\omega t) + 60\sqrt{2}\sin(3\omega t) \text{[V]}$$

回路に流れる電流 $i$ [A] を求め，電圧・電流の波形を描きなさい．

ただし，インピーダンスは基本波に対する値とする．

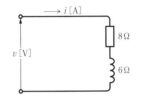

**問4-39** 図の回路に次式の電圧を加えた．

$$v = 170\sqrt{2}\sin(\omega t) + 85\sqrt{2}\sin(3\omega t) \text{[V]}$$

次の値を求めなさい．
(1) 電圧の実効値　　(2) 電流の実効値
(3) 皮相電力　　　　(4) 全消費電力

ただし，インピーダンスは基本波に対する値とする．

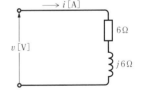

**問4-40** 図の回路に加わる電圧が次式である．

$$v = 4 + 20\sqrt{2}\sin(\omega t)$$
$$+ 10\sqrt{2}\sin(3\omega t) \text{[V]}$$

次の値を求めなさい．
(1) 回路に流れる電流 $i$ [A]　(2) 電圧の実効値
(3) 電流の実効値　　　　　　(4) 消費電力

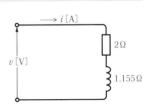

**問4-41**　回路に加わる電圧 $v$ [V] および流れる電流 $i$ [A] が次式である.

$$v = 100 \sin (\omega t) + 50 \sin \left( 3\omega t - \frac{\pi}{6} \right) \ [\text{V}]$$

$$i = 20 \sin \left( \omega t - \frac{\pi}{6} \right) + 17.32 \sin \left( 3\omega t + \frac{\pi}{6} \right) \ [\text{A}]$$

次の値を求めなさい.

(1) 電圧の実効値

(2) 電流の実効値

(3) 皮相電力

(4) 全有効電力

(5) 回路の力率

---

**問4-42**　電気回路に加えた電圧 $v$ [V] および電流 $i$ [A] が次式である.

$$v = 100 \sin (\omega t) + 40 \sin (5\omega t - 70°) [\text{V}]$$

$$i = 60 \sin (\omega t + 60°) + 20 \sin (5\omega t - 40°) [\text{A}]$$

次の値を求めなさい.

(1) 全消費電力

(2) 電圧および電流の実効値

(3) 力率

---

**問4-43**　図の回路に次式の電圧を加えた.

$$v = 100\sqrt{2} \sin (\omega t) + 20\sqrt{2} \sin (3\omega t) [\text{V}]$$

次の値を求めなさい.

(ただし, $\omega = 314$ [rad/s])

(1) 電流 $i$ [A]

(2) 消費電力 $P$ [W]

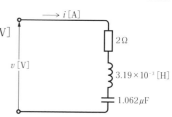

# 第5章
# 交流回路計算❸

## 三相回路

　ここまで頑張ってきたみなさんは，交流回路のべんりな定理を理解し，多くの自習問題を解決したことで「電気回路は怖くないぞ」と自信を深めていることでしょう．おおいに実力がついた証です．

　この章では，これまでの交流回路の知識をもとに，電圧が同じで位相差が120°異なる三つの交流電圧を組み合わせた三相回路について研究します．

　三相回路は発電所，大きな電力の送電，大口需要の工場やビルの送配電に用いられています．

### ドブロヴォリスキー (Dolivo Dobrowolski, ドイツ, 1862～1919年)

　ドブロヴォリスキーは三相交流回路についての研究を重ねました。磁極間に3個のコイルを120度ずらして配置し，三相交流電圧を発生させる発電機をつくりました．さらに，三相交流によって回転磁界が発生することを確かめ，1889年に三相交流電動機を完成させました．つづいて三相交流変圧器をつくりあげています．

　こうした研究成果をもとに，1891年，国際電気技術博覧会場において公開実験を実施し，三相交流送配電は直流や単相交流方式より優れていることを明らかにしました．

　ドブロヴォリスキーの研究成果は，今日においてもおおいに活用されています。

## ■三相交流電源

> **問127**　対称三相交流電圧を作り出す原理および発生した電圧の特徴について説明しなさい.

**【解説】**　図1に三相交流発電機の原理図を示します. NとSの磁極間にある回転子には120°ずつずらして配置した3個のコイルA, B, C（同じ巻数）がスロット（溝）に埋め込んであります.

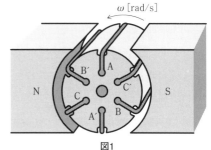

**図1**

　回転子が1秒間に $f$ 回の割合（すなわち角速度 $\omega = 2\pi f$ [rad/s]）で回転しているとき, 各コイルには, 図2に示す三つの正弦波交流電圧が $e_A$, $e_B$, $e_C$ の順に発生します.

　この順序を**相順**（そうじゅん）と呼んでいます. なお, 本書で取り扱う三相交流電圧源の相順は, すべて図2に示すA－B－C順であるとします.

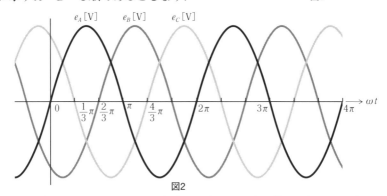

**図2**

　それぞれの電圧はサインカーブで, 次式のように, 三角関数sinを用いて表されます. これらは**三相電圧の瞬時値式**です.

$$e_A = \sqrt{2}\ E \sin(\omega t)\ [\mathrm{V}]$$
$$e_B = \sqrt{2}\ E \sin(\omega t - 120°)\ [\mathrm{V}]$$
$$e_C = \sqrt{2}\ E \sin(\omega t - 240°)\ [\mathrm{V}]$$

(1)

　各電圧の実効値は等しく $E$ [V]で, 二つの電圧の位相差は120°（$2\pi/3$ [rad]）です. これら三つの電圧の $e_A$ [V]を**A相電圧**, $e_B$ [V]を**B相電圧**, $e_C$ [V]を**C相電圧**と呼びます.

　(1)式のように, 大きさ（実効値）が等しく, 互いに120°の位相差を持つ電圧の組を

対 称 三相交流電圧と呼んでいます．ここからは，電源として対称三相交流電圧を持つ三相回路を取り扱いますが，**三相電圧**と呼ぶこともあります．

瞬時値式で表された三相電圧をスタインメッツ表示（S表示）すると次式となります．

$$\left.\begin{aligned}
\dot{E}_A &= E \angle 0° \ [\mathrm{V}] \\
\dot{E}_B &= E \angle -120° \ [\mathrm{V}] \\
\dot{E}_C &= E \angle -240° = E \angle 120° \ [\mathrm{V}]
\end{aligned}\right\} \quad (2)$$

さらに，直交表示は次式となります．

$$\left.\begin{aligned}
\dot{E}_A &= E \ [\mathrm{V}] \\
\dot{E}_B &= E\left(-\frac{1}{2} - j\frac{\sqrt{3}}{2}\right) = E(-0.5 - j0.866) \ [\mathrm{V}] \\
\dot{E}_C &= E\left(-\frac{1}{2} + j\frac{\sqrt{3}}{2}\right) = E(-0.5 + j0.866) \ [\mathrm{V}]
\end{aligned}\right\} \quad (3)$$

図3に各相電圧のベクトルを示しました．

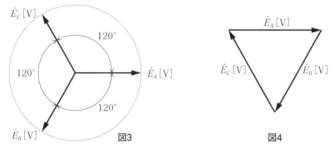

図3　　　　　　　　　　　図4

ところで，これら三つの相電圧を加えるときには，次式のように常に0になることを忘れないでください．

$$\dot{E}_A + \dot{E}_B + \dot{E}_C = E + E\left(-\frac{1}{2} - j\frac{\sqrt{3}}{2}\right) + E\left(-\frac{1}{2} + j\frac{\sqrt{3}}{2}\right) = 0 \quad (4)$$

すなわち，**各相電圧の和は常に0**となります．相電圧の和が0であることは図4のベクトル図からも想定できるでしょう．

## ■Y電源とΔ電源

**問128**　三相電圧のY結線およびΔ結線について説明しなさい．

**【解説】**　三相発電機で発生したA，B，C相電圧を三相電圧源として取り出す方法として**Y（スターまたはワイ）結線**と**Δ（デルタ）結線**があります．

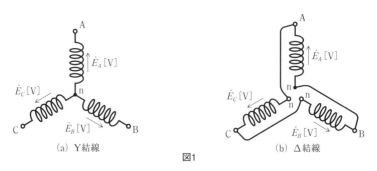

(a) Y結線　　　図1　　　(b) △結線

　図1(a)のように，各コイルの巻き終わりであるn端子を結合し，A−B，B−C，C−A端子間の電圧を取り出す方式を**Y結線**と呼び，その電源を**Y電源**といいます．そしてY電源のn点を**中性点**と呼んでいます．

　また図1(b)のように，各コイルの巻き終わりと次のコイルの巻き始めを接続し，A−B，B−C，C−A端子間の電圧を取り出す方式を**△結線**といいます．△結線された三相電源を**△電源**と呼びます．

## ■相電圧と線間電圧

> **問129**　Y電源および△電源の相電圧と線間電圧の関係について説明しなさい．

**【解説】**

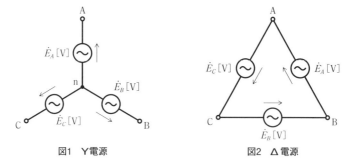

図1　Y電源　　　　　　　図2　△電源

### (1) Y電源

　図1に示すY電源 $\dot{E}_A$, $\dot{E}_B$, $\dot{E}_C$ の相電圧が127V（実効値）で，それぞれ120°の位相差を持つとしましょう．すなわち，各相の電圧が次式であるとします．

$$
\left.
\begin{aligned}
\dot{E}_A &= 127 \angle 0° \ [\text{V}] \\
\dot{E}_B &= 127 \angle -120° \ [\text{V}] \\
\dot{E}_C &= 127 \angle -240° = 127 \angle 120° \ [\text{V}]
\end{aligned}
\right\} \quad (1)
$$

上式電圧のベクトルを図3に示します.

A – B端子間の電圧$\dot{E}_{AB}$ [V], B – C端子間の電圧$\dot{E}_{BC}$ [V], C – A端子間の電圧$\dot{E}_{CA}$ [V] は, それぞれ次式のようになります.

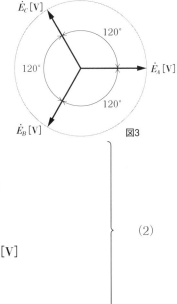

図3

$$\dot{E}_{AB} = \dot{E}_A - \dot{E}_B$$
$$= 127 \angle 0° - 127 \angle -120°)$$
$$= \sqrt{3} \times 127 \angle 30° = \mathbf{220 \angle 30°\ [V]}$$

$$\dot{E}_{BC} = \dot{E}_B - \dot{E}_C$$
$$= 127 \angle -120° - 127 \angle -240$$
$$= \sqrt{3} \times 127 \angle -90° = \mathbf{220 \angle -90°\ [V]}$$

$$\dot{E}_{CA} = \dot{E}_C - \dot{E}_A$$
$$= 127 \angle -240° - 127 \angle 0°)$$
$$= \sqrt{3} \times 127 \angle 150° = \mathbf{220 \angle 150°\ [V]}$$

(2)

これら三つの端子間電圧$\dot{E}_{AB}$, $\dot{E}_{BC}$および$\dot{E}_{CA}$ [V] を**線間電圧**と呼びます. 図4は, 各相電圧と各線間電圧との関係を示すベクトル図です.

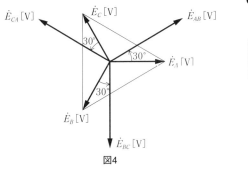

図4

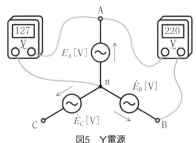

●交流電圧計によるY電源の相電圧と線間電圧の測定

図5　Y電源

(2) 式およびベクトル (図4) を見てわかるように, Y 結線された電圧源の各線間電圧 (実効値) は相電圧の$\sqrt{3}$ 倍です. すなわち,

**線間電圧 $= \sqrt{3} \times$ 相電圧 $= 1.732 \times$ 相電圧[V]**

さらに, ベクトル図から明らかなように, 各線間電圧 ($\dot{E}_{AB}$, $\dot{E}_{BC}$, $\dot{E}_{CA}$) の位相は相電圧($\dot{E}_A$, $\dot{E}_B$, $\dot{E}_C$)より**30°進んでいます**. そして, 各線間電圧の和は次式を満たします.

$$\dot{E}_{AB} + \dot{E}_{BC} + \dot{E}_{CA} = 0 \qquad (3)$$

三相回路の相電圧と線間電圧は明確に区別しなければなりません。相電圧（実効値）は$E_p$や$V_p$のように添え字$p$を用い，線間電圧は$E_\ell$や$V_\ell$のように添え字$\ell$を付けて表します。

**(2) △電源**

図6に示したように，各相の電圧が$\dot{E}_A$，$\dot{E}_B$および$\dot{E}_C$[V]であるコイルを△結線したときは，各線間電圧は各相電圧と一致しています。

●交流電圧計による△電源の線間電圧（＝相電圧）の測定

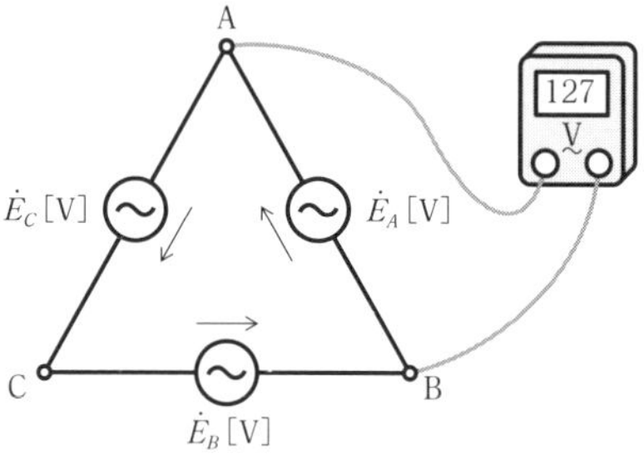

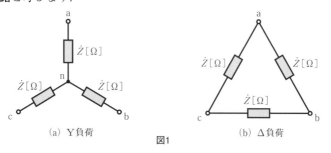

図6 △電源

$$\dot{E}_{AB} = \dot{E}_A = 127\angle 0° \text{ [V]} \qquad (4)$$

$$\dot{E}_{BC} = \dot{E}_B = 127\angle -120° \text{ [V]} \qquad (5)$$

$$\dot{E}_{CA} = \dot{E}_C = 127\angle -240° = 127\angle 120° \text{ [V]} \qquad (6)$$

## ■Y負荷と△負荷

> **問130** 三相電源に接続される負荷はどのように結線されているか説明しなさい。

**【解説】** 三相回路における電圧源はY電源と△電源がありました。これらを**三相電源**と呼びます。

三相電源に接続される負荷は，図1に示すように，3個の等しいインピーダンス$\dot{Z}$[Ω]をY結線または△結線して接続します。Y電源または△電源に，Y結線した負荷（**Y負荷**）または△結線した負荷（**△負荷**）を接続し，電力を供給する回路を**平衡三相回路**または**三相回路**と呼びます。

(a) Y負荷 　　　　(b) △負荷

図1

したがって，電力を供給する三相回路は，Y電源にY負荷を接続した**Y－Y回路**，△電源に△負荷を接続した**△－△回路**，さらに**Y－△回路**，**△－Y回路**があります（図2）。

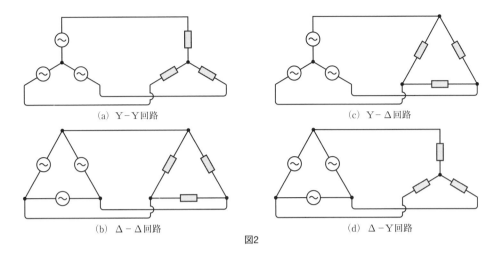

(a) Y－Y回路  (c) Y－Δ回路

(b) Δ－Δ回路  (d) Δ－Y回路

図2

## ■Y－Y回路の電力

**問131** 図1に示すY－Y回路の皮相電力，有効電力，無効電力を求めなさい．

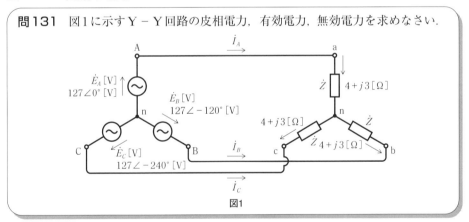

図1

**【解説】** 図1のように，Y電源にインピーダンス $\dot{Z}[\Omega]$ のY負荷を接続し，電力を供給する方式がY－Y回路です．電源の相電圧 $\dot{E}_A$, $\dot{E}_B$, $\dot{E}_C$ [V]および各相の負荷 $\dot{Z}[\Omega]$ が与えられると，各線路を流れる**線電流**（＝**相電流**），**有効電力** $P$ [W]，**無効電力** $Q$ [var]，**皮相電力** $S$ [V・A]を求めることができます．

　Y－Y回路の問題，どこから手をつけてよいやら途方に暮れている方は，図2のように電源と負荷の中性点 n－n を結ぶ線（**中性線**）を補うと見当がついてきます．中性線を補うことが許されます．理由は後で明らかになります．

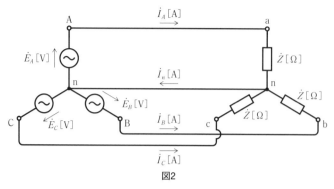

図2

　中性線を補った三相回路（図2）は，さらに図3に示すように，三つの**等価単相回路**に分解して考えることができます．そして，分解したそれぞれの等価単相回路の電圧，電流，インピーダンスの関係を求めます．

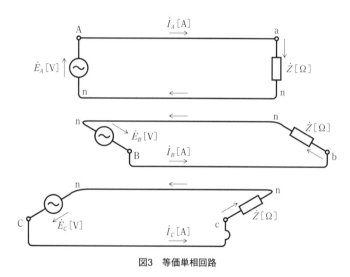

図3　等価単相回路

各相電圧および負荷インピーダンスの値は与えられています．

$$\dot{E}_A = 127\angle 0° \ [\text{V}]$$

$$\dot{E}_B = 127\angle -120° \ [\text{V}]$$

$$\dot{E}_C = 127\angle -240° = 127\angle 120° \ [\text{V}]$$

$$\dot{Z} = 4 + j3 = 5\angle 36.9° \ [\Omega]$$

それぞれの等価単相回路から，各相に流れる電流は次式となります．

$$\dot{I}_A = \frac{\dot{E}_A}{\dot{Z}} = \frac{127\angle 0°}{5\angle 36.9°} = 25.4\angle -36.9° \ [\text{A}]$$

$$\dot{I}_B = \frac{\dot{E}_B}{\dot{Z}} = \frac{127\angle-120°}{5\angle36.9°} = 25.4\angle-156.9°\,[\mathrm{A}]$$

$$\dot{I}_C = \frac{\dot{E}_C}{\dot{Z}} = \frac{127\angle-240°}{5\angle36.9°} = 25.4\angle-277° = 25.4\angle83.1°\,[\mathrm{A}]$$

このように，各相電流の大きさ(実効値)は等しく $I_p = 25.4\,[\mathrm{A}]$ で，それぞれ $120°$ の位相差があります．

相電圧と相電流のベクトルを図4に示しました．

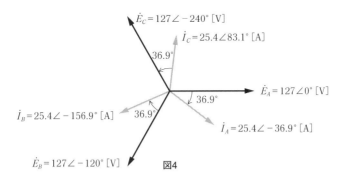

図4

A相回路の**皮相電力** $S_A\,[\mathrm{V}]$，**有効電力** $P_A\,[\mathrm{W}]$，**無効電力** $Q_A\,[\mathrm{var}]$ を，**力率** $\cos36.9 = 0.8$，**無効率** $\sin36.9° = 0.6$ であることに留意して求めます．

$$S_A = EI = 127\times25.4 = 3.23\,[\mathrm{kV\cdot A}]$$

$$P_A = EI\cos\theta = 3.23\times0.8 = 2.58\,[\mathrm{kW}]$$

$$Q_A = S\sin\theta = 3.23\times0.6 = 1.938\,[\mathrm{kvar}]$$

上の値は各相とも同じです．

したがって，三相回路全体では，上式の3倍であり，次の値になります．

$$S = 3S_p = 3\times3.23 = 9.69\,[\mathrm{kV\cdot A}]$$

$$P = 3P_p = 3\times2.58 = 7.74\,[\mathrm{kW}]$$

$$Q = 3Q_p = 3\times1.938 = 5.81\,[\mathrm{kvar}]$$

ところで，**補った中性線には各相電流** $\dot{I}_A,\ \dot{I}_B,\ \dot{I}_C$ **が重なって流れています**．

$$\dot{I}_n = \dot{I}_A + \dot{I}_B + \dot{I}_C$$

$$= 25.4\angle-36.9° + 25.4\angle-156.9° + 25.4\angle83.1°$$

$$= 0\,[\mathrm{A}]$$

したがって，**補った中性線には電流が流れません**．これが中性線を補ってもよい理由です．

## ■Δ－Δ回路の電力

問132 図1に示すΔ－Δ回路の皮相電力，有効電力，無効電力および相電流と
線電流を求めなさい．

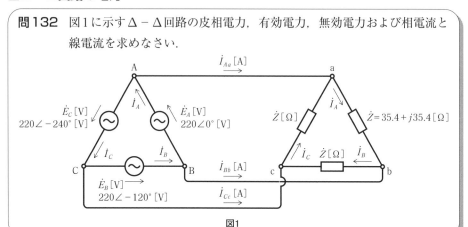

図1

【解説】 図1に示したΔ－Δ回路を解析するときも，図2に示すように，三つの**等価単相回路**に分解し，各相ごとの計算をします．各相電圧および各相のインピーダンスは次式のとおりです．

$$\dot{E}_A = 220\angle 0° \,[\text{V}]$$

$$\dot{E}_B = 220\angle -120° \,[\text{V}]$$

$$\dot{E}_C = 220\angle -240° \,[\text{V}]$$

$$\dot{Z} = 35.4 + j35.4 = 50\angle 45° \,[\Omega]$$

図2に示した各等価単相回路の相電流を求めます．

$$\dot{I}_A = \frac{\dot{E}_A}{\dot{Z}} = \frac{220\angle 0°}{50\angle 45°} = 4.4\angle -45° \,[\text{A}]$$

$$\dot{I}_B = \frac{\dot{E}_B}{\dot{Z}} = \frac{220\angle -120°}{50\angle 45°} = 4.4\angle -165° \,[\text{A}]$$

$$\dot{I}_C = \frac{\dot{E}_C}{\dot{Z}} = \frac{220\angle -240°}{50\angle 45°} = 4.4\angle -285° = 4.4\angle 75° \,[\text{A}]$$

相電圧と相電流のベクトルを図3に示します．

A相の皮相電力$S_p$,有効電力$P_p$,無効電力$Q_p$は,cos 45°＝sin 45°＝0.707に留意し，次式となります．

$$S_p = E_p I_p = 220 \times 4.4 = 968 \,[\text{V·A}]$$

$$P_p = E_p I_p \cos\theta = 968 \times 0.707 = 684 \,[\text{W}]$$

$$Q_p = E_p I_p \sin\theta = 968 \times 0.707 = 684 \,[\text{var}]$$

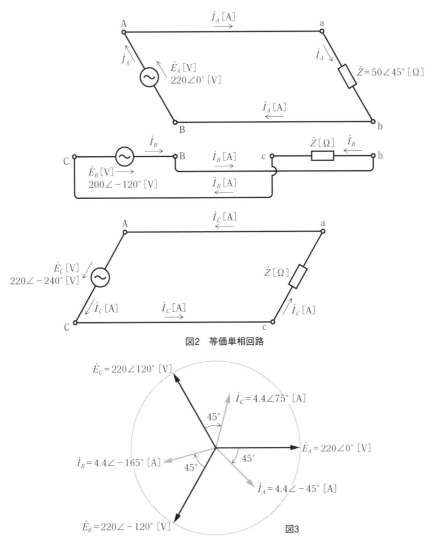

図2　等価単相回路

図3

各相とも同じ値となります．したがって，

Δ－Δ回路全体では，上式の3倍となり，

$$S = 3E_p I_p = 3 \times 968 = 2{,}904\,[\text{W}] = 2.90\,[\text{kV·A}]$$

$$P = 3E_p I_p \cos\theta = 3 \times 684 = 2.05\,[\text{kW}]$$

$$Q = 3E_p I_p \sin\theta = 3 \times 684 = 2.05\,[\text{kvar}]$$

ところで，A，B，C相に分解した等価単相回路の電流（**相電流**）は求めることができ
ましたが，分解した等価単相回路を元の三相回路に復元したとき，A－a，B－b，

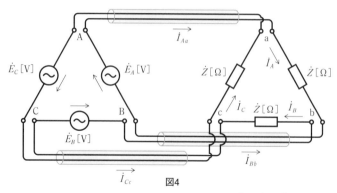

図4

C－c間を流れる電流(**線電流**)は，図4に示すように，$\dot{I}_A$，$\dot{I}_B$，$\dot{I}_C$のうちの二つの相電流が重なっていることに留意してください．したがって，

$$\dot{I}_A = 4.4\angle-45°\,[\text{A}]$$

$$\dot{I}_B = 4.4\,\angle-165°\,[\text{A}]$$

$$\dot{I}_C = 4.4\angle75°\,[\text{A}]$$

$$\dot{I}_{Aa} = \dot{I}_A - \dot{I}_C = 4.4\angle-45°-4.4\angle75° = \sqrt{3}\times4.4\angle-75°$$
$$= 7.62\angle-75°\,[\text{A}]$$

$$\dot{I}_{Bb} = \dot{I}_B - \dot{I}_A = 4.4\angle-165°-4.4\angle-45° = \sqrt{3}\times4.4\angle165°$$
$$= 7.62\angle165°\,[\text{A}]$$

$$\dot{I}_{Cc} = \dot{I}_C - \dot{I}_B = 4.4\angle75°-4.4\angle-165° = \sqrt{3}\times4.4\angle45°$$
$$= 7.62\angle45°\,[\text{A}]$$

相電流と線電流のベクトル関係を図5に示します．このように**△－△回路の線電流$I_\ell$(実効値)は相電流$I_p$の$\sqrt{3}$倍**であります．

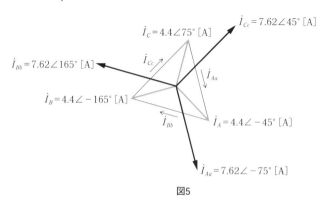

図5

## ■線間電圧・線電流と電力

> **問133** 三相回路の皮相電力，有効電力，無効電力を線間電圧および線電流を用いて求める公式を導き，さらに電力三角形について説明しなさい．

**【解説】** Y－Y回路および△－△回路における**各相の皮相電力** $S$ [V・A]，**有効電力** $P$ [W]，**無効電力** $Q$ [var] は，相電圧 $E_p$ [V]，相電流 $I_p$ [A]，負荷の力率 $\cos\theta$，無効率 $\sin\theta$ を用いて次式で求めることができました．

$$
\left.
\begin{aligned}
S &= 3\,E_p I_p \,[\text{V·A}] \\
P &= 3\,E_p I_p \cos\theta \ \ [\text{W}] \\
Q &= 3\,E_p I_p \sin\theta \ \ [\text{var}]
\end{aligned}
\right\} \quad (1)
$$

ところで，**Y－Y回路**では線間電圧 $E_\ell$ [V] と相電圧 $E_p$ [V] および線電流 $I_\ell$ [A] と相電流 $I_p$ [A] の間には次式の関係がありました．

$$
\left.
\begin{aligned}
E_\ell &= \sqrt{3}\,E_p \,[\text{V}] \\
I_\ell &= I_p \,[\text{A}]
\end{aligned}
\right\} \quad (2)
$$

この関係を(1)式に代入すると，次式を得ます．

$$
\left.
\begin{aligned}
S &= \sqrt{3}\times\sqrt{3}\,E_p\times I_p = \sqrt{3}\,E_\ell\,I_\ell \,[\text{V·A}] \\
P &= \sqrt{3}\,E_\ell\,I_\ell\,\cos\theta \ \ [\text{W}] \\
Q &= \sqrt{3}\,E_\ell\,I_\ell\,\sin\theta \ \ [\text{var}]
\end{aligned}
\right\} \quad (3)
$$

また，**△－△回路**では次式の関係がありました．

$$
\begin{aligned}
E_\ell &= E_p \,[\text{V}] \\
I_\ell &= \sqrt{3}\,I_p \,[\text{A}]
\end{aligned}
$$

この関係を(1)式に代入すると，次のように(3)式と同じ結果を得ます．

$$
\left.
\begin{aligned}
S &= \sqrt{3}\,E_p\times\sqrt{3}\,I_p = \sqrt{3}\,E_\ell\,I_\ell \,[\text{V·A}] \\
P &= \sqrt{3}\,E_\ell\,I_\ell\,\cos\theta \ \ [\text{W}] \\
Q &= \sqrt{3}\,E_\ell\,I_\ell\,\sin\theta \ \ [\text{var}]
\end{aligned}
\right\} \quad (4)
$$

上式は，線間電圧 $E_\ell$（または $V_\ell$）[V]，線電流 $I_\ell$ [A]，力率 $\cos\theta$，無効率 $\sin\theta$ を用いて皮相電力，有効電力，無効電力を求める**三相電力公式**です．

この式で求めた有効電力 $P$ [W]，無効電力 $Q$ [var] および皮相電力 $S$ [V・A] は，図1に示す直角三角形をつくりますが，これを**電力三角形**と呼びます．電力三角形を描くとき，遅れ力率の場合は図1のように角 $\theta$ を負の向きに描き，進み力率の場合は角 $\theta$ を正の向きに描くことにします．

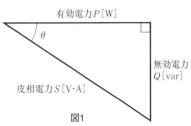

図1

## ■ Δ負荷回路の電力

**問134** 図1に示すY−Δ回路の皮相電力，有効電力，無効電力を求めなさい．

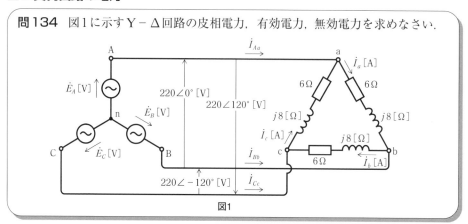

図1

**【解説】** Y−Δ回路から負荷のa相だけを取り出した回路を図2に示します．さらに，負荷のインピーダンス三角形を図3に示します．

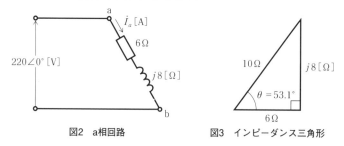

図2　a相回路　　　　図3　インピーダンス三角形

a−b間負荷の電力を求め，3倍すると全電力が求まります．相負荷の端子間電圧（線間電圧）が $\dot{V}_a = 220 \angle 0°$ [V]，インピーダンスが，

$$\dot{Z} = 6 + j8 = 10 \angle 53.1° \ [\Omega]$$

ですから，負荷に流れる電流（相電流）$\dot{I}_a$ は，

$$\dot{I}_a = \frac{220 \angle 0°}{10 \angle 53.1°} = 22 \angle -53.1° \ [A]$$

です．

電圧 $\dot{V}_a$ [V] と電流 $\dot{I}_a$ [A] の位相差（インピーダンス角）は $\theta = 53.1°$ ですから，力率 $\cos\theta$ および 無効率 $\sin\theta$ は，

$$\cos\theta = \cos 53.1° = 0.6$$
$$\sin\theta = \sin 53.1° = 0.8$$

したがって各相の各電力は,

皮相電力　$S_p = 220 \times 22 = 4.84\,[\text{kV·A}]$

有効電力　$P_p = 4.84 \times 0.6 = 2.90\,[\text{kW}]$

無効電力　$Q_p = 4.84 \times 0.8 = 3.87\,[\text{kvar}]$

三相回路全体では,

皮相電力　$S = 3 \times 4.84 = 14.5\,[\text{kV·A}]$

有効電力　$P = 3 \times 2.9 = 8.7\,[\text{kW}]$

無効電力　$Q = 3 \times 3.87 = 11.6\,[\text{kvar}]$

ところで, 負荷に流れる相電流 $I_p$ は 22 A でしたが, A−a を流れる線電流 $I_\ell$ は相電流の $\sqrt{3}$ 倍であります. したがって,

$$I_\ell = \sqrt{3}\,I_p = 1.732 \times 22 = 38.1\,[\text{A}]$$

となります.

線間電圧 $V_\ell\,[\text{V}]$ および線電流 $I_\ell\,[\text{A}]$ を用いた三相電力公式を適用すると次のとおりです.

皮相電力　$S = 1.732 \times 220 \times 38.1 = 14.5\,[\text{kV·A}]$

有効電力　$P = 1.732 \times 220 \times 38.1 \times 0.6 = 8.7\,[\text{kW}]$

無効電力　$Q = 1.732 \times 220 \times 38.1 \times 0.8 = 11.6\,[\text{kvar}]$

**コラム**

●Y−△回路の相電圧と線間電圧および相電流と線電流の測定

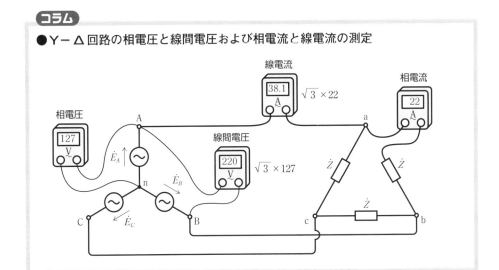

## ■Y負荷回路の電力

**問135**　図1に示すΔ－Y回路の皮相電力，有効電力，無効電力を求めなさい.

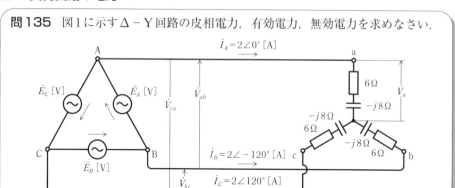

図1

【解説】　負荷の相電圧を求めることからスタートします．Y負荷ですから，負荷では
[線電流＝相電流]となります.

負荷のインピーダンス $\dot{Z}$ は,

$$\dot{Z} = 6 - j8 = 10\angle-53.1° [\Omega]$$

ですから，負荷の各端子間電圧（相電圧）は，負荷 $\dot{Z}[\Omega]$ と相電流の積です.

$$\dot{V}_a = \dot{Z}\dot{I}_A = 10\angle-53.1° \times 2 \angle \quad 0° = 20\angle-53.1° [V]$$

$$\dot{V}_b = \dot{Z}\dot{I}_B = 10\angle-53.1° \times 2 \angle-120° = 20\angle-173.1° [V]$$

$$\dot{V}_c = \dot{Z}\dot{I}_C = 10\angle-53.1° \times 2 \angle \quad 120° = 20\angle67° [V]$$

したがって $V_p = 20 [V]$ です.

相電流と相電圧のベクトルを図2
に示します.

相電圧 $V_p = 20 [V]$，相電流 $I_p = 2$
[A]，負荷のインピーダンス角（力
率角）＝ 53.1°（進み）であり，また，
$\cos 53.1° = 0.6$，$\sin 53.1° = 0.8$ な
ので,

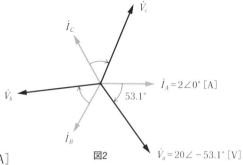

図2

皮相電力　$S_p = 20 \times 2 = 40 [V\cdot A]$

有効電力　$P_p = 40 \times \cos 53.1° = 24 [W]$

無効電力　$Q_p = 40 \times \sin 53.1° = 32 [var]$

したがって全体では，

　皮相電力　$S = 3 \times 40 = 120\,[\text{V·A}]$

　有効電力　$P = 3 \times 24 = 72\,[\text{W}]$

　無効電力　$Q = 3 \times 32 = 96\,[\text{var}]$

となります．

## ■負荷のΔ－Y変換およびY－Δ変換

**問136**　図1に示すΔ負荷と等価なY負荷および図2に示すY負荷と等価なΔ負荷を求めなさい．

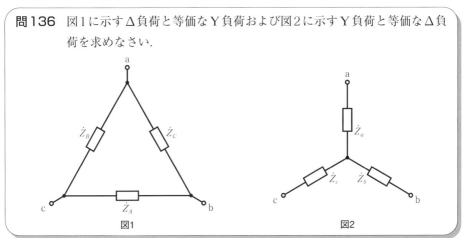

図1　　　　　　　　図2

**コラム**

### ●Y負荷回路の線間電圧と相電圧および線電流と相電流の測定

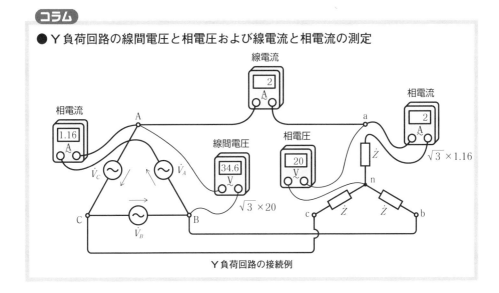

Y負荷回路の接続例

**【解説】**    図1に示す△負荷または図2に示すY負荷の端子間a-b, b-c, c-aに電圧 $\dot{V}$ [V]を加えたとき, 両者の電流が等しく, 区別がつかないとき, 互いに等価な回路(**等価回路**)といいます.

### (1)負荷△-Y変換

△負荷が与えられたとき, これと等価なY負荷を求めることを**△-Y変換**といいます. 図1に示す△負荷($\dot{Z}_A$, $\dot{Z}_B$, $\dot{Z}_C$ [Ω])が与えられたとき, 等価Y負荷の$\dot{Z}_a$, $\dot{Z}_b$, $\dot{Z}_c$ [Ω]を求める△-Y変換式は次式です(p.74参照).

$$\left.\begin{aligned}
\dot{Z}_a &= \frac{\dot{Z}_B \cdot \dot{Z}_C}{\dot{Z}_A + \dot{Z}_B + \dot{Z}_C} \ [\Omega] \\[2mm]
\dot{Z}_b &= \frac{\dot{Z}_C \cdot \dot{Z}_A}{\dot{Z}_A + \dot{Z}_B + \dot{Z}_C} \ [\Omega] \\[2mm]
\dot{Z}_c &= \frac{\dot{Z}_A \cdot \dot{Z}_B}{\dot{Z}_A + \dot{Z}_B + \dot{Z}_C} \ [\Omega]
\end{aligned}\right\} \quad (1)$$

特に, $\dot{Z}_\Delta = \dot{Z}_A = \dot{Z}_B = \dot{Z}_C$ [Ω]の△負荷のときは, $\dot{Z}_Y = \dot{Z}_a = \dot{Z}_b = \dot{Z}$ [Ω]であり,

$$\dot{Z}_Y = \frac{1}{3} \ \dot{Z}_\Delta [\Omega] \qquad (\text{Yは}\triangle\text{の}\frac{1}{3}\text{倍}) \tag{2}$$

です. すなわち等価Y負荷は$\dfrac{\dot{Z}_\Delta}{3}$ [Ω]で構成すればよいのです.

### (2)負荷Y-△変換

Y負荷($\dot{Z}_a$, $\dot{Z}_b$, $\dot{Z}_c$ [Ω])が与えられたとき, 等価△回路を求める**Y-△変換式**を示します. 次式で求めたインピーダンス$\dot{Z}_A$, $\dot{Z}_B$, $\dot{Z}_C$ [Ω]で△負荷を構成したのが等価△回路です.

$$\left.\begin{aligned}
\dot{Z}_A &= \frac{\dot{Z}_a \cdot \dot{Z}_b + \dot{Z}_b \cdot \dot{Z}_c + \dot{Z}_c \cdot \dot{Z}_a}{\dot{Z}_a} \ [\Omega] \\[2mm]
\dot{Z}_B &= \frac{\dot{Z}_a \cdot \dot{Z}_b + \dot{Z}_b \cdot \dot{Z}_c + \dot{Z}_c \cdot \dot{Z}_a}{\dot{Z}_b} \ [\Omega] \\[2mm]
\dot{Z}_C &= \frac{\dot{Z}_a \cdot \dot{Z}_b + \dot{Z}_b \cdot \dot{Z}_c + \dot{Z}_c \cdot \dot{Z}_a}{\dot{Z}_c} \ [\Omega]
\end{aligned}\right\} \quad (3)$$

特に, $\dot{Z}_Y = \dot{Z}_a = \dot{Z}_b = \dot{Z}_c$ [Ω]のY負荷のときは, $\dot{Z}_\Delta = \dot{Z}_A = \dot{Z}_B = \dot{Z}_C$ [Ω]であり,

$$\dot{Z}_\Delta = 3\dot{Z}_Y [\Omega] \qquad (\text{Yは}\triangle\text{の3倍}) \tag{4}$$

すなわち, 等価△負荷は$3\dot{Z}_Y$で構成すればよいのです.

三相回路の解析では△-YおよびY-△変換式に頼ることで解答が容易になることがあります. 公式を暗記してください. 図3を参照しながら覚えるとよいでしょう.

図3と(1)式を見比べると，Δ－Y変換の$\dot{Z}_a$を求める公式の分子は，$\dot{Z}_a$を挟む$\dot{Z}_B$と$\dot{Z}_C$の積です．以下同様であることにお気づきでしょう．

さらに，図3と(3)式を見比べると，Y－Δ変換の$\dot{Z}_A$を求める公式の分母は，$\dot{Z}_A$の正面にある$\dot{Z}_a$です．

他の公式も同様です．

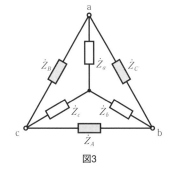

図3

## ■負荷 Y－Δ変換

**問137** 図1に示すY負荷がインピーダンス$\dot{Z}_Y = 4 + j3\,[\Omega]$で構成されている．等価Δ負荷を求めなさい．

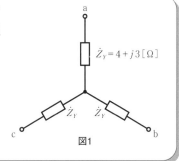

図1

**【解説】** 図1のY負荷は等しいインピーダンス$\dot{Z}_Y\,[\Omega]$で構成されています．したがって，Y－Δ変換は3倍するだけでした．すなわち$\dot{Z}_\Delta = 3\dot{Z}_Y\,[\Omega]$です．

$$\dot{Z}_Y = 4 + j3 = 5\angle 36.9°\,[\Omega]$$

$$\dot{Z}_\Delta = 3 \times (4 + j3) = 12 + j9 = 3 \times 5\angle 36.9°\,[\Omega]$$

$$\dot{Z}_\Delta = 15\angle 36.9°\,[\Omega]$$

したがって，等価Δ負荷は図2となります．

Y負荷およびΔ負荷に線間電圧200Vの三相電圧を加えた場合の電流を求めてみましょう．

**(1) Y負荷の場合（線電流＝相電流）**

負荷の相電圧は$V_p = 200/\sqrt{3} = 115.5\,[V]$であり，相電流$I_p$（＝線電流）は，

$$I_p = I_\ell = \frac{115.5}{5} = 23.1\,[A]$$

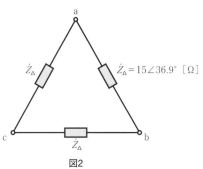

図2

**(2) Δ負荷の場合（線電流＝$\sqrt{3}$相電流）**

線間電圧＝相電圧＝200[V]であり，負荷に流れる電流$I_p$は，

$$I_p = \frac{200}{15} = 13.33\,[\text{A}]$$

線電流 $I_\ell$ は $\sqrt{3}$ 倍ですので,以下のように両者とも同じ電流となります.

$$I_\ell = \sqrt{3} \times 13.33 = 23.1\,[\text{A}]$$

## ■負荷 Δ－Y 変換

問138　図1に示す Δ 負荷と等価な Y 負荷を求めなさい.

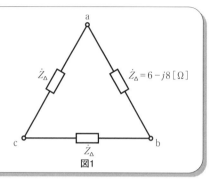

$\dot{Z}_\Delta$　$\dot{Z}_\Delta = 6 - j8\,[\Omega]$

$\dot{Z}_\Delta$

図1

【解説】　Δ負荷の各相インピーダンスは等しく,

$$\dot{Z}_\Delta = 6 - j8 = 10 \angle -53.1°\,[\Omega]$$

です.これと等価な Y 負荷は $\dot{Z}_Y = \dot{Z}_\Delta/3\,[\Omega]$ でした.

$$\dot{Z}_Y = \frac{1}{3} \times 10\angle -53.1° = 3.33\angle -53.1°\,[\Omega]$$

で Y 負荷を構成します.等価 Y 負荷を図2に示します.

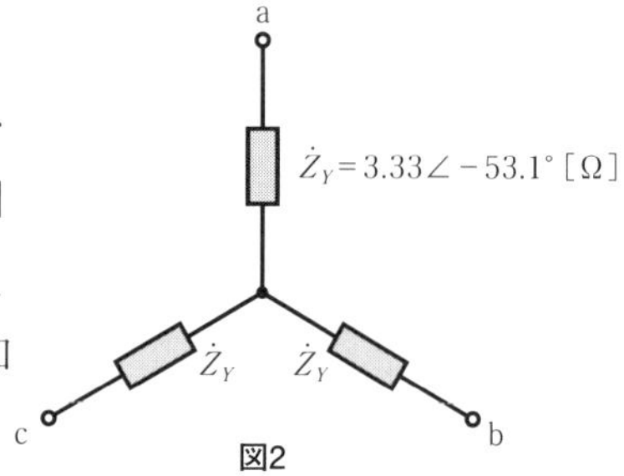

$\dot{Z}_Y = 3.33\angle -53.1°\,[\Omega]$

$\dot{Z}_Y$　$\dot{Z}_Y$

図2

Δ負荷と Y 負荷に線間電圧200Vの三相電圧を加え,線電流を求めてみましょう.

(1) Δ負荷の相電流を求めます.

$$I_p = \frac{200}{10} = 20\,[\text{A}]$$

したがって,線電流 $I_\ell$ は,

$$I_\ell = \sqrt{3} \times 20 = 34.6\,[\text{A}]$$

(2) 同じ電源に変換した Y 負荷を接続したとき,相電圧は115.5 V($=200/\sqrt{3}\,[\text{V}]$)で,相電流 $I_p$($=$線電流 $I_\ell$)は,以下の式になり,同じ値の電流が流れます.

$$I_\ell = \frac{115.5}{3.33} = 34.7\,[\text{A}]$$

以上のように,三相負荷は Y－Δ・Δ－Y 変換できることから,すべての三相回路は,Y－Y 回路または Δ－Δ 回路計算に結びつけることができます.

## ■三相電力

問139 図1に示す回路の有効電力, 無効電力, 皮相電力を求めなさい.

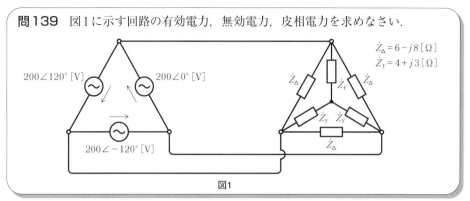

$\dot{Z}_\Delta = 6 - j8\,[\Omega]$
$\dot{Z}_Y = 4 + j3\,[\Omega]$

$200\angle120°\,[V]$  $200\angle0°\,[V]$

$200\angle-120°\,[V]$

図1

【解説】 負荷はY負荷とΔ負荷の組合せです. 解き方として次の方法が考えられます.

(1) Y負荷およびΔ負荷がそれぞれ単独で存在するものとして計算し, それぞれを重ね合わせる.

(2) Y－Δ変換し, 全体を一つのΔ負荷にする.

### コラム

●平衡負荷 Δ－Y, Y－Δ変換

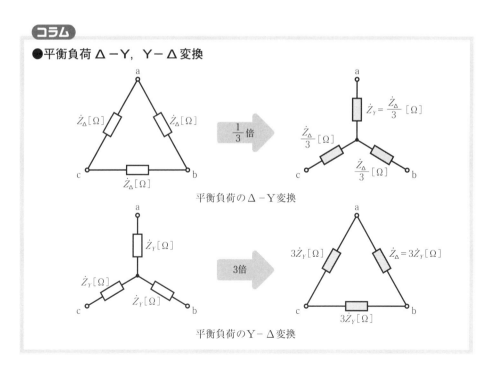

$\dot{Z}_\Delta\,[\Omega]$  $\dot{Z}_\Delta\,[\Omega]$

$\dot{Z}_\Delta\,[\Omega]$

$\dfrac{1}{3}$倍

$\dot{Z}_Y = \dfrac{\dot{Z}_\Delta}{3}\,[\Omega]$

$\dfrac{\dot{Z}_\Delta}{3}\,[\Omega]$  $\dfrac{\dot{Z}_\Delta}{3}\,[\Omega]$

平衡負荷のΔ－Y変換

$\dot{Z}_Y\,[\Omega]$

$\dot{Z}_Y\,[\Omega]$  $\dot{Z}_Y\,[\Omega]$

3倍

$3\dot{Z}_Y\,[\Omega]$  $\dot{Z}_\Delta = 3\dot{Z}_Y\,[\Omega]$

$3\dot{Z}_Y\,[\Omega]$

平衡負荷のY－Δ変換

(3) $\Delta - Y$ 変換し，全体を一つの Y 負荷にする．

ここでは，(1)および(2)の方法で計算し，比較検討してみましょう．

## (1)の方法

① Y 負荷のみについて計算します．

$\dot{Z}_Y = 4 + j3 = 5\angle 36.9°\ [\Omega]$

$\cos 36.9° = 0.8\,(遅れ率),\ \sin 36.9° = 0.6$

負荷 $\dot{Z}_Y[\Omega]$ に加わる相電圧 $V_p$ は，

$V_p = \dfrac{200}{\sqrt{3}} = 115.5\,[\text{V}]$

相電流 $I_p$ は，

$I_p = \dfrac{115.5}{5} = 23.1\,[\text{A}]$

したがって，各相の

有効電力　$P_p = VI\cos\theta = 115.5 \times 23.1 \times 0.8 = 2.13\,[\text{kW}]$

無効電力　$Q_p = VI\sin\theta = 115.5 \times 23.1 \times 0.6 = 1.6\,[\text{kvar}]$

であり，Y 負荷全体では，

$P_Y = 3 \times 2.13 = 6.4\,[\text{kW}]$

$Q_Y = 3 \times 1.6 = 4.8\,[\text{kvar}]$

(1)

② $\Delta$ 負荷のみについて計算します．

$\dot{Z}_\Delta = 6 - j8 = 10\angle -53.1°\ [\Omega]$

$\cos 53.1° = 0.6\,(進み力率),\ \sin 53.1° = 0.8$

$I_p = \dfrac{200}{10} = 20\,[\text{A}]$

したがって，各相の

有効電力　$P_p = VI\cos\theta = 4,000 \times 0.6 = 2,400\,[\text{W}]\ = 2.4\,[\text{kW}]$

無効電力　$Q_p = VI\sin\theta = 4,000 \times 0.8 = 3,200\,[\text{var}] = 3.2\,[\text{kvar}]$

であり，$\Delta$ 負荷全体では，

$P_\Delta = 3 \times 2.4 = 7.2\,[\text{kW}]$

$Q_\Delta = 3 \times 3.2 = 9.6\,[\text{kvar}]$

(2)

$\Delta$ 負荷と Y 負荷の全体は，(1)と(2)式より，

有効電力　$P = 6.4 + 7.2 = 13.6\,[\text{kW}]$

無効電力　$Q = 9.6 - 4.8 = 4.8\,[\text{kvar}]$

皮相電力　$S = \sqrt{P^2 + Q^2} = \sqrt{13.6^2 + 4.8^2} = 14.4\,[\text{kV·A}]$

です．

## (2)の方法

　Y負荷をΔに変換し，Δ負荷に統一して求めます．Y負荷が同じ$\dot{Z}_Y[\Omega]$であることから，等価Δ負荷は$\dot{Z}_Y[\Omega]$を3倍するだけで得られます．したがって，1相の負荷インピーダンス$\dot{Z}$は，図2に示す並列回路です．

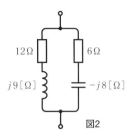

図2

　各相の合成インピーダンス$\dot{Z}$を求めます．

$$\dot{Z} = \frac{(12+j9)(6-j8)}{(12+j9)+(6-j8)} = 7.85 - j2.77 = 8.32\angle -19.4°\,[\Omega]$$

負荷$\dot{Z}[\Omega]$に加わっている電圧（線間電圧）$V_\ell$は200 Vであり，相電流$I_p$は，

$$I_p = \frac{200}{8.32} = 24\,[A]$$

力率$\cos 19.4° = 0.943$（進み力率），無効率$\sin 19.4° = 0.332$．したがって回路全体では，

　　有効電力　$P = 3 \times 200 \times 24 \times 0.943 = $ 　13.6$\,[kW]$

　　無効電力　$Q = 3 \times 200 \times 24 \times 0.332 = $ 　4.8$\,[kvar]$

　　皮相電力　$S = \sqrt{(13.6)^2 + (4.8)^2} = $ 　14.4$\,[kV\cdot A]$

となります．

## ■三相電力の測定

**問140**　図1のように2台の単相電力計を接続し，電力計の指示値を読み取ることによって，Y負荷の(1)全消費電力および(2)電圧と電流の位相差を求めることができることを説明しなさい．

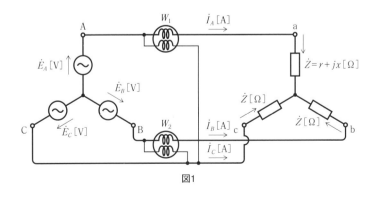

図1

**【解説】**

(1) 各相電圧は，$\dot{E}_A = E\angle 0°$ [V]，$\dot{E}_B = E\angle -120°$ [V]，$\dot{E}_C = E\angle 120°$ [V]であり，$V_p = E$ [V]．負荷のインピーダンス$\dot{Z}$は，

$$\dot{Z} = r + jx = Z\angle\theta\ [\Omega] \tag{1}$$

$$Z = \sqrt{r^2 + x^2}\ [\Omega], \qquad \theta = \tan^{-1}\left(\frac{x}{r}\right) \tag{2}$$

です．

　したがって，各相電流（実効値）$I_p$は，

$$\dot{I}_p = \frac{E}{Z}\angle -\theta\ [A] \tag{3}$$

で，位相が相電圧より$\theta°$だけ遅れています．

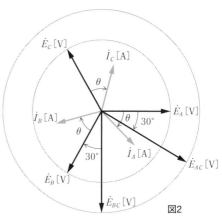

図2

　相電圧と相電流のベクトルを図2に示します．Y－Y回路の線電流$I_\ell$と相電流$I_p$とは等しいことに留意します．

　さて，回路図をよく見ると，**電力計$W_1$**の電圧コイルには線間電圧$\dot{E}_{AC}$[V]が加わり，電流コイルには$\dot{I}_A$[A]が流れています．ベクトル図から，$\dot{E}_{AC}$と$\dot{I}_A$の位相差が$(\theta - 30°)$ですから，電力計の指示値$P_1$は，

$$P_1 = \sqrt{3}\ V_p I_p \cos(\theta - 30°) = V_\ell I_\ell \cos(\theta + 30°)\ [W] \tag{4}$$

　また，**電力計$W_2$**には線間電圧$\dot{E}_{BC}$ [V]が加わり，相電流$\dot{I}_B$ [A]が流れています．ベクトル図から，$\dot{E}_{BC}$ [V]と$\dot{I}_B$ [A]の位相差が$(\theta + 30°)$ですから，その指示値$P_2$は，

$$P_2 = \sqrt{3}\ V_p I_p \cos(\theta + 30°) = V_\ell I_\ell \cos(\theta + 30°)\ [W] \tag{5}$$

　二つの指示値を加えると，

$$\begin{aligned} P_1 + P_2 &= V_\ell I_\ell \{\cos(\theta - 30°) + \cos(\theta + 30°)\} \\ &= V_\ell I_\ell \{\cos\theta\cdot\cos 30° + \sin\theta\cdot\sin 30° \\ &\quad + \cos\theta\cdot\cos 30° - \sin\theta\cdot\sin 30°\} \\ &= V_\ell I_\ell \times 2\cos 30°\cos\theta \\ &= \sqrt{3}\ V_\ell I_\ell \cos\boldsymbol{\theta}\ \ [W] \end{aligned} \tag{6}$$

であり，**三相電力**ということになります．

　ところで，電力計の指示値$P_1$および$P_2$は負荷の力率によって変化します．変化の様子を図3に示しました．

　$P_1 = V_\ell I_\ell \cos(\theta - 30°)$は$\theta = 30°$のとき最大となりますが，$-90° < \theta < -60°$で負の値（指針が逆に振れる）になります．その場合は電圧コイルの接続を逆に（極性を反転）して読み取り，差し引きます．$P_2$の指示についても同様な考慮が必要です．

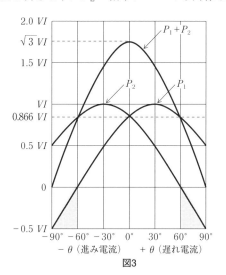

図3

**(2)** 後半の問題解答は，$P_1$および$P_2$の値から位相差$\theta$を求めます．

$$P_1 + P_2 = \sqrt{3}\ V_\ell I_\ell \cos\theta\ \text{[W]}$$

でした．電力計の指示値の差$(P_2 - P_1)$を求めてみましょう．

$$P_2 - P_1 = V_\ell I_\ell \cos(\theta + 30°) - V_\ell I_\ell \cos(\theta - 30°)$$

$$= -V_\ell I_\ell \times 2\sin 30°\sin\theta$$

$$= -V_\ell I_\ell \sin\theta \tag{7}$$

上式の両辺を$\sqrt{3}$倍し，（6）式との比を求めると，

$$\frac{\sqrt{3}\,(P_2 - P_1)}{P_1 + P_2} = \frac{-\sqrt{3}\,V_\ell I_\ell \sin\theta}{\sqrt{3}\,V_\ell I_\ell \cos\theta} = -\tan\theta \tag{8}$$

となります．

　したがって，上式から位相差$\theta$は次式のように求まります．

$$\theta = \tan^{-1}\left(\frac{\sqrt{3}\,(P_2 - P_1)}{P_1 + P_2}\right) \tag{9}$$

### ■不平衡Y負荷-1

**問141**　図1に示す回路における次の値を求めなさい.
　　　　(1) 各相電流 $\dot{I}_A$, $\dot{I}_B$, $\dot{I}_C$ [A]　　　(2) 中性線を流れる電流 $\dot{I}_N$ [A]
　　　　(3) 負荷の消費電力 $P$ [kW]

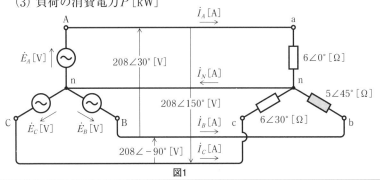

図1

**【解説】**　ここでは，対称三相電源に接続するY負荷または△負荷のインピーダンスがすべて等しいとは限らない場合について考えます. このような回路を**不平衡三相回路**（ふへいこう）と呼びます.

　不平衡三相回路では，平衡三相回路のように，1相の電圧，電流，各種電力を計算し全体を把握するということができません. したがって，オームの法則やキルヒホッフの法則に立ち返って，各相ごとに解析を進めます.

(1) 図1の回路は，三相Y電源に不平衡Y負荷が中性線を含む4本の線で結ばれた**不平衡Y−Y回路**です.

　各線間電圧が次のように与えられています.

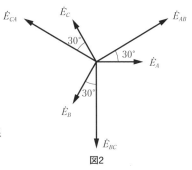

$$\left.\begin{array}{l} \dot{E}_{AB} = 208\angle 30°\,[\text{V}] \\ \dot{E}_{BC} = 208\angle -90°\,[\text{V}] \\ \dot{E}_{CA} = 208\angle 150°\,[\text{V}] \end{array}\right\} \quad (1)$$

　相電圧と線間電圧の関係を図2に示します.

　線間電圧は相電圧の $\sqrt{3}$ 倍で，位相が各相より30°進んでいます. すなわち，相電圧の大きさは線間電圧の $1/\sqrt{3}$ で，位相が30°遅れています.

　したがって，

図2

$$\left.\begin{array}{l} \dot{E}_A = 120\angle 0°\,[\text{V}] \\ \dot{E}_B = 120\angle -120°\,[\text{V}] \\ \dot{E}_C = 120\angle 120°\,[\text{V}] \end{array}\right\} \quad (2)$$

各相ごとの相電流(=線電流)を求めます.

$$\dot{I}_A = \frac{120\angle 0°}{6\angle 0°} = 20\angle 0° \, [\text{A}]$$

$$\dot{I}_B = \frac{120\angle -120°}{5\angle 45°} = 24\angle -165° \, [\text{A}]$$

$$\dot{I}_C = \frac{120\angle 120°}{6\angle 30°} = 20\angle 90° \, [\text{A}]$$

(3)

(2) 上の結果から,中性線に流れる電流 $\dot{I}_N$ は,

$$\dot{I}_N = \dot{I}_A + \dot{I}_B + \dot{I}_C$$

$$= 20\angle 0° + 24\angle -165° + 20\angle 90° = 14.2\angle 103° \, [\text{A}]$$

(4)

(3) 各相の消費電力を求めます.

$$P_a = 120 \times 20 \times \cos 0° = 2.4 \, [\text{kW}]$$

$$P_b = 120 \times 24 \times \cos 45° = 2.04 \, [\text{kW}]$$

$$P_c = 120 \times 20 \times \cos 30° = 2.08 \, [\text{kW}]$$

全消費電力 $P$ は,

$$P = P_a + P_b + P_c = 2.4 + 2.04 + 2.08 = 6.52 \, [\text{kW}]$$

## ■不平衡Ｙ負荷-2

問142 図の三相4線式回路の (1) 電流 $\dot{I}_A$, $\dot{I}_B$, $\dot{I}_C$, $\dot{I}_N$ [A] および (2) 全消費電力 $P$ [W] を求めなさい.

【解説】

(1) 各相電圧が与えられています.

$$\dot{E}_A = 120\angle -30° \, [\text{V}]$$

$$\dot{E}_B = 120\angle -150° \, [\text{V}]$$

$$\dot{E}_C = 120\angle 90° \, [\text{V}]$$

各相の相電流（＝線電流）を求めます．

$$\dot{I}_A = \frac{120\angle-30°}{10\angle0°} = 12\angle-30° [\text{A}]$$

$$\dot{I}_B = \frac{120\angle-150°}{15\angle30°} = 8\angle-180° [\text{A}]$$

$$\dot{I}_C = \frac{120\angle90°}{10\angle-30°} = 12\angle120° [\text{A}]$$

$$\dot{I}_N = \dot{I}_A + \dot{I}_B + \dot{I}_C = 12\angle-30° + 8\angle-180° + 12\angle120° = 5.68\angle129.4° [\text{A}]$$

(2) 負荷各相の抵抗分を求めます．

$$10\angle0° = 10[\Omega] \quad 15\angle30° = 13 + j7.5[\Omega] \quad 10\angle-30° = 8.66 - j5[\Omega]$$

したがって，各相電力は，

$$P_a = 10 \times 12^2 = 1.44 [\text{kW}]$$

$$P_b = 13 \times 8^2 = 0.832[\text{kW}]$$

$$P_c = 8.66 \times 12^2 = 1.247[\text{kW}]$$

全消費電力は，

$$P = 1.44 + 0.832 + 1.247 = 3.52[\text{kW}]$$

です．

## ■不平衡 Δ 負荷

問143 図の回路の(1)線電流 $\dot{I}_A$, $\dot{I}_B$, $\dot{I}_C$ [A]および(2)全消費電力を求めなさい．

## 【解説】

(1) 各線間電圧が与えられています．

$$\dot{V}_{ab} = 240\angle0° [\text{V}]$$

$$\dot{V}_{bc} = 240\angle-120° [\text{V}]$$

$$\dot{V}_{ca} = 240\angle120° [\text{V}]$$

負荷の各相電流を求めます.

$$\dot{I}_a = \frac{240\angle 0°}{25\angle 90°} = 9.6\angle -90° \, [\text{A}]$$

$$\dot{I}_b = \frac{240\angle -120°}{15\angle 30°} = 16\angle -150° \, [\text{A}]$$

$$\dot{I}_c = \frac{240\angle 120°}{20\angle 0°} = 12\angle 120° \, [\text{A}]$$

各線電流を求めます.

$$\dot{I}_A = \dot{I}_a - \dot{I}_c = 9.6\angle -90° - 12\angle 120° = 20.9\angle -73.3° \, [\text{A}]$$

$$\dot{I}_B = \dot{I}_b - \dot{I}_a = 16\angle -150° - 9.6\angle -90° = 13.95\angle 173.4° \, [\text{A}]$$

$$\dot{I}_C = \dot{I}_c - \dot{I}_b = 12\angle 120° - 16\angle -150° = 20\angle 66.9° \, [\text{A}]$$

(2) 各相の消費電力を求めます.

$$P_a = 240 \times 9.6 \times \cos 90° = 0 \, [\text{W}]$$

$$P_b = 240 \times 16 \times \cos 30° = 3.33 \, [\text{kW}]$$

$$P_c = 240 \times 12 \times \cos 0° = 2.88 \, [\text{kW}]$$

したがって, 全消費電力は,

$$P = 3.33 + 2.88 = 6.21 \, [\text{kW}]$$

となります.

# 5章　自習問題　1〜32

解答 → 310〜316頁

**問5-1** 三相電源の各相電圧が $\dot{E}_A = 200\angle 0°$ [V], $\dot{E}_B = 200\angle -120°$ [V], $\dot{E}_C = 200\angle 120°$ [V] である．線間電圧 $\dot{E}_{AB}$, $\dot{E}_{BC}$, $\dot{E}_{CA}$ [V] を求めなさい．

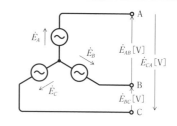

**問5-2** 図の三相回路における全消費電力を求めなさい．

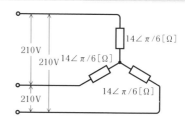

**問5-3** 三相回路において，図のように線電流が流れている．次の値を求めなさい．
(1) 負荷の相電圧 $\dot{V}_{an}$, $\dot{V}_{bn}$, $\dot{V}_{cn}$ [V]
(2) 線間電圧 $\dot{V}_{ab}$, $\dot{V}_{bc}$, $\dot{V}_{ca}$ [V]

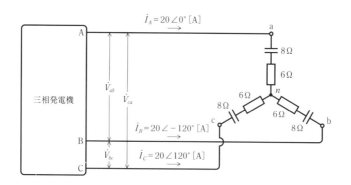

**問5-4** 図の三相回路において，相電圧が50Vであった．線間電圧 $V_\ell$[V]を求めなさい.

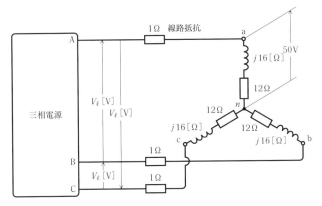

**問5-5** 図の三相回路において，線間電圧200V，線電流50A，消費電力10kWである.

　負荷のリアクタンス$X$[Ω]を求めなさい.

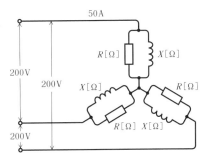

**問5-6** 図のように，各相$X_\ell = 3$[Ω]の誘導リアクタンスをもつ三相発電機の無負荷時の相電圧が250Vである．抵抗$R$[Ω]のY負荷を接続すると線電流50Aが流れた．次の値を求めなさい.

(1) 負荷の相電圧 $\dot{V}_p$[V]

(2) 負荷の線間電圧 $\dot{V}_\ell$[V]

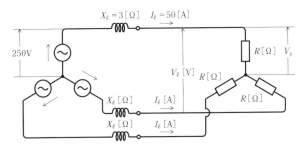

**問5-7**　図に示す三相回路の全消費電力を求めなさい.

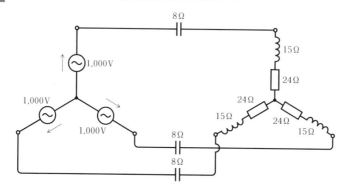

**問5-8**　図(a)に示す三相回路において，負荷を$\Delta - Y$変換した. 変換した負荷を接続したのが図(b)である. 次の値を求めなさい.
(1) 図(a)の線電流$I_\ell$[A]
(2) 図(b)の負荷抵抗$R'$[Ω]
(3) 図(b)の線電流$I_\ell'$[A]

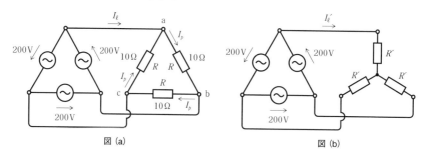

図 (a)　　　　　　　　図 (b)

**問5-9**　図に示す三相回路の皮相電力$S$[V・A]，有効電力$P$[W]，無効電力$Q$[var]を求めなさい.

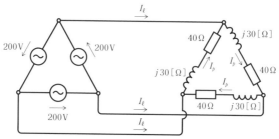

**問5-10** 図の回路における次の値を求めなさい.

(1) 相電流 $\dot{I}_{ab}$, $\dot{I}_{bc}$, $\dot{I}_{ca}$ [A]

(2) 線電流 $\dot{I}_A$, $\dot{I}_B$, $\dot{I}_C$ [A]

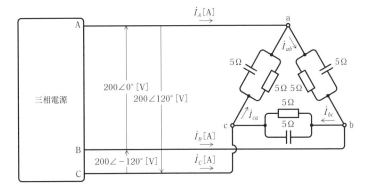

**問5-11** 図の回路において $\dot{V}_{ab} = 16 \angle 0°$ [kV], $\dot{V}_{bc} = 16 \angle -120°$ [kV], $\dot{V}_{ca} = 16 \angle 120°$ [kV] である. 次の値を求めなさい.

(1) 電流 $\dot{I}_{ab}$, $\dot{I}_{bc}$, $\dot{I}_{ca}$ [A]

(2) 電流 $\dot{I}_A$, $\dot{I}_B$, $\dot{I}_C$ [A]

(3) 電圧 $\dot{E}_{AB}$, $\dot{E}_{BC}$, $\dot{E}_{CA}$ [V]

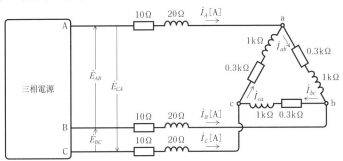

**問5-12** 図の三相回路の電源電圧は $\dot{E}_A = 200 \angle 0°$ [V], $\dot{E}_B = 200 \angle -120°$ [V], $\dot{E}_C = 200 \angle 120°$ [V] である. この電源に抵抗40ΩのΔ負荷を接続したとき, 次の値を求めなさい.

(1) 負荷の線間電圧 $V_\ell$ [V]

(2) 線電流 $I_\ell$ [A]

(3) 全消費電力 $P$ [W]

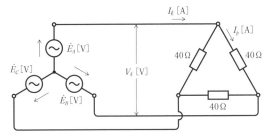

**問5-13** 図の三相回路において，線電流60Aが流れている．次の値を求めなさい．
(1) 電源の相電圧 $V_p$ [V]
(2) 全消費電力 $P$ [W]

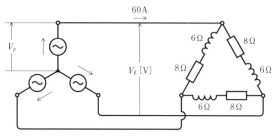

**問5-14** 図の三相回路における次の値を求めなさい．
(1) 線電流 $I_\ell$ [A]
(2) 線路における消費電力 $P_\ell$ [W]
(3) 負荷の消費電力 $P$ [W]

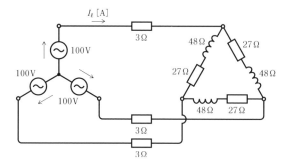

**問5-15** 図の三相回路における皮相電力 $S$ [V・A]，有効電力 $P$ [W]，無効電力 $Q$ [var] を求めなさい．

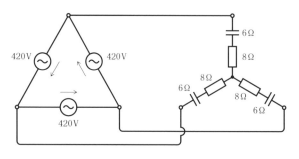

**問5-16** 図の三相回路における線電流 $I_\ell$ [A]および消費電力 $P$ [W]を求めなさい.

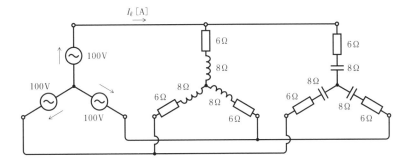

**問5-17** 図の三相回路における全消費電力 $P$ [W]を求めなさい.

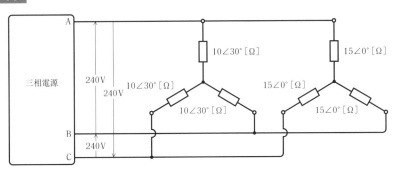

**問5-18** 図の三相回路における次の値を求めなさい.
(1) 線電流 $I_\ell$ [A]
(2) 皮相電力 $S$ [V·A],有効電力 $P$ [W],無効電力 $Q$ [var]

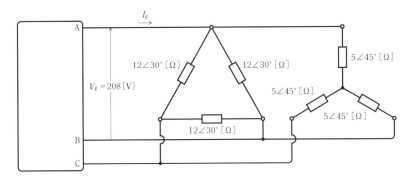

**問5-19** 図(a)に示す三相回路のように，相電圧200V・周波数50Hzの電源に負荷が接続されている．次の問に答えなさい．

(1) 線電流 $I_\ell$[A]を求めなさい．

(2) 図(b)に示す静電容量$C$[F]のコンデンサを$\Delta$結線したものを接続したところ，電源から見た力率が100%になった．$C$[F]の値を求めなさい．

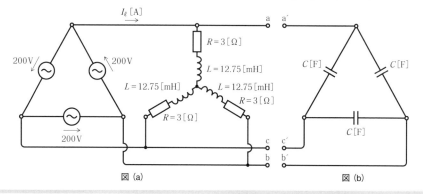

図(a)　　　　　　　　　　　　　図(b)

**問5-20** (1) 図(a)に示すように，210Vの三相電源に抵抗$R$[$\Omega$]と誘導リアクタンス$X$[$\Omega$]からなるY負荷（力率80%）を接続したとき，線電流 $I_\ell = 14/\sqrt{3}$[A]が流れた．誘導リアクタンス$X$[$\Omega$]を求めなさい．

(2) また，図(a)Y負荷を図(b)のように$\Delta$接続し，相電圧200Vの三相電源に接続した．全消費電力を求めなさい．

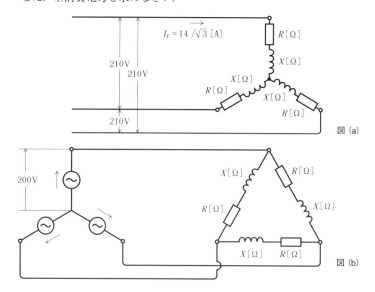

図(a)

図(b)

**問5-21** 図の三相回路に示すように，三相誘導電動機Mが運転されている．各測定器の指示値はそれぞれ次のようであった．電力計 $W_1 = 6$ [kW]，$W_2 = 2.5$ [kW]，電圧計 $V = 200$ [V]，電流計 $A = 30$ [A]．

全消費電力 $P$ [W] および力率 $\cos \theta$ を求めなさい．

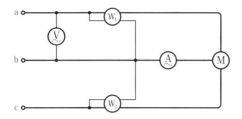

**問5-22** 図のように2個の単相電力計を用いて三相回路の電力を測定した．電力計ⓦ₁およびⓦ₂の指示値を求めなさい．

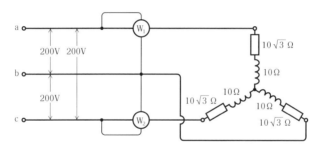

**問5-23** 図の三相回路において線間電圧200V，線電流30Aである．また電力計ⓦ₁の指示値が5.8kW，ⓦ₂の指示値が3.2kWである．

力率を求めなさい．ただし，負荷 $\dot{Z}$ [Ω] は誘導性である．

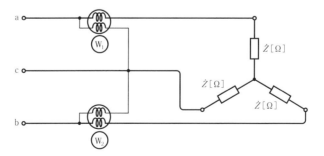

**問5-24** 図の**不平衡三相回路**における次の値を求めなさい.
(1) 線電流 $\dot{I}_A$, $\dot{I}_B$, $\dot{I}_C$ [A]
(2) 全消費電力 $P$ [W]

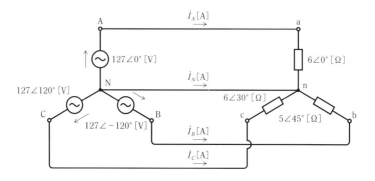

**問5-25** 図の**不平衡三相回路**における次の値を求めなさい.
(1) 相電流 $\dot{I}_a$, $\dot{I}_b$, $\dot{I}_c$ [A]
(2) 線電流 $\dot{I}_A$, $\dot{I}_B$, $\dot{I}_C$ [A]

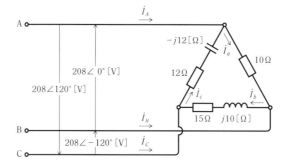

**問5-26** 図の回路において，単相電力計Ⓦの電流コイルはa相に接続され，電圧コイルはb－c相間に接続され，指示は正の値を示していた．この回路について，次の(ⅰ)および(ⅱ)の問に答えなさい.

ただし，対称三相交流電源の相順は，a，b，cとし，単相電力計Ⓦの損失は無視できるものとする.

(1) $R = 9\,\Omega$ の抵抗に流れる電流 $I_{ab}$ [A]を求めなさい.

(2) 単相電力計Ⓦの指示値 $P$ [kW]を求めなさい.

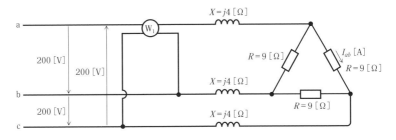

**問5-27** (1) 図の回路において，三相負荷の力率が1であるとき，$L$ [H]と $C$ [F]の関係式を求めなさい.

(2) 力率＝1のとき，静電容量 $C$ [F]の端子間電圧 $V_c$ [V]を求めなさい.

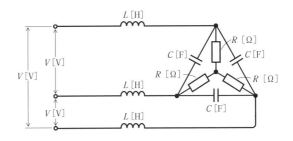

**問5-28** 図のように線間電圧200V，周波数50Hzの対称三相交流電源に$RLC$負荷が接続されている．$R = 10\,\Omega$，$\omega L = 10\,\Omega$，$\dfrac{1}{\omega C} = 20\,\Omega$である．次の(1)および(2)の問に答えなさい．

(1) 電源電流 $I$ の値[A]を求めなさい．

(2) 三相負荷の有効電力の値 $P$ [kW]を求めなさい．

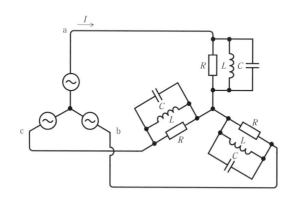

**問5-29** (1) 図1のように，抵抗$R$とコイル$L$からなる平衡三相負荷に，線間電圧200 [V]，周波数50 [Hz]の対称三相交流電源を接続したところ，三相負荷全体の有効電力は$P = 2.4$ [kW]で，無効電力は$Q = 3.2$ [kvar]であった．負荷電流$I$ [A]の値を求めなさい．

(2) 図1に示す回路の各線間に，同じ静電容量のコンデンサ$C$を図2に示すように接続した．このとき，三相電源からみた力率が1となった．このコンデンサ$C$の静電容量[$\mu$F]の値を求めなさい．

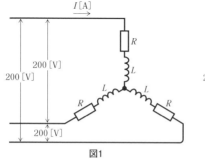

図1

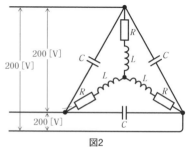

図2

**問5-30** 図のように，抵抗6〔Ω〕と誘導性リアクタンス8〔Ω〕をY結線し，抵抗 $r$〔Ω〕を Δ 結線した平衡三相負荷に，200〔V〕の対称三相交流電源を接続した回路がある．抵抗6〔Ω〕と誘導性リアクタンス8〔Ω〕に流れる電流の大きさを $I_1$〔A〕，抵抗 $r$〔Ω〕に流れる電流の大きさを $I_2$〔A〕とするとき，次の（i）および（ii）問に答えなさい．

(1) 電流 $I_1$〔A〕と電流 $I_2$〔A〕の大きさが等しいとき，抵抗 $r$〔Ω〕の値を求めなさい．

(2) 電流 $I_1$〔A〕と電流 $I_2$〔A〕の大きさが等しいとき，平衡三相負荷が消費する電力 $P$〔kW〕の値を求めなさい．

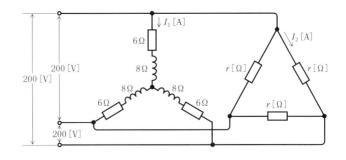

**問5-31** (1) 図1のようにスイッチSが開いた状態において，三相負荷の有効電力$P$の値 [kW]と無効電力$Q$の値[kvar]を求めなさい．

(2) 図2のように三相負荷のコイルの誘導リアクタンスを$\dfrac{2}{3}$[Ω]に置き換え，スイッチSを閉じた．このとき，電源からみた有効電力と無効電力が図1の場合と同じ値となった．コンデンサ$C$の静電容量値[μF]を求めなさい．

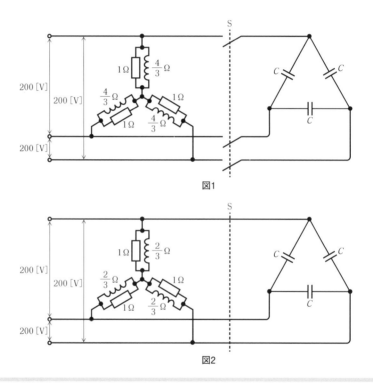

図1

図2

**問5-32** (1) 図の回路のスイッチSを開いた状態において，$V = 200V$，$f = 50Hz$，$R = 5\,\Omega$，$L = 5mH$である．三相負荷全体の有効電力の値$P[W]$と力率の値を求めなさい．

(2) スイッチSを閉じてコンデンサを接続したとき，電源からみた負荷側の力率が1になった．
このとき，静電容量$C$の値[F]を求めなさい．

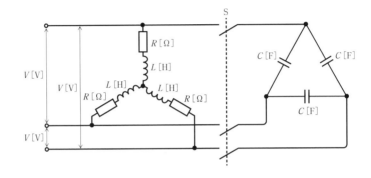

# 過渡現象

## 過渡現象の計算

　これまで学習した内容は，電気回路に電源が接続されたあと，回路が定常状態に達したときの電圧や電流を求めることでありました．

　ここでは新しく，ある定常状態①である電気回路において，電源スイッチを閉（開）すると，閉・開回路後の電流 $i(t)$ [A] や各素子間の電圧 $v(t)$ [V] は，閉回路中の $R[\Omega]$，$L[H]$，$C[F]$ の値に影響されることにより，時間 $t$ [s] の経過とともに変化しつづけ，他の定常状態②へ移行することに注目します．

　定常状態①から②への経過状況を過渡現象と呼んでいます．ここではこの過渡現象について学習します．すなわち，定常状態①から②への変化状況を明らかにしようというのです．

　過渡現象の解析では，まず閉回路に流れる電流 $i(t)$ [A] を仮定し，K（キルヒホッフ）法則（電圧側，電流側）を適用し，方程式を得ます．得た方程式は微分や積分を含む微分方程式であります．この微分方程式を解くことによって，定常状態①から②への時間的経過状況を明らかにすることができるのです．

　ここでは $R\text{-}L$，$R\text{-}C$ 回路において，直流電源を閉開した場合について，次の順序で過渡現象を明らかにしていきます．

(1) 閉回路の電流 $i(t)$ [A] を仮定し，K 法則を適用し，方程式（微分方程式）を得る．

(2) 微分方程式の解法手順にしたがって，解 $i(t)$ [A] および $v(t)$ [V] を求める．

(3) 方程式の解が示す $i(t)$ [A] および $v(t)$ [V] 波形を描き，解の内容を理解する．

(4) 例題・問題解答に移る．

## ■微分方程式の解法1

> **問144** 図示回路において，時間 $t = 0$[s] でスイッチSを閉じ，電圧 $V$[V]を加えた.
> 　$t = 0$[s] 後の電流変化 $i(t)$ [A]の式を求めなさい.

（図：スイッチ S，$R[\Omega]$，$L[H]$，$V[V]$，$i(t)$[A] の直列回路）

**【解説】**　スイッチSを閉じた直後から閉回路に流れる電流を $i(t)$[A] と仮定します.つづいて閉回路に**キルヒホッフの電圧則（K電圧則）**を適用すると次式を得ます（p.125 表1，2，3参照）.

$$Ri(t) + L\frac{di(t)}{dt} = V \ [\text{V}] \qquad (1)$$

　上式は微分を含む**微分方程式**であります. $i(t)$[A]を知るには微分方程式を解かなければなりません.

　微分方程式中の $i(t)$ を求める方法として次の手順1～4に従います.

〈1　整形〉

回路方程式を次式のように整形します.

$$L\frac{di(t)}{dt} + Ri(t) = V$$

$$\frac{di(t)}{dt} + \frac{R}{L}i(t) = \frac{V}{L}$$

$$\left[\frac{d}{dt} + \frac{R}{L}\right]i(t) = \frac{V}{L} \qquad (2)$$

〈2　積分〉

[ 　]内の $\dfrac{R}{L}$ に注目し，次の積分を求めます.

$$e^{\int \frac{R}{L}dt} = e^{\frac{R}{L}t} \qquad (e = 2.718：自然対数の底)$$

〈3　一般解〉

積分で得た指数関数 $e^{\frac{R}{L}t}$ および(2)の右辺の $\dfrac{V}{L}$ に注目し，一般解（次式）を求めます.

$$i(t) = \frac{1}{e^{\frac{R}{L}t}}\left(\int \frac{V}{L}\cdot e^{\frac{R}{L}t}\cdot dt + K\right) \qquad (K：定数)$$

$$= e^{-\frac{R}{L}t}\left(\int \frac{V}{L} \cdot e^{\frac{R}{L}t} \cdot dt + K\right)$$

$$= e^{-\frac{R}{L}t} \cdot \frac{V}{L} \cdot \frac{L}{R} \cdot e^{\frac{R}{L}t} + K \cdot e^{-\frac{R}{L}t}$$

$$i(t) = \frac{V}{R} + K \cdot e^{-\frac{R}{L}t} \quad \text{一般解}(K：未定係数) \qquad (3)$$

〈4 解〉

　一般解に**初期条件**を代入し，$K$の値を求めます．

初期条件：$t = 0$ [s]にて$i(0) = 0$であることから

$$i(0) = 0 = \frac{V}{R} + K \cdot 1$$

$$K = -\frac{V}{R}$$

したがって

$$i(t) = \underbrace{\frac{V}{R}}_{\text{定常解}} - \underbrace{\frac{V}{R} \cdot e^{-\frac{R}{L}t}}_{\text{過渡解}} \text{[A]} \qquad\qquad (4)$$

（定常解は前章までに学習した結果）

$$i(t) = \frac{V}{R}\left(1 - e^{-\frac{R}{L}t}\right) \text{[A]} \qquad\qquad (5)$$

　解$i(t)$ [A]が(5)式で求まったところで，(1)式を満たしていることを確認します．

解$i(t)$を(1)式に代入します．

$$L\frac{di(t)}{dt} + Ri(t)$$

$$= L\frac{d}{dt}\left(\frac{V}{R} - \frac{V}{R} \cdot e^{-\frac{R}{L}t}\right) + R\left(\frac{V}{R} - \frac{V}{R} \cdot e^{-\frac{R}{L}t}\right)$$

$$= L\left(\frac{V}{R} \cdot \frac{R}{L} \cdot e^{-\frac{R}{L}t}\right) + \left(V - V \cdot e^{-\frac{R}{L}t}\right)$$

$$= V \cdot e^{-\frac{R}{L}t} + V - V \cdot e^{-\frac{R}{L}t}$$

$$= V \text{[V]}$$

　$i(t)$の変化のありさまを理解するために，$i(t)\,[\mathrm{A}]$の波形表示がほしいところです．関数 $e^{-\frac{R}{L}t}$，$1-e^{-\frac{R}{L}t}$ の波形を認識することからスタートします．

　電流 $i(t)\,[\mathrm{A}]$の変数は時間 $t\,[\mathrm{s}]$でありますが，$e^{-\frac{R}{L}t}=e^{-1}$ となる時間に注目します．指数を $-1$ とする時間 $\dfrac{L}{R}\,[\mathrm{s}]$を時定数（じていすう）と呼び，記号 $\tau$（タウ）で表すことにします．すなわち，

$$\text{時定数（じていすう）：} \tau = \frac{L}{R}\,[\mathrm{s}] \tag{6}$$

過渡現象の解析では時定数 $\tau\,[\mathrm{s}]$の値を基準（単位）にします．

　したがって $e^{-\frac{R}{L}t}$，$1-e^{-\frac{R}{L}t}$ の変化を知るため，時定数 $\tau\,[\mathrm{s}]$の値とともに $e^{-\tau}$，$e^{-2\tau}$，$\cdots$，$e^{-5\tau}$ の値が必要です（表1）．

　表1を参照し，波形表示したのが波形1です．**表1，波形1**を参照することで$i(t)\,[\mathrm{A}]$の波形に結びつけることができます．

| $t=n\tau$ | $e^{-\frac{1}{\tau}t}$ | %表示 | $1-e^{-\frac{1}{\tau}t}$ | %表示 |
|---|---|---|---|---|
| $1\tau$ | 0.37 | 37 | 0.63 | 63 |
| $2\tau$ | 0.14 | 14 | 0.86 | 86 |
| $3\tau$ | 0.05 | 5 | 0.95 | 95 |
| $4\tau$ | 0.02 | 2 | 0.98 | 98 |
| $5\tau$ | 0.01 | 1 | 0.99 | 99 |

表1

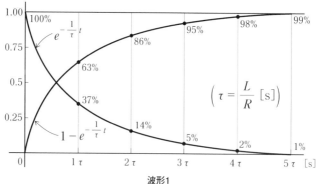

波形1

## ■微分方程式の解法２

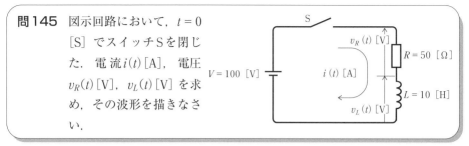

**問145** 図示回路において，$t = 0$ [S] でスイッチSを閉じた．電流$i(t)$ [A]，電圧$v_R(t)$ [V]，$v_L(t)$ [V] を求め，その波形を描きなさい．

**【解説】** スイッチSを閉じた直後から閉回路に流れる電流を$i(t)$ [A]と仮定します．閉回路にK法則を適用し，次の方程式を得ます．

$$50i(t) + 10\frac{di(t)}{dt} = 100 \text{ [V]} \qquad (1)$$

解法手順に従って解を求めます．

〈1 整形〉

$$10\frac{di(t)}{dt} + 50i(t) = 100$$

$$\frac{di(t)}{dt} + 5i(t) = 10$$

$$\left[\frac{d}{dt} + 5\right]i(t) = 10 \qquad (2)$$

〈2 積分〉

$$e^{\int 5dt} = e^{5t}$$

〈3 一般解〉

$$i(t) = e^{-5t}\left(\int 10e^{5t}dt + K\right)$$

$$i(t) = 2 + K \cdot e^{-5t} \text{ [A]} \quad (K : 定数) \qquad (3)$$

〈4 解〉

初期条件 $t = 0$時の電流値 $i(0) = 0$ を求めます．

$$i(0) = 2 + K \cdot e^{-5 \cdot 0} = 2 + K = 0 \quad であることから$$

$K = -2$ であり

$$i(t) = \underbrace{2}_{定常解} - \underbrace{2e^{-5t}}_{過渡解} = 2(1 - e^{-5t}) \text{ [A]} \qquad (4)$$

$$時定数 : \tau = \frac{1}{5} = 0.2 \text{ [s]} \qquad (5)$$

解 $i(t)$ [A]が求まったところで，抵抗の端子間電圧 $v_R(t)$ [V]およびインダクタンスの端子間電圧 $v_L(t)$ [V]は次式となります．

$$v_R(t) = Ri(t)$$

$$= 50 \times 2\ (1 - e^{-5t}) = \mathbf{100\ (1 - e^{-5t})\ [V]} \qquad (6)$$

$$v_L(t) = L\ \frac{di(t)}{dt}$$

$$= 10\ \frac{d}{dt}\ (2 - 2e^{-5t})$$

$$= 10 \times 2 \times 5e^{-5t} = \mathbf{100e^{-5t}\ [V]} \qquad (7)$$

$i(t)$ [A]（波形1），$v_R(t)$ [V]，$v_L(t)$ [V]（波形2）を表示しました．変化の様子をじっくり認識してください．

過渡現象は $5\tau$ [s]でほぼ終了しています．

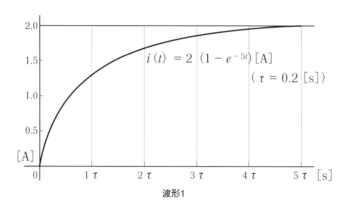

波形1

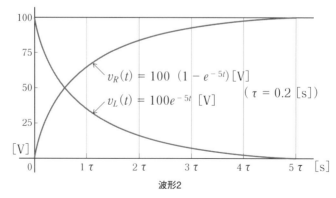

波形2

## ■微分方程式の解法3

> **問146** 図示回路において，時刻 $t = 0\,[\text{s}]$ でスイッチ S を閉じた.
> (1) $0\,[\text{s}]$ 以後，閉回路に流れる電流 $i(t)\,[\text{A}]$ を求めなさい.
> (2) さらに $v_R(t)\,[\text{V}]$，$v_C(t)\,[\text{V}]$ を求めなさい.
>
>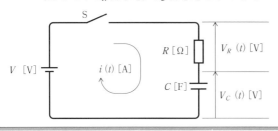

【解説】(1) $t = 0$ において，スイッチ S が投入された直後から閉回路に流れる電流が $i(t)\,[\text{A}]$ であると仮定します．閉回路に K 法則を適用し，次式を得ます．

$$Ri(t) + \frac{1}{C}\int i(t)\,dt = V\,[\text{V}] \tag{1}$$

上式両辺を微分します．

$$R\frac{di(t)}{dt} + \frac{1}{C}\,i(t) = 0 \tag{2}$$

微分方程式の解法手順に従い解 $i(t)\,[\text{A}]$ を求めます．

〈1 整形〉

$$R\frac{di(t)}{dt} + \frac{1}{C}\,i(t) = 0$$

$$\left[\frac{d}{dt} + \frac{1}{RC}\right] i(t) = 0 \tag{3}$$

〈2 積分〉

$$e^{\int \frac{1}{RC}\,dt} = e^{\frac{1}{RC}t} \tag{4}$$

〈3 一般解〉

$$i(t) = e^{-\frac{1}{RC}t}\left(\int 0 \cdot e^{\frac{1}{RC}t} \cdot dt + K\right)$$

$$= K \cdot e^{-\frac{1}{RC}t} \tag{5}$$

〈4 解〉

初期条件 $t = 0$ において

$$i(0) = K \cdot 1 = \frac{V}{R} \quad \text{であります．}$$

$$i(t) = \frac{V}{R} \cdot e^{-\frac{1}{RC}t} \ [\text{A}] \tag{6}$$

(2) $R - C$回路の時定数（記憶しましょう）

$$\tau = RC \ [\text{s}] \tag{7}$$

電流$i(t)$ [A]が求まったところで，

$$v_R(t) = R \cdot i(t) = V \cdot e^{-\frac{1}{RC}t} \ [\text{V}] \tag{8}$$

$$v_C(t) = \frac{1}{C} \int i(t)dt = \frac{1}{C} \int \frac{V}{R} \cdot e^{-\frac{1}{RC}t} dt$$

$$= V(1 - e^{-\frac{1}{RC}t}) \ [\text{V}] \tag{9}$$

**【別解】**

$$i(t) = \frac{dq(t)}{dt} \ [\text{A}] \quad \text{を用いる方法}$$

スイッチSを投入後の電流$i(t)$ [A]に対して，次式を得ました（(1)式を再掲）．

(1) $$Ri(t) + \frac{1}{C}\int i(t)dt = V \tag{10}$$

関係式 $i(t) = \dfrac{dq(t)}{dt}$ [A] を代入します．

$$R\frac{dq(t)}{dt} + \frac{1}{C}q(t) = V \tag{11}$$

解法手順に従って解を求めます．ただし，$q(0) = 0$ [C]とします．

〈1　整形〉

$$\frac{dq(t)}{dt} + \frac{1}{RC}q(t) = \frac{V}{R}$$

$$\left[\frac{d}{dt} + \frac{1}{RC}\right]q(t) = \frac{V}{R} \tag{12}$$

〈2　積分〉

$$e^{\int \frac{R}{L}dt} = e^{\frac{R}{L}t} \tag{13}$$

〈3 一般解〉

$$q(t) = e^{-\frac{1}{RC}t}\left(\int \frac{V}{R} \cdot e^{\frac{1}{RC}t}\,dt + K\right)$$

$$= K \cdot e^{-\frac{1}{RC}t} + e^{-\frac{1}{RC}t}\frac{V}{R} \cdot RC \cdot e^{\frac{1}{RC}t}$$

$$= K \cdot e^{-\frac{1}{RC}t} + CV \tag{14}$$

〈4 解〉

**初期条件** $t = 0$において

$$q(0) = 0 = K + CV$$

$$K = -CV$$

したがって

$$q(t) = CV - CV \cdot e^{-\frac{1}{RC}t}$$

$$= CV\left(1 - e^{-\frac{1}{RC}t}\right)\;[\mathrm{C}]$$

$$i(t) = \frac{dq}{dt}$$

$$= CV \cdot \frac{1}{RC}\,e^{-\frac{1}{RC}t}$$

$$i(t) = \frac{V}{R}\,e^{-\frac{1}{RC}t}\;[\mathrm{A}] \tag{15}$$

電流$i(t)\,[\mathrm{A}]$を得ました.

## ■微分方程式の解法4

**問147** 図示回路において, $t = 0$でスイッチSを閉じた.
閉回路に流れる電流$i(t)\,[\mathrm{A}]$, 端子間電圧$v_R(t)$, $v_C(t)\,[\mathrm{V}]$を求めなさい.

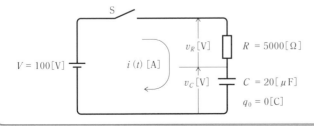

**【解説】**

スイッチ投入後の電流が$i(t)$ [A]であると仮定しましょう．K法則を適用すると次式を得ます．

$$5000\,i(t) + \frac{1}{20 \times 10^{-6}} \int i(t)\,dt = 100 \tag{1}$$

上式の両辺を微分します．

$$5000\,\frac{di(t)}{dt} + 5 \times 10^4\,i(t) = 0 \tag{2}$$

解法手順に従い解$i(t)$を求めます．

〈1 整形〉

$$\frac{di(t)}{dt} + 10\,i(t) = 0$$

$$\left[\frac{d}{dt} + 10\right] i(t) = 0 \tag{3}$$

〈2 積分〉

$$e^{\int 10\,dt} = e^{10t} \tag{4}$$

〈3 一般解〉

$$i(t) = e^{-10t}\left(\int 0 \cdot e^{10t}\,dt + K\right) \tag{5}$$

$$= K \cdot e^{-10t}$$

〈4 解〉 初期条件 $t = 0$ [s]にて$i(0) = \dfrac{100}{5000}$ であることから

$$i(0) = 0.02 = K \cdot 1$$

したがって

$$i(t) = 0.02e^{-10t} \text{ [A]} \text{（波形1）} \tag{6}$$

$$\tau = 0.1 \text{ [s]} \tag{7}$$

つづいて

$$v_R = Ri(t) \tag{8}$$

$$v_R = 5000 \times 0.02e^{-10t} = 100e^{-10t} \text{ [V]} \text{（波形2）}$$

$$v_C = \frac{1}{20 \times 10^{-6}} \int 0.02e^{-10t}\,dt$$

$$= 5 \times 10^4 \times 0.02 \times \frac{1}{10}\left[e^{-10t}\right]_t^0 \tag{9}$$

$$v_C = 100 \times (1 - e^{-10t}) \text{ [V]} \text{（波形2）}$$

各式の時定数は次式であることに留意します．

$$\tau = RC = \frac{1}{10} = 0.1 \text{ [s]} \tag{10}$$

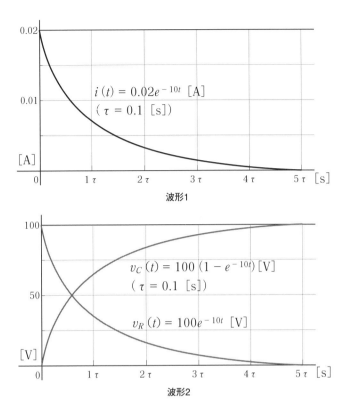

波形1

波形2

### ●時定数 $\tau$ の単位は [s]（秒）

$$v_L = L\frac{di}{dt} \;\rightarrow\; L = v_L\frac{dt}{di}$$

単位を元に考えると

$$L \text{ の単位} = \left[ V \cdot \frac{s}{A} \right] = \left[ \Omega \cdot s \right]$$

$$\frac{L}{R} \text{ の単位} = \left[ \frac{\Omega \cdot s}{\Omega} \right] = \left[ s \right]$$

$$v_C = \frac{1}{C}\int i\,dt \;\rightarrow\; C = \frac{1}{v_C}\int i\,dt$$

$$C \text{ の単位} = \left[ \frac{1}{V} \cdot A \cdot s \right] = \left[ \frac{s}{\Omega} \right]$$

$$RC \text{ の単位} = \left[ \Omega \cdot \frac{s}{\Omega} \right] = \left[ s \right]$$

# 6章 自習問題 1～8

解答 → 316頁

**問6-1** 図1から図5に示す5種類の回路は，$R[\Omega]$の抵抗と静電容量$C[\mathrm{F}]$のコンデンサを組み合わせたものである．コンデンサの初期電荷を零として，スイッチSを閉じたときの回路の過渡的な現象を考えるとき，これら回路のうちで時定数が最も大きい回路を選びなさい．

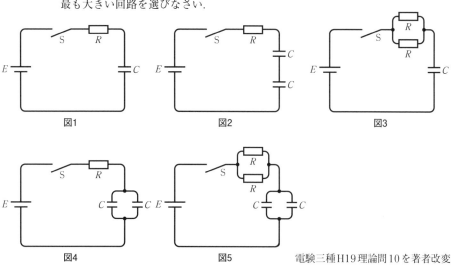

電験三種H19理論問10を著者改変

**問6-2** $R\text{-}L$直列回路において，スイッチSを閉じた直後に過渡現象が起こる．この場合に，「回路に流れる電流」，「抵抗の端子電圧」および「コイルの端子電圧」に関し，時間の経過にしたがって起こる過渡現象として，正しいものを組み合わせたのは次のうちどれか．

| | 回路に流れる電流 | 抵抗の端子電圧 | コイルの端子電圧 |
|---|---|---|---|
| (1) | 大きくなる | 低下する | 上昇する |
| (2) | 小さくなる | 上昇する | 低下する |
| (3) | 大きくなる | 上昇する | 上昇する |
| (4) | 小さくなる | 低下する | 上昇する |
| (5) | 大きくなる | 上昇する | 低下する |

電験三種H27理論問10を著者改変

**問6-3** 図のような*RL*回路，*RC*回路がある．各回路において，時刻 $t = 0$ [s] でスイッチSを閉じたとき，回路を流れる電流 $i$[A]，抵抗の端子電圧 $v_r$[V]，コイルの端子電圧 $v_\ell$ [V]，コンデンサの端子電圧 $v_c$[V]の波形の組合せを示す図として，正しいものを次の(1)〜(3)のうちから一つ選びなさい．

ただし，電源の内部インピーダンスおよびコンデンサの初期電荷は0とする．

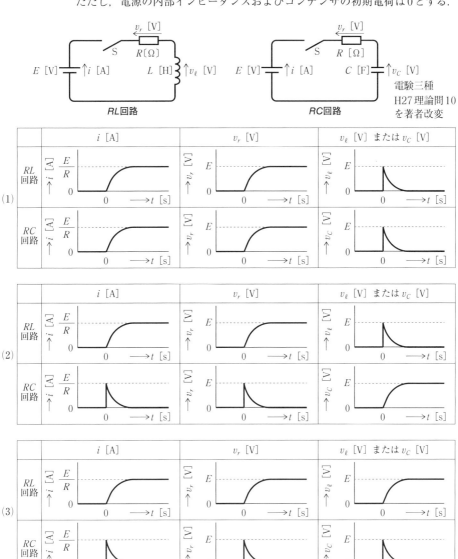

電験三種
H27 理論問10
を著者改変

**問6-4** 図示回路において，スイッチSを閉じ定常状態に達した時点で電源を流れ出る電流値 $I$ [A]を求めなさい．

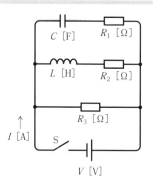

電験三種R元理論問7を著者改変

**問6-5** 図示回路において，スイッチSを①側に閉じコンデンサ $C$ [F]を充分に充電した．その後時刻 $t = 0$ [s]でスイッチを①から②で切り換えた．

②側に切り換えた以後の記述として，誤っているものを選択しなさい．

ただし，自然対数の底は2.718とする．

(1) 回路の時定数は，$C$ [F]に比例する．

(2) コンデンサの端子電圧 $v_c$[V]は，$R$ [Ω]が大きいほど緩やかに減少する．

(3) 時刻 $t = 0$ [s]から時定数だけ時間経過すると，コンデンサの端子電圧 $v_c$[V]は直流電源の電圧 $E$[V]の0.368倍に減少する．

(4) 抵抗の端子電圧 $v_R$[V]の極性は，切り換え前（コンデンサ充電中）と逆になる．

(5) 時刻 $t = 0$ [s]における回路の電流 $i$[A]は，$C$ の値 [F]に関係する．

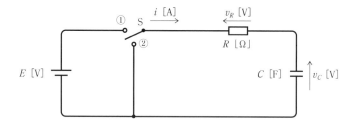

電験三種H28理論問10を著者改変

**問6-6** 図示回路のように，電圧1kVに充電された静電容量100 $\mu$Fのコンデンサ，抵抗1kΩ，スイッチからなる回路がある．

　スイッチを閉じた直後に過渡的に流れる電流の時定数$\tau$の値[s]と，スイッチを閉じてから十分に時間が経過するまでに抵抗で消費されるエネルギー$W$の値[J]の組合せとして，正しいものを次の(1)～(5)のうちから一つ選びなさい．

| | $\tau$ | $W$ |
|---|---|---|
| (1) | 0.1 | 0.1 |
| (2) | 0.1 | 50 |
| (3) | 0.1 | 1000 |
| (4) | 10 | 0.1 |
| (5) | 10 | 50 |

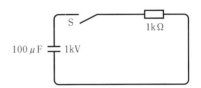

電験三種R元理論問10を著者改変

**問6-7** 図示回路のように，電圧 $E$[V] の直流電源に，開いた状態のスイッチS，$R_1$[Ω] の抵抗，$R_2$[Ω] の抵抗および電流が0[A]のコイル（インダクタンス$L$ [H]）を接続した回路がある．次の文章は，この回路に関する記述である．

1　スイッチSを閉じた瞬間（時刻 $t = 0$ [s]）に$R_1$[Ω] の抵抗に流れる電流は，（ア）[A] となる．

2　スイッチSを閉じて回路が定常状態とみなせるようになったとき，$R_1$[Ω] の抵抗に流れる電流は，（イ）[A]となる．

　上記の記述中の空白箇所（ア）および（イ）に当てはまる式の組合せとして，正しいものを次の(1)～(5)のうちから一つ選びなさい．

| | （ア） | （イ） |
|---|---|---|
| (1) | $\dfrac{E}{R_1 + R_2}$ | $\dfrac{E}{R_1}$ |
| (2) | $\dfrac{R_2 E}{(R_1 + R_2)\,R_1}$ | $\dfrac{E}{R_1}$ |
| (3) | $\dfrac{E}{R_1}$ | $\dfrac{E}{R_1 + R_2}$ |
| (4) | $\dfrac{E}{R_1}$ | $\dfrac{E}{R_1}$ |
| (5) | $\dfrac{E}{R_1 + R_2}$ | $\dfrac{E}{R_1 + R_2}$ |

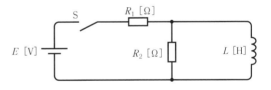

電験三種H29 理論問10を著者改変

**問6-8** インダクタンス$L$[H]と$R$[Ω]の抵抗からなる図1の直列回路に，図2のような振幅$E$[V]，パルス幅$T_0$[s]の方形波電圧$v_i$[V]を加えた．このときの抵抗$R$[Ω]の端子間電圧$v_R$[V]の波形を示す図として，正しいのは次のうちどれか．

ただし，回路の時定数$\dfrac{L}{R}$[s]は$T_0$[s]より十分小さいとする．

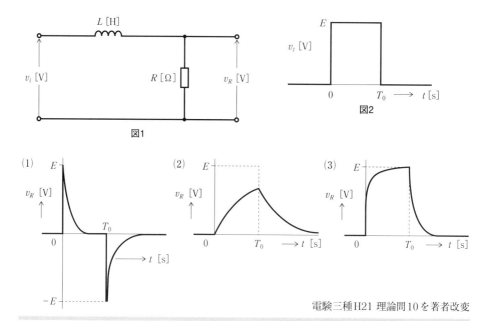

図1

図2

電験三種H21 理論問10を著者改変

# 自習問題解答

## 自習問題解答

### 問 1-1

直並列回路

(1) $R_1 = \dfrac{r \times r}{r + r} + \dfrac{r \times r}{r + r}$

$= \dfrac{6}{2} + \dfrac{6}{2} = 6\,[\Omega]$

(2) $R_2 = \dfrac{r \times \left(\dfrac{r}{2} + \dfrac{r}{2}\right)}{r + \left(\dfrac{r}{2} + \dfrac{r}{2}\right)} = \dfrac{r \times r}{r + r}$

$= \dfrac{6}{2} = 3\,[\Omega]$

(3) $R_3 = \dfrac{r \times r}{r + r} + r + \dfrac{r \times r}{r + r}$

$= \dfrac{6}{2} + 6 + \dfrac{6}{2} = 12\,[\Omega]$

### 問 1-2

直並列回路

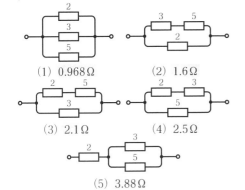

(1) 0.968 Ω　　(2) 1.6 Ω

(3) 2.1 Ω　　(4) 2.5 Ω

(5) 3.88 Ω

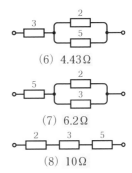

(6) 4.43 Ω

(7) 6.2 Ω

(8) 10 Ω

### 問 1-3

直並列回路

$R = 16 + \dfrac{4 \times 6}{4 + 6} = 18.4\,[\Omega]$

$I_1 = \dfrac{20}{18.4} = 1.087\,[A]$

$I_2 = 1.087 \times \dfrac{6}{4 + 6} = 0.652\,[A]$

$I_3 = 1.087 \times \dfrac{4}{4 + 6} = 0.435\,[A]$

### 問 1-4

直並列回路

$R = 3.2 + \dfrac{12 \times 8}{12 + 8} = 8\,[\Omega]$

$I_1 = \dfrac{32}{8} = 4\,[A]$

$I_2 = 4 \times \dfrac{8}{12 + 8} = 1.6\,[A]$

$I_3 = 4 \times \dfrac{12}{12 \times 8} = 2.4\,[A]$

## 問 1-5

直並列回路

(1) $R = 20 + 25 + 100 = 145\,[\text{k}\Omega]$

$I = \dfrac{100}{145 \times 10^3} = 0.69\,[\text{mA}]$

(2) $V_1 = 20 \times 10^3 \times 0.69 \times 10^{-3} = 13.8\,[\text{V}]$

$V_2 = 25 \times 10^3 \times 0.69 \times 10^{-3} = 17.3\,[\text{V}]$

$V_3 = 100 \times 10^3 \times 0.69 \times 10^{-3} = 69\,[\text{V}]$

(3) $I_1 = \dfrac{90}{15} = 6\,[\text{A}]$

$I_2 = \dfrac{90}{30} = 3\,[\text{A}]$

$I_3 = \dfrac{90}{45} = 2\,[\text{A}]$

$I = 6 + 3 + 2 = 11\,[\text{A}]$

## 問 1-6

直並列回路

(1) $V_{ab} = \dfrac{12}{10 \times 10^3} \times 6 \times 10^3 = 7.2\,[\text{V}]$

$V_{bc} = \dfrac{12}{10 \times 10^3} \times 4 \times 10^3 = 4.8\,[\text{V}]$

(2) $R = \dfrac{(6 \times 10^3) \times (30 \times 10^3)}{(6 \times 10^3) + (30 \times 10^3)}$

$\qquad + \dfrac{(4 \times 10^3) \times (12 \times 10^3)}{(4 \times 10^3) + (12 \times 10^3)}$

$\qquad = 5 \times 10^3 + 3 \times 10^3 = 8\,[\text{k}\Omega]$

$12 : V_{ab} = 8 : 5$

$V_{ab} = 7.5\,[\text{V}]$

$V_{bc} = 12 - 7.5 = 4.5\,[\text{V}]$

## 問 1-7

直並列回路

(1) $I_1 = \dfrac{2}{1 + \dfrac{0.1}{4}} = 1.951\,[\text{A}]$

(2) $I_2 = \dfrac{2 \times 2}{1 + 0.1 + \dfrac{0.1}{3}} = 3.53\,[\text{A}]$

(3) $I_3 = \dfrac{3 \times 2}{1 + 2 \times 0.1 + \dfrac{0.1}{2}} = 4.8\,[\text{A}]$

(4) $I_4 = \dfrac{2 \times 2}{1 + \dfrac{0.1}{2} \times 2} = 3.64\,[\text{A}]$

(5) $I_5 = \dfrac{4 \times 2}{1 + 0.1 \times 4} = 5.71\,[\text{A}]$

以上より，(5)．

## 問 1-8

直並列回路

$R_t = 3 + \dfrac{2 \times R}{2 + R} = \dfrac{6 + 5R}{2 + R}\,[\Omega]$

$I = \dfrac{100}{R_t} = \dfrac{100 \times (2 + R)}{6 + 5R}\,[\text{A}]$

$4 = \dfrac{100 \times (2 + R)}{6 + 5R} \times \dfrac{2}{2 + R} = \dfrac{200}{6 + 5R}$

上式から $R = 8.8\,[\Omega]$

## 問 1-9

直列回路

$E : V = (3 + 1) : 1$

$4V = E$

$V = 0.25\,E\,[\text{V}]$

$E : V' = (3 + 1.1) : 1.1$

$4.1V' = 1.1\,E$

$V' = 0.268\,E\,[\text{V}]$

増減率 $= \dfrac{|(0.25 - 0.268)E|}{0.25\,E} \times 100 - 7.2\%$

## 問 1-10

並列回路

$\dfrac{1}{R} = \dfrac{1}{10} + \dfrac{1}{20} + \dfrac{1}{30} = 0.1833\,[\text{S}]$

$R = 5.46\,[\Omega]$

$E = 5.46 \times 5 = 27.3\,[\text{V}]$

$I_1 = \dfrac{27.3}{10} = 2.73\,[\text{A}]$

$I_2 = \dfrac{27.3}{20} = 1.365\,[\text{A}]$

$I_3 = \dfrac{27.3}{30} = 0.91\,[\text{A}]$

## 問 1-11

直並列回路

S：開のとき，

$$I_o = \frac{E}{2 + 10} = \frac{E}{12}\ [\mathrm{A}]$$

S：閉のとき，

$$I_c = \frac{E}{2 + \dfrac{10R}{R + 10}} = \frac{(R + 10)\,E}{12R + 20}\ [\mathrm{A}]$$

$$3 \times \frac{E}{12} = \frac{(R + 10)\,E}{12R + 20}$$

$$4(R + 10) = 12R + 20$$

$$8R = 20$$

$$R = 2.5\ [\Omega]$$

## 問 1-12

直並列回路

$$I = I_1 + I_2 = \frac{E}{r_1} + \frac{V}{R}\ [\mathrm{A}]$$

$$= \frac{E}{r_1} + \frac{E/5}{R} = \frac{E}{r_1} + \frac{E}{5R}$$

$$\frac{E}{R} = E\left(\frac{1}{r_1} + \frac{1}{5R}\right)$$

$$\frac{1}{R} = \frac{1}{r_1} + \frac{1}{5R}$$

$$\frac{1}{r_1} = \frac{1}{R} - \frac{1}{5R} = \frac{4}{5R}$$

$$r_1 = \frac{5}{4}\,R\ [\Omega]$$

## 問 1-13

直並列回路

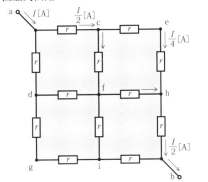

a−b間に電圧 $V\,[\mathrm{V}]$ を加え電流 $I\,[\mathrm{A}]$ を流す．回路の対称性から，a点の電流 $I\,[\mathrm{A}]$ は左下図のように分流する．

$$V = r\frac{I}{2} + r\frac{I}{4} + r\frac{I}{4} + r\frac{I}{2}$$

$$= \left(1 + \frac{1}{2}\right)rI\ [\mathrm{V}]$$

$$R = \frac{V}{I} = \frac{3}{2}\,r\ [\Omega]$$

## 問 1-14

直並列回路

$$R = \frac{2 \times 4}{2 + 4} + \frac{5 \times 10}{5 + 10} + 10 = 14.67\ [\Omega]$$

$$I = \frac{50}{14.67} = 3.41\ [\mathrm{A}]$$

$$P = 50 \times 3.41 = 171\ [\mathrm{W}]$$

## 問 1-15

直並列回路

(1) $\dfrac{1}{R} = \dfrac{1}{200} + \dfrac{1}{400} + \dfrac{1}{400} = 0.01\ [\mathrm{S}]$

$$R = \frac{1}{0.01} = 100\ [\Omega]$$

$$I = \frac{208}{2 + 100 + 2} = 2\ [\mathrm{A}]$$

$$V_{ab} = 100 \times 2 = 200\ [\mathrm{V}]$$

(2) $I_1 = \dfrac{200}{200} = 1\ [\mathrm{A}]$

$$I_2 = I_3 = \frac{200}{400} = 0.5\ [\mathrm{A}]$$

(3) $P = 208 \times 2 = 416\ [\mathrm{W}]$

## 問 1-16

直並列回路

(1) a−b間の抵抗：$R_{ab}$

$$\frac{1}{R_{ab}} = \frac{1}{4} + \frac{1}{20} + \frac{1}{80} = 0.313\ [\mathrm{S}]$$

$R_{ab} = 3.2\,[\Omega]$

$V_{ab} = 10 \times 3.2 = 32\,[\mathrm{V}]$

$I_1 = \dfrac{32}{4} = 8\,[\mathrm{A}]$

$I_2 = \dfrac{32}{20} = 1.6\,[\mathrm{A}]$

$I_3 = \dfrac{32}{80} = 0.4\,[\mathrm{A}]$

(2) $P = (4 + 3.2) \times 10^2 = 720\,[\mathrm{W}]$

## 問 1-17

直並列回路

$\dfrac{1}{R_{ab}} = \dfrac{1}{10} + \dfrac{1}{5} + \dfrac{1}{25} = \dfrac{17}{50}$

$R_{ab} = 2.94\,[\Omega]$

$I_0 = \dfrac{25}{10 + 2.94} = 1.932\,[\mathrm{A}]$

(1) $V_{ab} = 1.932 \times 2.94 = 5.68\,[\mathrm{V}]$

(2) $I = \dfrac{5.68}{25} = 0.227\,[\mathrm{A}]$

## 問 1-18

直並列回路

(1) $20 = I_1 \times \dfrac{5}{5 + 10}\,[\mathrm{A}]$

$I_1 = 20 \times \dfrac{15}{5} = 60\,[\mathrm{A}]$

$I_2 = 60 \times \dfrac{10}{5 + 10} = 40\,[\mathrm{A}]$

(2) $E = \left(5 + \dfrac{5 \times 10}{5 + 10}\right) \times 60 = 500\,[\mathrm{V}]$

$R = 5 + \dfrac{5 \times 7.5}{5 + 7.5} = 8\,[\Omega]$

$I_1 = \dfrac{500}{8} = 62.5\,[\mathrm{A}]$

$I_2 = 62.5 \times \dfrac{7.5}{5 + 7.5} = 37.5\,[\mathrm{A}]$

## 問 1-19

直並列回路

図 (a)

$I_p = \dfrac{E}{\dfrac{1 \times R_2}{1 + R_2}} = \dfrac{(R_2 + 1)\,E}{R_2}\,[\mathrm{A}]$

$P_p = E \times \dfrac{(R_2 + 1)\,E}{R_2}\,[\mathrm{W}]$

図 (b)

$I_s = \dfrac{E}{R_2 + 1}\,[\mathrm{A}]$

$P_s = E \times \dfrac{E}{R_2 + 1}\,[\mathrm{W}]$

題意より $P_p = 6P_s$

$\dfrac{(R_2 + 1)\,E^2}{R_2} = 6 \times \dfrac{E^2}{R_2 + 1}$

$(R_2 + 1)^2 = 6R_2$

$R_2{}^2 - 4R_2 + 1 = 0$

上式 (二次方程式) を解く.

$R_2 = \dfrac{4 \pm \sqrt{4^2 - 4}}{2}$

$R_2 = 3.73\,[\Omega]$ または $0.268\,[\Omega]$

$R_2 > 1$ であることから

$R_2 = 3.73\,[\Omega]$

## 問 1-20

直並列回路

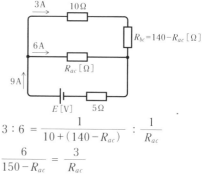

$3 : 6 = \dfrac{1}{10 + (140 - R_{ac})} : \dfrac{1}{R_{ac}}$

$\dfrac{6}{150 - R_{ac}} = \dfrac{3}{R_{ac}}$

$3\,(150 - R_{ac}) = 6R_{ac}$

$450 = 9R_{ac}$

$R_{ac} = 50\,[\Omega]$

$\dfrac{R_{ac}}{R_{bc}} = \dfrac{50}{90} = 0.556$

直並列回路

(1) 回路の対称性により，

$V_{cc'} = V_{dd'} = 0\,[V]$

$R = \dfrac{(3 + 1 + 3)}{2} = 3.5\,[\Omega]$

(2) $I = \dfrac{70}{3.5} = 20\,[A]$

直並列回路

(1) $\dfrac{1}{R_t} = \dfrac{1}{R} + \dfrac{1}{2R} + \dfrac{1}{3R} = \dfrac{11}{6R}\,[S]$

$R_t = 0.546R\,[\Omega]$

(2) $E = 8 \times 0.546R = 4.37R\,[V]$

$I_1 = \dfrac{4.37R}{R} = 4.37\,[A]$

$I_2 = \dfrac{4.37R}{2R} = 2.19\,[A]$

$I_3 = \dfrac{4.37R}{3R} = 1.457\,[A]$

ラダー回路

(1) $V_{bb'} = (5 + 10) \times 1 = 15\,[V]$

$I_{bb'} = \dfrac{15}{10} = 1.5\,[A]$

$I_{ab} = 1 + 1.5 = 2.5\,[A]$

$V_{aa'} = 5 \times (1 + 1.5) + 15 = 27.5\,[V]$

$I = \dfrac{27.5}{10} + 2.5 = 5.25\,[A]$

$E = 5 \times 5.25 + 27.5 = 53.8\,[V]$

(2) $R = \dfrac{53.8}{5.25} = 10.25\,[\Omega]$

直並列回路

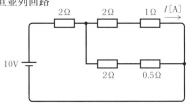

(1) $R = 2 + \dfrac{3 \times 2.5}{3 + 2.5} = 3.36\,[\Omega]$

(2) $I_\ell = \dfrac{10}{3.36} = 2.98\,[A]$

$I = 2.98 \times \dfrac{2.5}{3 + 2.5} = 1.355\,[A]$

(3) $P = 10 \times 2.98 = 29.8\,[W]$

直並列回路

(1) $I = \dfrac{100}{10 + 15 + 25} = 2\,[A]$

$V_{ad} = 100\,[V]$

$V_{bd} = (15 + 25) \times 2 = 80\,[V]$

$V_{cd} = 25 \times 2 = 50\,[V]$

(2) $R_{cd} = \dfrac{25 \times 50}{25 + 50} = 16.67\,[\Omega]$

$R_{bd} = \dfrac{31.7 \times 50}{31.7 + 50} = 19.4\,[\Omega]$

$R_{ad} = 10 + 19.4 = 29.4\,[\Omega]$

$V_{ad} = 100\,[V]$

$100 : V_{bd} = 29.4 : 19.4$

$V_{bd} = 66\,[V]$

$66 : V_{cd} = 31.7 : 16.67$

$V_{cd} = 34.7\,[V]$

ブリッジ回路

$R = \dfrac{(4 + 5) \times (8 + 10)}{(4 + 5) + (8 + 10)} + 3 = 9\,[\Omega]$

$I = \dfrac{1.8}{3} = 0.6\,[A]$

$E = 9 \times 0.6 = 5.4\,[V]$

## 問 1-27

ブリッジ回路

$$\frac{1}{R} = \frac{1}{4+12} + \frac{1}{16} + \frac{1}{5+15} = 0.175\,[\mathrm{S}]$$

$$R = 5.71\,[\Omega]$$

$$I = \frac{12}{5.71} = 2.1\,[\mathrm{A}]$$

## 問 1-28

ブリッジ回路

$$R = \frac{18 \times 8}{18+8} = 5.54\,[\Omega]$$

## 問 1-29

ブリッジ回路

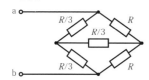

$$R_{ab} = \frac{2R \times \dfrac{2R}{3}}{2R + \dfrac{2R}{3}} = \frac{R}{2}\,[\Omega]$$

## 問 1-30

ラダー回路

(1) $R_{dd'} = 100\,[\Omega]$

$R_{cc'} = 100\,[\Omega]$

$R_{bb'} = 100\,[\Omega]$

$R_t = 100 + 100 = 200\,[\Omega]$

(2) $V_{bb'} = \dfrac{200}{2} = 100\,[\mathrm{V}]$

$V_{cc'} = \dfrac{100}{2} = 50\,[\mathrm{V}]$

$V_{dd'} = \dfrac{50}{2} = 25\,[\mathrm{V}]$

$V = \dfrac{25}{2} = 12.5\,[\mathrm{V}]$

## 問 1-31

ラダー回路

(1) $R_{cc'} = \dfrac{6 \times 3}{6+3} = 2\,[\Omega]$

$R_{bb'} = \dfrac{4 \times (2+2)}{4+(2+2)} = 2\,[\Omega]$

$R_{aa'} = 3 + 2 = 5\,[\Omega]$

$I_1 = \dfrac{240}{5} = 48\,[\mathrm{A}]$

$I_2 = 48 \times \dfrac{4}{4+4} \times \dfrac{6}{6+3} = 16\,[\mathrm{A}]$

(2) $V_1 = 240 - 3 \times 48 = 96\,[\mathrm{V}]$

$V_2 = 96 - 2 \times 24 = 48\,[\mathrm{V}]$

$V_3 = 48 - 1 \times 16 = 32\,[\mathrm{V}]$

(3) $P = 240 \times 48 = 11.52\,[\mathrm{kW}]$

## 問 1-32

直並列回路

(1) $R_{cd} = 2\,[\Omega]$

$R_{bd} = 5\,[\Omega]$

$R_{ad} = 5 + 5 = 10\,[\Omega]$

$R_t = \dfrac{10 \times 10}{10+10} = 5\,[\Omega]$

$I_1 = \dfrac{80}{5} = 16\,[\mathrm{A}]$

$I_2 = \dfrac{80}{10} = 8\,[\mathrm{A}]$

$I_3 = I_4 = 8 \times \dfrac{10}{10+10} = 4\,[\mathrm{A}]$

(2) $P_5 = 5 \times 8^2 = 320\,[\mathrm{W}]$

$P_6 = 6 \times 4^2 = 96\,[\mathrm{W}]$

$P_8 = 8 \times 4^2 = 128\,[\mathrm{W}]$

(3) $P = 80 \times 16 = 1.28\,[\mathrm{kW}]$

## 問 1-33

直並列回路

$$R_{cd} = \frac{2R \times 3R}{2R + 3R} = 1.2R\,[\Omega]$$

$R_t = 1.2R + 2R = 3.2R [\Omega]$

$I = \dfrac{E}{3.2R} = 0.313 \dfrac{E}{R} \ [\text{A}]$

$I_1 = 0.313 \dfrac{E}{R} \times \dfrac{2R}{2R + 3R} = 0.125 \dfrac{E}{R} \ [\text{A}]$

$V_{ab} = 2R \times 0.125 \dfrac{E}{R} + R \times 0.313 \dfrac{E}{R}$

$\quad = 0.563E = 27$

$E = \dfrac{27}{0.563} = 48 [\text{V}]$

## 問 1-34

最大消費電力定理

回路の全抵抗 $R_t$ は,

$R_t = 50 + \dfrac{50R}{R + 50} \ [\Omega]$

$I = \dfrac{100}{50 + \dfrac{50R}{R + 50}} \times \dfrac{50}{R + 50}$

$\quad = \dfrac{50}{R + 25} \ [\text{A}]$

$P = R \times \left( \dfrac{50}{R + 25} \right)^2 = \dfrac{50^2 R}{R^2 + 50R + 25^2}$

$\quad = \dfrac{50^2}{R + 50 + \dfrac{25^2}{R}} \ [\text{W}]$

$R \times \dfrac{25^2}{R} = 25^2 \ (一定)$

最小定理を適用して,

$R = 25 [\Omega]$

## 問 1-35

電源の内部抵抗

$I = \dfrac{42}{r + 12} \ [\text{A}]$

$35 = 42 - r \times \dfrac{42}{r + 12}$

$r = \dfrac{84}{35} = 2.4 [\Omega]$

## 問 1-36

電池の内部抵抗

$0.7 = E - 5r \ \rightarrow \ E = 5r + 0.7 [\text{V}]$

$\ \ 1 = E - 2r \ \rightarrow \ E = 2r + \ \ 1 [\text{V}]$

$5r + 0.7 = 2r + 1$

$r = \dfrac{0.3}{3} = 0.1 [\Omega]$

## 問 1-37

電池の起電力

$3 = \dfrac{E}{r + 2.25} \ [\text{A}] \ \rightarrow \ E = 3r + 6.75 [\text{V}]$

$2 = \dfrac{E}{r + 3.45} \ [\text{A}] \ \rightarrow \ E = 2r + 6.9 \ [\text{V}]$

$3r + 6.75 = 2r + 6.9$

$r = 0.15 [\Omega]$

$E = 3 \times 0.15 + 6.75 = 7.2 [\text{V}]$

## 問 1-38

電圧計指示値

(1) $150 : V_1 = 40 : 10$

$\quad V_1 = \dfrac{150 \times 10}{40} = 37.5 [\text{V}]$

(2) $\dfrac{(10 \times 10^3) \times (30 \times 10^3)}{(10 \times 10^3) + (30 \times 10^3)} = 7.5 [\text{k}\Omega]$

$\quad 150 : V_2 = 37.5 : 7.5$

$\quad V_2 = 30 [\text{V}]$

## 問 1-39

電圧計2台の指示値

$\textcircled{V_1}$ の動作電流 $I_1 = \dfrac{120}{20 \times 10^3} = 6 [\text{mA}]$

$\textcircled{V_2}$ の動作電流 $I_2 = \dfrac{240}{30 \times 10^3} = 8 [\text{mA}]$

電圧計を直列接続したとき,

$\quad$ 最大電流 $6 [\text{mA}]$

$\textcircled{V_1}$ の指示値 $V_1 = 120 [\text{V}]$

$\boxed{\text{V}_2}$ の指示値 $V_2 = 240 \times \dfrac{6}{8} = 180 \,[\text{V}]$

測定可能最大電圧 $V = 120 + 180 = 300 \,[\text{V}]$

---

## 問 1-40

電流計と電圧計

(1) $I = 1\,[\text{mA}]$ のとき，端子間電圧 $V_0$

$V_0 = 23 \times 1 \times 10^{-3} = 23 \,[\text{mV}]$

5Vまで測定するときの倍率 $m$

$m = \dfrac{5}{23 \times 10^{-3}} = 217 \,[倍]$

$R_m = (217 - 1) \times 23 = 4.97 \,[\text{k}\Omega]$

(2) $I = \dfrac{5}{23 + 4{,}970 + 50} = 0.991 \,[\text{mA}]$

$V = 5 \times 0.991 = 4.96 \,[\text{mV}]$

---

## 問 1-41

倍率器

$V_0$：電流計の最大電圧

$V_0 = 50 \times 1 \times 10^{-3} = 50 \times 10^{-3} \,[\text{V}]$

$m_1,\ m_2,\ m_3$：倍率

$m_1 = \dfrac{10}{50 \times 10^{-3}} = 200$

$R_1 = (200 - 1) \times 50 = 9.95 \,[\text{k}\Omega]$

$m_2 = \dfrac{50}{50 \times 10^{-3}} = 1{,}000$

$R_2{}' = (1{,}000 - 1) \times 50 = 49.95 \,[\text{k}\Omega]$

$R_2 = 49.95 - 9.95 = 40 \,[\text{k}\Omega]$

$m_3 = \dfrac{100}{50 \times 10^{-3}} = 2{,}000$

$R_3{}' = (2{,}000 - 1) \times 50 = 99.95 \,[\text{k}\Omega]$

$R_3 = 99.95 - 40 - 9.95 = 50 \,[\text{k}\Omega]$

---

## 問 1-42

分流器

$m_1 = \dfrac{1}{1 \times 10^{-3}} = 1{,}000$

$R_1 = \dfrac{50}{1{,}000 - 1} = 0.05 = 50 \,[\text{m}\Omega]$

$m_2 = \dfrac{10}{1 \times 10^{-3}} = 10{,}000$

$R_2 = \dfrac{50}{10{,}000 - 1} = 0.005 = 5 \,[\text{m}\Omega]$

$m_3 = \dfrac{100}{1 \times 10^{-3}} = 100{,}000$

$R_3 = \dfrac{50}{100{,}000 - 1} = 0.0005 = 0.5 \,[\text{m}\Omega]$

---

# 自習問題解答

## 2章　直流回路計算❷
## キルヒホッフの法則とべんりな定理

---

## 問 2-1

電流則

(1) a点　$I_1 = 12 + 4 + 9 = 25 \,[\text{A}]$

　　 b点　$I_2 = 25 - 6 + 4 = 23 \,[\text{A}]$

　　 c点　$I_3 = 23 - 3 = 20 \,[\text{A}]$

(2) a点　$I_1 = 20 - 9 = 11 \,[\text{A}]$

　　 b点　$I_2 = 11 - 5 = 6 \,[\text{A}]$

　　 c点　$I_3 = 6 + 8 = 14 \,[\text{A}]$

　　 d点　$I_4 = 14 - 4 = 10 \,[\text{A}]$

---

## 問 2-2

電流則

下図のように $I_a$, $I_b$ を仮定する．

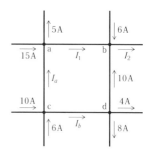

a点　$15 + I_a = 5 + I_1 \,[\text{A}]$　　　(1)

b点　$I_1 + 10 + 6 = I_2 \,[\text{A}]$　　　(2)

c点　$10 + 6 = I_a + I_b \,[\text{A}]$　　　(3)

d点　$I_b = 8 + 4 + 10 = 22 \,[\text{A}]$ (4)

(4)式を(3)式に代入   $I_a = -6\,[\text{A}]$

(1)式に代入       $I_1 = 4\,[\text{A}]$

(2)式に代入       $I_2 = 20\,[\text{A}]$

## 問 2-3

ループ電流法

$$\begin{cases} 1.3\,i_1 - 0.8\,i_2 = 5 \\ -0.8\,i_1 + 1.8\,i_2 = -7 \end{cases}$$

$i_1 = 2\,[\text{A}],\ i_2 = -3\,[\text{A}]$

$I_1 = i_1 = 2\,[\text{A}]$

$I_2 = i_2 = -3\,[\text{A}]$

$I_3 = I_1 - I_2 = 5\,[\text{A}]$

## 問 2-4

ループ電流法

$$\begin{cases} 5Ri_1 - 2Ri_2 = E \\ -2Ri_1 + 5Ri_2 = 3E \end{cases}$$

$i_1 = \dfrac{11E}{21R}\,[\text{A}],\ i_2 = \dfrac{17E}{21R}\,[\text{A}]$

$I = i_2 - i_1 = \dfrac{2E}{7R}\,[\text{A}]$

## 問 2-5

ループ電流法

$$\begin{cases} 13\,i_1 - i_2 = 100 \\ -i_1 + 7\,i_2 = -100 \end{cases}$$

$i_1 = 6.67\,[\text{A}],\ i_2 = -13.3\,[\text{A}]$

$P_1 = 11 \times 6.67^2 = 489\,[\text{W}]$

$P_2 = 5 \times 13.3^2 = 884\,[\text{W}]$

## 問 2-6

ループ電流法

$$\begin{cases} 6i_1 - 2i_2 = -12 \\ -2i_1 + 8i_2 = -8 \end{cases}$$

$i_1 = -2.55\,[\text{A}],\ i_2 = -1.64\,[\text{A}]$

$I = i_2 - i_1 = 0.91\,[\text{A}]$

$V_{ab} = 2 \times 0.91 = 1.82\,[\text{V}]$

## 問 2-7

ループ電流法

$$\begin{cases} 25\,i_1 - 20\,i_2 = 18 \\ -20\,i_1 + 25\,i_2 = -18 \end{cases}$$

$I_1 = i_1 = 0.4\,[\text{A}]$

$I_2 = -i_2 = 0.4\,[\text{A}]$

$I_3 = i_1 - i_2 = 0.8\,[\text{A}]$

## 問 2-8

直並列回路

(1)  $V_{ad} = 0.5R\,[\text{V}]$

$\dfrac{0.5R}{20} + 0.5 + \dfrac{0.5R}{20} = 4.5\,[\text{A}]$

上式より   $R = 80\,[\Omega]$

$E = 80 \times 0.5 = 40\,[\text{V}]$

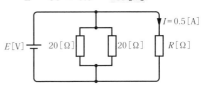

(2)  $\Delta - \text{Y}$ 変換して，

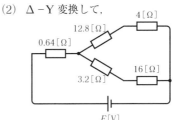

$R_t = 0.64 + \dfrac{16.8 \times 19.2}{16.8 + 19.2} = 9.6\,[\Omega]$

$I_3 = \dfrac{40}{9.6} = 4.17\,[\text{A}]$

## 問 2-9

節点電圧法

$$V = \frac{\dfrac{16}{2} - \dfrac{3}{3} + \dfrac{2}{2}}{\dfrac{1}{2} + \dfrac{1}{3} + \dfrac{1}{2}} = 6\,[\text{V}]$$

$I_1 = \dfrac{16 - 6}{2} = 5\,[\text{A}]$

$$I_2 = \frac{-3-6}{3} = -3[\text{A}]$$

$$I_3 = \frac{2-6}{2} = -2[\text{A}]$$

## 問 2-10

テブナンの定理

$$V_T = 14 + 10 \times \frac{21-14}{10+5} = 18.7[\text{V}]$$

$$R_T = \frac{5 \times 10}{5+10} = 3.33[\Omega]$$

$$I = \frac{18.7}{3.33+6} = 2[\text{A}]$$

$$V = 6 \times 2 = 12[\text{V}]$$

## 問 2-11

キルヒホッフの法則

$$I = I_1 + I_2 = 2[\text{A}] \quad (1)$$

上閉回路：

$$15 = 7I_1 + 5 \times 2 \rightarrow I_1 = 0.714[\text{A}]$$

(1)式に代入して，

$$I_2 = 2 - 0.714 = 1.29[\text{A}]$$

下閉回路：

$$E = 2 \times 1.29 + 5 \times 2 = 12.6[\text{V}]$$

## 問 2-12

ループ電流法

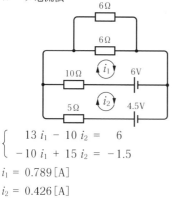

$$\begin{cases} 13\,i_1 - 10\,i_2 = 6 \\ -10\,i_1 + 15\,i_2 = -1.5 \end{cases}$$

$$i_1 = 0.789[\text{A}]$$

$$i_2 = 0.426[\text{A}]$$

$$i_1 - i_2 = 0.363[\text{A}]$$

$$V = 6 - 4.5 = 1.5[\text{V}]$$

$$I = 0.789 \times \frac{1}{2} = 0.395[\text{A}]$$

## 問 2-13

テブナンの定理

a−b間の5Ωを切り離し，

$$V_{ac} = \frac{10}{7} \times 5 = 7.14[\text{V}]$$

$$V_{bc} = -\frac{27}{5} \times 4 = -21.6[\text{V}]$$

$$V_T = 7.14 + 21.6 = 28.7[\text{V}]$$

$$R_T = \frac{2 \times 5}{2+5} + \frac{4 \times 1}{4+1} = 2.23[\Omega]$$

$$I = \frac{28.7}{2.23+5} = 3.97[\text{A}]$$

## 問 2-14

テブナンの定理：a-b間の5Ωを切り離す．

$$V_T = \frac{6}{25} \times 20 - \frac{6}{15} \times 10 = 0.8[\text{V}]$$

$$R_T = \frac{5 \times 10}{5+10} + \frac{5 \times 20}{5+20} = 7.33[\Omega]$$

$$I = \frac{0.8}{7.33+5} = 64.9[\text{mA}]$$

$$V = 5 \times 64.9 \times 10^{-3} = 0.325[\text{V}]$$

## 問 2-15

(1) Δ−Y 変換

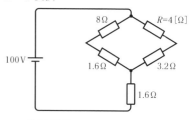

$$R_t = \frac{9.6 \times 7.2}{9.6+7.2} + 1.6 = 5.71[\Omega]$$

$$I_R = \frac{100}{5.71} \times \frac{9.6}{9.6+7.2} = 10[\text{A}]$$

(2) 重ね合わせの理

$$I_1 = \frac{20}{4 + 9.6} = 1.471\,[\mathrm{A}]$$

$$I_2 = 3 \times \frac{9.6}{4 + 9.6} = 2.12\,[\mathrm{A}]$$

$$I = 2.12 - 1.471 = 0.65\,[\mathrm{A}]$$

## 問 2-16

Y−Δ, Δ−Y変換

(1) $R_\Delta = 3 \times 10 = 30\,[\Omega]$

(2) $R_Y = \dfrac{15}{3} = 5\,[\Omega]$

## 問 2-17

Y−Δ変換

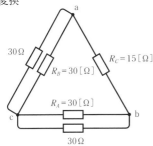

$$R_A = \frac{6 \times 6 + 6 \times 12 + 12 \times 6}{6} = 30\,[\Omega]$$

$$R_B = \frac{180}{6} = 30\,[\Omega]$$

$$R_C = \frac{180}{12} = 15\,[\Omega]$$

$$R_{ab} = \frac{(15 + 15) \times 15}{15 + 15 + 15} = 10\,[\Omega]$$

## 問 2-18

Y−Δ変換

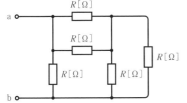

$$R_{ab} = \frac{R}{2}\,[\Omega]$$

## 問 2-19

Δ−Y変換

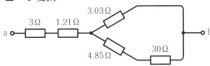

$$R_{ab} = 4.21 + \frac{3.03 \times 34.9}{3.03 + 34.9} = 7\,[\Omega]$$

## 問 2-20

(1) ブリッジ回路は平衡している.

$$R_1 = 1 + \frac{5 \times 5}{5 + 5} = 3.5\,[\mathrm{k}\Omega]$$

$$I_1 = \frac{20}{3.5 \times 10^3} = 5.71\,[\mathrm{mA}]$$

(2) Y−Δ変換

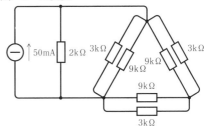

$$R_\Delta = 1.5\,[\mathrm{k}\Omega]$$

$$I_2 = 50 \times 10^{-3} \times \frac{1.5}{2 + 1.5} = 21.4\,[\mathrm{mA}]$$

## 問 2-21

(1) Δ−Y変換

$$R_1 = \frac{2 \times 2}{2 + 2 + 1} + \frac{3.4 \times 4.4}{3.4 + 4.4} = 2.72\,[\Omega]$$

$$I_1 = \frac{20}{2.72} = 7.35\,[\mathrm{A}]$$

(2) Δ−Y変換

$$R_2 = 2.27 + \frac{(2.27 + 4.7) \times (2.27 + 1.1)}{(2.27 + 4.7) + (2.27 + 1.1)}$$

$$= 4.54\,[\mathrm{k}\Omega]$$

$$I_2 = \frac{8}{4.5 \times 10^3} = 1.78\,[\mathrm{mA}]$$

## 問 2-22

テブナンの定理

$$V_T = 20 - 15 \times \frac{10}{20} = 12.5\,[\mathrm{V}]$$

$$R_T = \frac{5 \times 15}{5 + 15} = 3.75\,[\Omega]$$

$$I = \frac{12.5}{3.75 + 3.75} = 1.67\,[\mathrm{A}]$$

$$P = 3.75 \times 1.67^2 = 10.5\,[\mathrm{W}]$$

## 問 2-23

テブナンの定理

$$V_T = 24\,[\mathrm{V}]$$

$$18 = \frac{24}{R_T + 6} \times 6 \ \Rightarrow \ R_T = 2\,[\Omega]$$

$$I = \frac{24}{2 + 10} = 2\,[\mathrm{A}]$$

$$V = 10 \times 2 = 20\,[\mathrm{V}]$$

## 問 2-24

テブナンの定理

$$R_T = \frac{75 \times 15}{75 + 15} + \frac{15 \times 15}{15 + 15} = 20\,[\Omega]$$

$$I = \frac{2}{20 + 20} = 50\,[\mathrm{mA}]$$

$$P = 20 \times (0.05)^2 = 50\,[\mathrm{mW}]$$

## 問 2-25

テブナンの定理

$$V_T = \frac{12}{1+2} \times 2 - \frac{12}{4+2} \times 2 = 4\,[\mathrm{V}]$$

$$R_T = 2\,[\Omega]$$

$$I = \frac{4}{2 + 2} = 1\,[\mathrm{A}]$$

$$P = 2 \times 1^2 = 2\,[\mathrm{W}]$$

## 問 2-26

ループ電流法

$$\begin{cases} 11.3\,i_1 - 9.1\,i_2 \qquad\qquad = 18 \\ -9.1\,i_1 + 23.4\,i_2 - 6.8\,i_3 = -18 \\ \qquad\quad - 6.8\,i_2 + 10.1\,i_3 = -3 \end{cases}$$

$$i_1 = 1.21\,[\mathrm{A}]$$

$$i_2 = -0.481\,[\mathrm{A}]$$

$$i_3 = -0.621\,[\mathrm{A}]$$

$$I(2.2\,\Omega) = 1.21\ [\mathrm{A}]$$

$$I(7.5\,\Omega) = 0.481\,[\mathrm{A}]$$

$$I(3.3\,\Omega) = 0.621\,[\mathrm{A}]$$

$$I(9.1\,\Omega) = 1.69\ [\mathrm{A}]$$

$$I(6.8\,\Omega) = 0.14\ [\mathrm{A}]$$

## 問 2-27

ループ電流法

$$\begin{cases} 3\,i_1 - 1\,i_2 - 2\,i_3 = 10 \\ -1\,i_1 + 5\,i_2 - 2\,i_3 = 0 \\ -2\,i_1 - 2\,i_2 + 5\,i_3 = 0 \end{cases}$$

$$i_1 = 7\,[\mathrm{A}],\ i_2 = 3\,[\mathrm{A}],\ i_3 = 4\,[\mathrm{A}]$$

$$I_1 = i_2 = 3\,[\mathrm{A}]$$

$$I_2 = i_1 - i_2 = 4\,[\mathrm{A}]$$

$$I_1 / I_2 = 3 / 4$$

## 問 2-28

ループ電流法

$$\begin{cases} 10\,i_1 \qquad\quad - 8\,i_3 = 6 \\ \qquad 5\,i_2 - 1\,i_3 = -6 \\ -8\,i_1 - 1\,i_2 + 9\,i_3 = 6 \end{cases}$$

$$i_1 = 3.8\,[\mathrm{A}],\ i_2 = -0.4\,[\mathrm{A}],\ i_3 = 4\,[\mathrm{A}]$$

$$I_1 = i_1 = 3.8\,[\mathrm{A}]$$

$$I_2 = i_2 = -0.4\,[\mathrm{A}]$$

$$I_3 = 4\,[\mathrm{A}]$$

## 問 2-29

重ね合わせの理

$R_1 = 12 + 3 = 15\,[\Omega]$

$I_1' = \dfrac{10}{15} = 0.667\,[\text{A}]$

$I_2' = I_3' = \dfrac{10}{15} \times \dfrac{1}{2} = 0.333\,[\text{A}]$

$R_2 = 6 + \dfrac{12 \times 6}{12 + 6} = 10\,[\Omega]$

$I_2'' = \dfrac{5}{10} = 0.5\,[\text{A}]$

$I_1'' = 0.5 \times \dfrac{6}{18} = 0.167\,[\text{A}]$

$I_3'' = 0.5 \times \dfrac{12}{18} = 0.333\,[\text{A}]$

$I_1 = 0.667 + 0.167 = 0.834\,[\text{A}]$

$I_2 = 0.333 + 0.5\ \ = 0.833\,[\text{A}]$

$I_3 = 0.333 - 0.333 = 0\,[\text{A}]$

## 問 2-30

重ね合わせの理

電流源のみ：

$I' = 9 \times \dfrac{12}{6 + 12} = 6\,[\text{A}]$

電圧源のみ：

$I'' = \dfrac{36}{6 + 12} = 2\,[\text{A}]$

$I = I' - I'' = 6 - 2 = 4\,[\text{A}]$

## 問 2-31

テブナンの定理

$V_T = \dfrac{36}{9} \times 3 = 12\,[\text{V}]$

$R_T = 4 + \dfrac{6 \times 3}{6 + 3} = 6\,[\Omega]$

$I(6\,\Omega) = \dfrac{12}{6 + 6} = 1\,[\text{A}]$

$I(12\,\Omega) = \dfrac{12}{6 + 12} = 0.667\,[\text{A}]$

$I(30\,\Omega) = \dfrac{12}{6 + 30} = 0.333\,[\text{A}]$

## 問 2-32

テブナンの定理

$V_T = 32 - \dfrac{18}{9} \times 3 + 18 = 44\,[\text{V}]$

$R_T = 2\,[\Omega]$

$I(2\,\Omega) = \dfrac{44}{2 + 2} = 11\,[\text{A}]$

$P(2\,\Omega) = 2 \times 11^2 = 242\,[\text{W}]$

$I(6\,\Omega) = \dfrac{44}{2 + 6} = 5.5\,[\text{A}]$

$P(6\,\Omega) = 6 \times 5.5^2 = 182\,[\text{W}]$

$I(10\,\Omega) = \dfrac{44}{2 + 10} = 3.67\,[\text{A}]$

$P(10\,\Omega) = 10 \times 3.67^2 = 135\,[\text{W}]$

## 問 2-33

節点電圧法

$E_M = \dfrac{\dfrac{30}{20} - \dfrac{20}{50} + \dfrac{10}{100}}{\dfrac{1}{20} + \dfrac{1}{50} + \dfrac{1}{100}} = 15\,[\text{V}]$

$R_M = \dfrac{1}{\dfrac{1}{20} + \dfrac{1}{50} + \dfrac{1}{100}} = 12.5\,[\Omega]$

$I = \dfrac{15}{12.5 + 50} = 0.24\,[\text{A}]$

## 問 2-34

可逆の定理

(1) $R_1 = 8 + \dfrac{24}{3} = 16\,[\Omega]$

$\quad I_1 = \dfrac{24}{16} \times \dfrac{1}{3} = 0.5\,[\text{A}]$

(2) $R_1 = 24 + \dfrac{1}{\dfrac{1}{24} + \dfrac{1}{24} + \dfrac{1}{8}} = 28.8\,[\Omega]$

$\quad I_2 = \dfrac{24}{28.8} \times \dfrac{12}{12 + 8} = 0.5\,[\text{A}]$

## 問 2-35

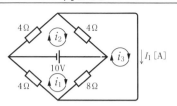

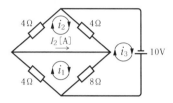

(1) ループ電流法

$$\begin{cases} 12\,i_1 & -\ 8\,i_3 = \ 10 \\ & 8\,i_2 - 4\,i_3 = -10 \\ -8\,i_1 - 4\,i_2 + 12\,i_3 = \ \ 0 \end{cases}$$

$I_1 = i_3 = \ 0.357\,[\mathrm{A}]$

(2) ループ電流法

$$\begin{cases} 12\,i_1 & -\ 8\,i_3 = \ 0 \\ & 8\,i_2 - 4\,i_3 = \ 0 \\ -8\,i_1 - 4\,i_2 + 12\,i_3 = 10 \end{cases}$$

$i_1 = 1.428\,[\mathrm{A}],\ \ i_2 = 1.071\,[\mathrm{A}]$

$I_2 = i_1 - i_2 = \ 0.357\,[\mathrm{A}]$

# 自習問題解答

## 3章 交流回路計算❶
## オームの法則と記号法

## 問 3-1

複素数

(1) $5 \angle 36.9°$

(2) $5 \angle -53.1°$

(3) $2.83 \angle -45°$

(4) $100 \angle -36.9°$

(5) $61.8 \angle 104°$

(6) $11.3 \angle 135°$

(7) $0.0068 \angle 72.9°$

(8) $0.025 \angle -143.1°$

(9) $17.7 - j17.7$

(10) $13 + j7.5$

(11) $22 - j82.1$

(12) $80 + j60$

(13) $-110 - j191$

(14) $0.3 - j0.4$

(15) $-j0.02$

(16) $3.79 \times 10^{-3} + j5.41 \times 10^{-3}$

## 問 3-2

複素数

(1) $8.54 \angle -20.6°$

(2) $14.14 \angle 45°$

(3) $10 \angle 36.9°$

(4) $2.83 \angle 45°$

(5) $9.86 \angle 99.6°$

(6) $6.07 \angle 31.6°$

(7) $1,000 \angle 0°$

(8) $10 \angle 53.1°$

(9) $400 \angle 0°$

(10) $3.16 \angle -71.6°$

(11) $7.21 \angle -56.3°$

(12) $20 \angle 16.2°$

## 問 3-3

複素数

(1) $4.15 \angle 41.6°$

(2) $0.428 \angle 21.6°$

(3) $14.11 \angle 28.6°$

(4) $17.89 \angle 26.6°$

(5) $4.62 \angle -7.4°$

### 問 3-4

静電容量の電流・電圧

(1) $C_1 = 106.2\,[\mu\mathrm{F}]$

(2) $C_2 = 44.2\,[\mu\mathrm{F}]$

(3) $C_3 = 66.4\,[\mu\mathrm{F}]$

(4) $C_4 = 1.592\,[\mu\mathrm{F}]$

(5) $X_1 = 100\,[\Omega]$
$i_1 = 0.3\sin(200t+90°)\,[\mathrm{A}]$

(6) $X_2 = 63.7\,[\Omega]$
$i_2 = 1.413\sin(314t+135°)\,[\mathrm{A}]$

(7) $X_3 = 53.1\,[\Omega]$
$i_3 = 2.26\sin(377t+240°)\,[\mathrm{A}]$

(8) $X_4 = 20\,[\Omega]$
$i_4 = 3.5\sin(1000t+120°)\,[\mathrm{A}]$

(9) $X_1 = 6.78\,[\Omega]$
$v_1 = 8.47\sin(314t-90°)\,[\mathrm{V}]$

(10) $X_2 = 5.64\,[\Omega]$
$v_2 = 79.8\sin(377t)\,[\mathrm{V}]$

(11) $X_3 = 2.13\,[\Omega]$
$v_3 = 0.639\sin(1000t-120°)\,[\mathrm{V}]$

(12) $X_4 = 0.709\,[\Omega]$
$v_4 = 17.73\sin(3000t)\,[\mathrm{V}]$

### 問 3-5

$R, L, C$ の電圧と電流

(1) $i_1$ が $v_1$ より $90°$遅れ：$L$ $X_L = 500\,[\Omega]$

(2) $i_2$ が $v_2$ より $90°$進み：$C$ $X_C = 200\,[\Omega]$

(3) $i_3$ が $v_3$ より $90°$遅れ：$L$ $X_L = 40\,[\Omega]$

(4) $i_4$ と $v_4$ は同相：$R$ $R = 7\,[\Omega]$

### 問 3-6

$R, L, C$ の電圧と電流

(1) $\dot{V}_1 = 100\angle45° = 70.7+j70.7\,[\mathrm{V}]$

(2) $\dot{V}_2 = 50\angle-30° = 43.3-j25\,[\mathrm{V}]$

(3) $\dot{I}_1 = 10\angle-60° = 5-j8.66\,[\mathrm{A}]$

(4) $\dot{I}_2 = 21.2\angle30° = 18.36+j10.6\,[\mathrm{A}]$

### 問 3-7

複素数表示と瞬時式

(1) $\dot{V}_1 = 10\angle-53.1°\,[\mathrm{V}]$
$v_1 = 10\sqrt{2}\sin(\omega t-53.1°)\,[\mathrm{V}]$

(2) $\dot{V}_2 = 100\angle30°\,[\mathrm{V}]$
$v_2 = 100\sqrt{2}\sin(\omega t+30°)\,[\mathrm{V}]$

(3) $\dot{I}_1 = 2.83\angle45°\,[\mathrm{A}]$
$i_1 = 2.83\sqrt{2}\sin(\omega t+45°)\,[\mathrm{A}]$

(4) $\dot{I}_2 = 0.5\angle-36.9°\,[\mathrm{A}]$
$i_2 = 0.5\sqrt{2}\sin(\omega t-36.9°)\,[\mathrm{A}]$

### 問 3-8

瞬時値式

$\dot{E} = \dfrac{60}{\sqrt{2}}\angle90°\,[\mathrm{V}]$

$\dot{V} = \dfrac{20}{\sqrt{2}}\angle0°\,[\mathrm{V}]$

$\dot{E} = \dot{V} + \dot{V}_R\,[\mathrm{V}]$

$\dot{V}_R = \dot{E}-\dot{V} = \dfrac{60}{\sqrt{2}}\angle90° - \dfrac{20}{\sqrt{2}}\angle0°$
$= \dfrac{63.3}{\sqrt{2}}\angle108.4°\,[\mathrm{V}]$

$v_R = 63.3\sin(377t+108.4°)\,[\mathrm{V}]$

### 問 3-9

S 表示

(1) $\dot{Z}_1 = 47\,[\Omega]$
$\dot{Y}_1 = 0.0213\,[\mathrm{S}]$

(2) $\dot{Z}_2 = 200\angle90°\,[\Omega]$
$\dot{Y}_2 = 0.005\angle-90°\,[\mathrm{S}]$

(3) $\dot{Z}_3 = 0.6\angle-90°\,[\Omega]$
$\dot{Y}_3 = 1.667\angle90°\,[\mathrm{S}]$

(4) $\dot{Z}_4 = 30.2\angle30.3°\,[\Omega]$
$\dot{Y}_4 = 0.0331\angle-30.3°\,[\mathrm{S}]$

(5) $\dot{Z}_5 = 5.27\angle-61.4°\,[\Omega]$
$\dot{Y}_5 = 0.190\angle61.4°\,[\mathrm{S}]$

(6) $\dot{Z}_6 = 2.96\times10^3\angle9.5°\,[\Omega]$
$\dot{Y}_6 = 0.338\times10^{-3}\angle-9.5°\,[\mathrm{S}]$

## 問 3-10

$R-L$ 直列回路

$X_L = 7.54 [\Omega]$

$\dot{Z} = 10 + j7.54 = 12.52 \angle 37° [\Omega]$

$\dot{I}_1 = \dfrac{100}{12.52 \angle 37°} = 8 \angle -37° [A]$

力率 $= \cos(37°) = 0.8$

## 問 3-11

$R-L$ 直列回路

$\dot{V} = 240 \angle 0° [V] \qquad \dot{I} = 20 \angle -30° [A]$

$\dot{Z} = \dfrac{240}{20 \angle -30°}$

$\quad = 12 \angle 30° = 10.39 + j6 [\Omega]$

## 問 3-12

$R-L$ 直列回路

$\dot{Z} = \dfrac{100}{20} = 5 [\Omega] \quad R = \dfrac{100}{25} = 4 [\Omega]$

$X = \sqrt{5^2 - 4^2} = 3 [\Omega]$

$R + jX = 4 + j3 [\Omega]$

## 問 3-13

$R-L$ 直列回路

$R = \dfrac{300}{10} = 30 [\Omega]$

$Z = \dfrac{300}{6} = 50 [\Omega]$

$X_1 = \sqrt{50^2 - 30^2} = 40 [\Omega]$

$\dot{Z} = 30 + j40 [\Omega]$

$50 \mathrm{Hz}$ では，$X_2 = 2 \times 40 = 80 [\Omega]$

$\dot{Z} = 30 + j80 = 85.4 \angle 69.4° [\Omega]$

$\dot{I} = \dfrac{300}{85.4 \angle 69.4°}$

$\quad = 3.51 \angle -69.4° = 1.235 - j3.29 [A]$

## 問 3-14

$R-L$ 直列回路

$\dot{Z} = R + jX [\Omega]$

$Z = \dfrac{100}{10} = 10 [\Omega]$

$R^2 + X^2 = 10^2$

$\dot{Z}_1 = (R + 15) + jX [\Omega]$

$Z_1 = \dfrac{100}{5} = 20 [\Omega]$

$(R + 15)^2 + X^2 = 20^2$

$R = 2.5 [\Omega]$

$X = \sqrt{10^2 - 2.5^2} = 9.68 [\Omega]$

## 問 3-15

$R-C$ 直列回路

$I = \dfrac{47}{3.5 \times 10^3} = 13.43 [mA]$

$X_C = \dfrac{114}{13.43 \times 10^{-3}} = 8.49 [k\Omega]$

$8.49 \times 10^3 = \dfrac{1}{377 \times C}$ より，

$C = 0.312 [\mu F]$

## 問 3-16

$R-L-C$ 直列回路

$\dot{I} = 10 + j5 = 11.18 \angle 26.6° [A]$

$X_C = \dfrac{1}{377 \times 50 \times 10^{-6}} = 53.1 [\Omega]$

$\dot{Z} = \dfrac{200}{11.18 \angle 26.6} = 17.89 \angle -26.6$

$\quad = 16 - j8 [\Omega]$

$16 - j8 = R + j(X - 53.1)$ より，

$R = 16 [\Omega]$，$X = 45.1 [\Omega]$

$45.1 = 377 L [\Omega]$

$L = 0.12 [H]$

## 問 3-17

$R-C$ 並列回路

$\dot{I} = \dot{I}_R + \dot{I}_C$

$\quad = 5 + j5 = 7.07 \angle 45° [A]$

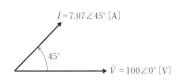

## 問 3-18

直並列回路

(1) $\dot{V}_{ab} = 10 \times 5 \angle 0° = 50 \angle 0°$ [V]

$\quad \dot{I}_1 = \dfrac{50}{j10} = -j5 [A]$

$\quad \dot{I} = 5 - j5 = 7.07 \angle -45° [A]$

(2) $\dot{E} = 50 + 30 \times 7.07 \angle -45°$

$\quad = 250 \angle -36.9°$ [V]

## 問 3-19

直並列回路

$\dot{V}_{ac} = -j4 \times \dfrac{200}{3-j4} = 160 \angle -36.9°$ [V]

$\dot{V}_{bc} = j6 \times \dfrac{200}{8+j6} = 120 \angle 53.1°$ [V]

$\dot{V}_{ab} = 160 \angle -36.9° - 120 \angle 53.1°$

$\quad = 200 \angle -73.8°$ [V]

## 問 3-20

直並列回路

$\dot{Y}_{ab} = j\omega C + \dfrac{1}{R + j\omega L}$

$\quad = \dfrac{R}{R^2+(\omega L)^2} + j\left\{\omega C - \dfrac{\omega L}{R^2+(\omega L)^2}\right\}$ [S]

$\dot{I}$ [A] と $\dot{V}$ [V] が同相からサセプタンスが $0$

$C = \dfrac{L}{R^2+(\omega L)^2}$ [F]

## 問 3-21

直並列回路

$V_{ab} = 15 \times 6 = 90$ [V]

$V_{bc} = \sqrt{102^2 - 90^2} = 48$ [V]

$\dfrac{X_1 \times X_2}{X_1 + X_2} = \dfrac{48}{6} = 8$ [Ω]

$X_1 \times X_2 = 8(X_1 + X_2)$ \hfill (1)

$\dfrac{I_1}{I_2} = \dfrac{1}{4} = \dfrac{X_2}{X_1}$

$X_1 = 4X_2$ \hfill (2)

(1), (2)式より,

$4X_2{}^2 = 8 \times 5 X_2$

$X_2 = 10 Ω$

$X_1 = 40 Ω$

## 問 3-22

直列回路

(1) $\dot{Z} = 3 + j6 - j10 = 3 - j4$

$\quad = 5 \angle -53.1°$ [Ω]

(2) $L = \dfrac{6}{377} = 15.92$ [mH]

$\quad C = \dfrac{1}{377 \times 10} = 265 [\mu F]$

(3) $\dot{I} = \dfrac{50}{5 \angle -53.1°} = 10 \angle 53.1°$ [A]

$\quad \dot{V}_R = 3 \times 10 \angle 53.1° = 30 \angle 53.1°$ [V]

$\quad \dot{V}_L = j6 \times 10 \angle 53.1° = 60 \angle 143.1°$ [V]

$\quad \dot{V}_C = -j10 \times 10 \angle 53.1° = 100 \angle -36.9°$ [V]

## 問 3-23

直列回路

$\dot{Z} = 4.7k + j30k + 3.3k - j10k$

$\quad = 8 \times 10^3 + j20 \times 10^3$

$\quad = 21.5 \times 10^3 \angle 68.2°$ [Ω]

$\dot{I} = \dfrac{120}{21.5 \times 10^3 \angle 68.2°}$

$\quad = 5.58 \times 10^{-3} \angle -68.2°$ [A]

$\dot{V}_2 = ( 3.3 \times 10^3 - j10 \times 10^3 )$
$\qquad \times 5.58 \times 10^3 \angle -68.2°$
$\quad = 58.8 \angle -140°\,[\mathrm{V}]$

$\dot{V}_1 = ( 3.3 \times 10^3 + j20 \times 10^3 )$
$\qquad \times 5.58 \times 10^{-3} \angle -68.2°$
$\quad = 113.1 \angle 12.4°\,[\mathrm{V}]$

## 問 3-24

直並列回路

$X_L = 25\,[\Omega]$

$X_C = 30\,[\Omega]$

$\dot{I}_1 = \dfrac{100}{25 + j25} = 2.83 \angle -45°\,[\mathrm{A}]$

$\dot{I}_2 = \dfrac{100}{40 - j30} = 2 \angle 36.9°\,[\mathrm{A}]$

$\dot{I} = 2.83 \angle -45° + 2 \angle 36.9°$
$\quad = 3.69 \angle -12.5°\,[\mathrm{A}]$

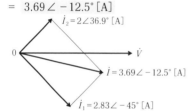

## 問 3-25

直並列回路

$\cos(\theta) = 0.6,\ \sin(\theta) = 0.8,\ \theta = 53.1°$

$Z = \dfrac{210}{60} = 3.5\,[\Omega]$

$\dot{Z} = 3.5 \angle 53.1° = 2.1 + j2.8\,[\Omega]$

$\dot{I} = \dfrac{210}{3.5 \angle 53.1°} = 36 - j48\,[\mathrm{A}]$

抵抗$R$に流れる電流：$I_R\,[\mathrm{A}]$

$(36 + I_R)^2 + 48^2 = 80^2$

$I_R = 28\,[\mathrm{A}]$

$R = \dfrac{210}{28} = 7.5\,[\Omega]$

$\dot{Z}_t = \dfrac{7.5 \times 3.5 \angle 53.1°}{7.5 + 3.5 \angle 53.1°} = 2.63 \angle 36.9°\,[\Omega]$

$p_f = \cos(36.9°) = 0.8$

## 問 3-26

各種電力

$\dot{V} = 100 \angle 0°\,[\mathrm{V}]$

$\dot{I} = 20 \angle -60°\,[\mathrm{A}]$

$S = 100 \times 20 = 2\,[\mathrm{kV\cdot A}]$

$P = 2 \times \cos(60°) = 1\,[\mathrm{kW}]$

$Q = 2 \times \sin(60°) = 1.73\,[\mathrm{kvar}]$

## 問 3-27

各種電力

$Z = \dfrac{200}{10} = 20\,[\Omega]$

$10^2 + X^2 = 20^2, \quad X = 17.32\,[\Omega]$

$\dot{Z} = 10 + j17.32 = 20 \angle 60°\,[\Omega]$

$P = 200 \times 10 \times \cos(60°) = 1{,}000\,[\mathrm{W}]$

$Q = 200 \times 10 \times \sin(60°) = 1{,}732\,[\mathrm{var}]$

## 問 3-28

各種電力

$I = \dfrac{2{,}000}{100} = 20\,[\mathrm{A}],\ Z = \dfrac{100}{20} = 5\,[\Omega]$

$\cos\theta = \dfrac{1{,}600}{2{,}000} = 0.8,\ \sin\theta = 0.6$

$\dot{Z} = 5\,(0.8 + j0.6) = 4 + j3\,[\Omega]$

$R = 4\,[\Omega], \qquad X = 3\,[\Omega]$

## 問 3-29

各種電力

$\dot{Z} = R + jX_L\,[\Omega]$

$Z = \dfrac{100}{10} = 10\,[\Omega]$

$P = 500\,[\mathrm{Wh}] = R \times 10^2\,[\mathrm{Wh}] \rightarrow R = 5\,[\Omega]$

$10^2 = 5^2 + X_L{}^2 \rightarrow X_L = 8.66\,[\Omega]$

$314 \times L = 8.66\,[\Omega]$

$L = 27.6\,[\mathrm{mH}]$

## 問 3-30

各種電力

$$\dot{Z} = \frac{4 \times j3}{4 + j3} + 2 = 3.44 + j1.92 \, [\Omega]$$

$$P = 3.44 \times 25^2 = 2.15 \, [\text{kW}]$$

$$Q = 1.92 \times 25^2 = 1.2 \, [\text{kvar}]$$

## 問 3-31

各種電力

$$Z = \frac{110}{25} = 4.4 \, [\Omega]$$

$$P = 110 \times 25 \times \cos(\theta) = 2,000 \, [\text{W}]$$

$$\cos(\theta) = 0.727$$

$$\sin(\theta) = \sqrt{1 - 0.727^2} = 0.687$$

$$\dot{Z} = 4.4 \, (0.727 + j0.687)$$

$$\quad = 3.2 + j3.02 = 4.4 \angle 43° \, [\Omega]$$

$$\dot{Y} = \frac{1}{4.4 \angle 43°}$$

$$\quad = 0.227 \angle -43° = 0.166 - j0.1548 \, [\text{S}]$$

## 問 3-32

各種電力

$$X_L = 10 \, [\Omega]$$

$$X_C = 30 \, [\Omega]$$

$$\dot{Z} = 20 + j(10 - 30) = 28.3 \angle -45° \, [\Omega]$$

$$I = \frac{100}{28.3} = 3.53 \, [\text{A}]$$

$$S = 100 \times 3.53 = 353 \, [\text{V·A}]$$

$$P = 100 \times 3.53 \times \cos(45°) = 250 \, [\text{W}]$$

$$Q = 100 \times 3.53 \times \sin(45°) = 250 \, [\text{var}]$$

## 問 3-33

各種電力

直流：

$$100 I_d = 500 \, [\text{W}] \rightarrow I_d = 5 \, [\text{A}]$$

$$R = \frac{100}{5} = 20 \, [\Omega]$$

交流：

$$20 I_a^2 = 720 \, [\text{W}], \quad I_a = 6 \, [\text{A}]$$

$$Z = \frac{150}{6} = 25 \, [\Omega]$$

$$25^2 = 20^2 + X^2, \quad X = \pm 15 \, [\Omega]$$

## 問 3-34

各種電力

$$1,600 = 100 \times 20 \times \cos(\theta) \, [\text{W}]$$

$$\cos(\theta) = 0.8, \quad \sin(\theta) = 0.6$$

$$\dot{I} = 20 \, (0.8 - j0.6) = 16 - j12 \, [\text{A}]$$

有効分 = 16 [A]，無効分 = 12 [A]

## 問 3-35

各種電力

(1) $\dot{Z} = 3 + j4 = 5 \angle 53.1° \, [\Omega]$

$$I = \frac{100}{5} = 20 \, [\text{A}]$$

$$\cos(53.1°) = 0.6, \quad \sin(53.1°) = 0.8$$

$$P = 100 \times 20 \times 0.6 = 1.2 \, [\text{kW}]$$

$$Q = 100 \times 20 \times 0.8 = 1.6 \, [\text{kvar}]$$

(2) $\dot{Z} = \frac{3 \times j4}{3 + j4} = 2.4 \angle 36.9° \, [\Omega]$

$$I = \frac{100}{2.4} = 41.7 \, [\text{A}]$$

$$\cos(36.9°) = 0.8, \quad \sin(36.9°) = 0.6$$

$$P = 100 \times 41.7 \times 0.8 = 3.34 \, [\text{kW}]$$

$$Q = 100 \times 41.7 \times 0.6 = 2.5 \, [\text{kvar}]$$

## 問 3-36

各種電力

$$P = 500 = 5 \times I^2 \, [\text{W}] \text{ から，} I = 10 \, [\text{A}]$$

$$\dot{Z} = 5 + j12 = 13 \angle 67.4° \, [\Omega]$$

$$V = 13 \times 10 = 130 \, [\text{V}]$$

$$I_C = \frac{130}{26} = 5 \, [\text{A}]$$

## 問 3-37

各種電力

$\dot{Z}_1 = 50 \angle -36.9° \,[\Omega]$

$\dot{Z}_2 = 100 \angle 53.1° \,[\Omega]$

$\dot{I}_1 = \dfrac{100}{50 \angle -36.9°} = 2 \angle 36.9° \,[\mathrm{A}]$

$\dot{I}_2 = \dfrac{100}{100 \angle 53.1°} = 1 \angle -53.1° \,[\mathrm{A}]$

$P_1 = 40 \times 2^2 = 160 \,[\mathrm{W}]$

$Q_1 = 30 \times 2^2 = 120 \,[\mathrm{var}]$

$P_2 = 60 \times 1^2 = 60 \,[\mathrm{W}]$

$Q_2 = 80 \times 1^2 = 80 \,[\mathrm{var}]$

$P = P_1 + P_2 = 160 + 60 = \boxed{220} \,[\mathrm{W}]$

$Q = Q_1 + Q_2 = 120 - 80 = \boxed{40} \,[\mathrm{var}]$

## 問 3-38

各種電力

$\dot{Z}_1 = 5 + j8.66 = 10 \angle 60° \,[\Omega]$

$\dot{Z}_2 = 10 \angle -36.9° \,[\Omega]$

$\dot{I}_1 = 8 + j(44-50) = \dfrac{100}{10 \angle 60°}$

$\quad = 10 \angle -60° \,[\mathrm{A}]$

$\dot{I}_2 = \dfrac{100}{10 \angle -36.9°} = 10 \angle 36.9° \,[\mathrm{A}]$

$S_1 = 1{,}000 \,[\mathrm{V\cdot A}],\ P_1 = 500 \,[\mathrm{W}],\ Q_1 = 866 \,[\mathrm{var}]$

$S_2 = 1{,}000 \,[\mathrm{V\cdot A}],\ P_2 = 800 \,[\mathrm{W}],\ Q_2 = -600 \,[\mathrm{var}]$

$P = 1.3 \,[\mathrm{kW}],\quad Q = 266 \,[\mathrm{var}]$

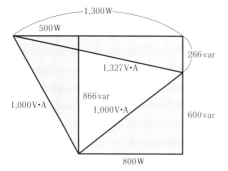

## 問 3-39

共振周波数

$f_r = \dfrac{1}{6.28\sqrt{1 \times 7.04 \times 10^{-6}}} = 60 \,[\mathrm{Hz}]$

$I_r = \dfrac{100}{20} = 5 \,[\mathrm{A}]$

## 問 3-40

共振周波数

$400 = \dfrac{1}{6.28\sqrt{0.5 \times C}} \,[\mathrm{Hz}]$

$\sqrt{0.5C} = \dfrac{1}{6.28 \times 400} = 3.98 \times 10^{-4}$

$C = 0.317 \,[\mu\mathrm{F}]$

## 問 3-41

共振周波数

$f_r = \dfrac{1}{6.28\,\sqrt{0.141 \times 50 \times 10^{-6}}} = 60 \,[\mathrm{Hz}]$

$X_L = X_C = 53.1 \,[\Omega]$

$I_r = \dfrac{100}{20} = 5 \,[\mathrm{A}]$

$V_1 = 20 \times 5 = 100 \,[\mathrm{V}]$

$V_2 = V_3 = 53.1 \times 5 = 266 \,[\mathrm{V}]$

## 問 3-42

共振周波数

$f_r = \dfrac{1}{6.28}\sqrt{\dfrac{1}{10^{-3} \times 20 \times 10^{-6}} - \left(\dfrac{6}{10^{-3}}\right)^2}$

$\quad = 596 \,[\mathrm{Hz}]$

## 問 3-43

共振周波数

(1) $f_r = \dfrac{1}{2\pi}\sqrt{\dfrac{1}{25 \times 10^{-3} \times 50 \times 10^{-12}}}$

$\quad\quad = 142.4 \,[\mathrm{kHz}]$

(2) $\dot{Z}_r = \dfrac{25 \times 10^{-3}}{50 \times 10^{-12} \times 200} = 2.5 \,[\mathrm{M\Omega}]$

(3) $I_r = \dfrac{100}{2.5 \times 10^6} = 40 \,[\mu\mathrm{A}]$

# 自習問題解答

## 問 4-1

直並列回路

$$\dot{Z} = j20 + \frac{5 \times (10 - j5)}{5 + 10 - j5} = 3.5 + j19.5\,[\Omega]$$

$$\dot{V} = \frac{100}{3.5 + j19.5} \times \frac{5}{15 - j5} \times 10$$

$$= 16 \angle -61.4°\,[\text{V}]$$

## 問 4-2

ループ電流法

$$\begin{vmatrix} 5 + j10 & -j10 \\ -j10 & 3 + j6 \end{vmatrix} \begin{vmatrix} \dot{I}_a \\ \dot{I}_b \end{vmatrix} = \begin{vmatrix} 50 \\ 0 \end{vmatrix}$$

$$\dot{I}_a = 4.12 \angle 15.9°\,[\text{A}]$$

$$\dot{I}_b = 6.14 \angle 42.5°\,[\text{A}]$$

$$\dot{I}_3 = \dot{I}_a - \dot{I}_b = 3.07 \angle -100°\,[\text{A}]$$

$$i_1 = 4.12\sqrt{2}\,\sin(\omega t + 15.9°)\,[\text{A}]$$

$$i_2 = 6.14\sqrt{2}\,\sin(\omega t + 42.5°)\,[\text{A}]$$

$$i_3 = 3.07\sqrt{2}\,\sin(\omega t - 100°)\,[\text{A}]$$

## 問 4-3

直並列回路

$$\dot{Z} = -j5 + \frac{(5 + j5) \times (5 - j5)}{(5 + j5) + (5 - j5)}$$

$$= 7.07 \angle -45°\,[\Omega]$$

$$\dot{I} = \frac{120}{7.07 \angle -45°} \times \frac{5 + j5}{10} = 12 \angle 90°\,[\text{A}]$$

$$\dot{V} = (5 - j5) \times 12 \angle 90° = 84.8 \angle 45°\,[\text{V}]$$

## 問 4-4

直並列回路

$$\dot{Z}_{ac} = 4 + \frac{(3 + j4) \times 10}{(3 + j4) + 10} = 7.3 \angle 17.2°\,[\Omega]$$

$$\dot{I}_1 = \frac{110}{5} + \frac{110}{7.3 \angle 17.2°} = 36.7 \angle -7°\,[\text{A}]$$

$$\dot{I}_2 = \dot{I}_1 \times \frac{5}{5 + 7.3 \angle 17.2°} = 15.1 \angle -17.2°\,[\text{A}]$$

$$\dot{I}_3 = 15.1 \angle -17.2° \times \frac{3 + j4}{3 + j4 + 10}$$

$$= 5.55 \angle 18.8°\,[\text{A}]$$

## 問 4-5

直並列回路

$$\dot{Z} = \frac{(2 + j8) \times (3 - j4)}{(2 + j8) + (3 - j4)} = 6.2 - j1.76\,[\Omega]$$

リアクタンス $jX$ を接続し，$\cos\theta = 0.8$ であるとき，$\sin\theta = 0.6$，$\tan\theta = 0.75$

$$0.75 = \frac{X - 1.76}{6.2} \quad \rightarrow \quad X = 6.41\,[\Omega]$$

## 問 4-6

直並列回路

$\dot{V}_{ac} = \dot{V}_{bc}$ のとき電流 0．

$$\frac{30}{5 + j5} \times j5 = \frac{\dot{E}}{6 + 4} \times 6$$

$$\dot{E} = 35.4 \angle 45°\,[\text{V}]$$

## 問 4-7

直並列回路

$$\dot{Z}_1 = j5 + \frac{5 \times (2 - j2)}{5 + (2 - j2)} = 1.7 + j4.06\,[\Omega]$$

$$\dot{Z} = (5 - j2) + \frac{3 \times (1.7 + j4.06)}{3 + (1.7 + j4.06)}$$

$$= 6.9 - j1.053 = 6.98 \angle -8.7°\,[\Omega]$$

$$I = \frac{50}{6.98} = 7.16\,[\text{A}]$$

$$P = 6.9 \times 7.16^2 = 354\,[\text{W}]$$

## 問 4-8

ループ電流法

$$\begin{vmatrix} 5+j5 & -j5 \\ -j5 & 3+j9 \end{vmatrix}\begin{vmatrix} \dot{I}_a \\ \dot{I}_b \end{vmatrix} = \begin{vmatrix} 50+j50 \\ -50 \end{vmatrix}$$

$\dot{I}_1 = \dot{I}_a = \boxed{7.66 \angle 35.8° \,[\mathrm{A}]}$

$\dot{I}_2 = \dot{I}_b = \boxed{8.3 \angle 85.2° \,[\mathrm{A}]}$

$\dot{I}_3 = \dot{I}_a - \dot{I}_b = \boxed{6.7 \angle -34.5° \,[\mathrm{A}]}$

## 問 4-9

ループ電流法

$$\begin{vmatrix} 12-j20 & -(10-j20) \\ -(10-j20) & 16.8-j20 \end{vmatrix}\begin{vmatrix} \dot{I}_a \\ \dot{I}_b \end{vmatrix} = \begin{vmatrix} 12\angle 20° \\ 34 \end{vmatrix}$$

$\dot{I}_a = 5.1 \angle 6.2° \,[\mathrm{A}]$, $\dot{I}_b = 5.19 \angle 4.9° \,[\mathrm{A}]$

$\dot{I} = \dot{I}_a - \dot{I}_b = \boxed{0.147 \angle 133° \,[\mathrm{A}]}$

## 問 4-10

ループ電流法

$$\begin{vmatrix} 6+j2 & -4 \\ -4 & 9-j2 \end{vmatrix}\begin{vmatrix} \dot{I}_a \\ \dot{I}_b \end{vmatrix} = \begin{vmatrix} -10\angle 90° \\ 0 \end{vmatrix}$$

$\dot{I}_a = \boxed{2.17 \angle -110.7° \,[\mathrm{A}]}$

$\dot{I}_b = \boxed{0.943 \angle -98.1° \,[\mathrm{A}]}$

$\dot{I}_a - \dot{I}_b = \boxed{1.267 \angle -120° \,[\mathrm{A}]}$

$\dot{I}_3 = -\dot{I}_a = \boxed{2.17 \angle 69.3° \,[\mathrm{A}]}$

$\dot{I}_2 = -(\dot{I}_b - \dot{I}_a) = \boxed{1.269 \angle 60° \,[\mathrm{A}]}$

$\dot{I}_1 = -\dot{I}_b = \boxed{0.943 \angle 81.9° \,[\mathrm{A}]}$

## 問 4-11

ループ電流法

$$\begin{vmatrix} 6+j2 & -(2+j2) \\ -(2+j2) & 7 \end{vmatrix}\begin{vmatrix} \dot{I}_a \\ \dot{I}_b \end{vmatrix} = \begin{vmatrix} 10\angle 90° \\ -10\angle 90° \end{vmatrix}$$

$\dot{I}_a = 1.27 \angle 60° \,[\mathrm{A}]$

$\dot{I}_b = 0.943 \angle -98.1° \,[\mathrm{A}]$

$\dot{I} = \dot{I}_a - \dot{I}_b = \boxed{2.17 \angle 69.3° \,[\mathrm{A}]}$

$P = 4 \times 1.27^2 + 5 \times 0.943^2 + 2 \times 2.17^2$

$\quad = \boxed{20.3 \,[\mathrm{W}]}$

## 問 4-12

ループ電流法

$$\begin{vmatrix} 8-j2 & -3 & 0 \\ -3 & 8+j5 & -5 \\ 0 & -5 & 7-j2 \end{vmatrix}\begin{vmatrix} \dot{I}_a \\ \dot{I}_b \\ \dot{I}_c \end{vmatrix} = \begin{vmatrix} 10\angle 30° \\ 0 \\ 0 \end{vmatrix}$$

$\dot{I}_1 = \dot{I}_a = \boxed{1.43 \angle 38.7° \,[\mathrm{A}]}$

$\dot{I}_3 = \dot{I}_b = \boxed{0.692 \angle -2.1° \,[\mathrm{A}]}$

$\dot{I}_5 = \dot{I}_c = \boxed{0.475 \angle 13.8° \,[\mathrm{A}]}$

$\dot{I}_2 = \dot{I}_a - \dot{I}_b = \boxed{1.013 \angle 65.2° \,[\mathrm{A}]}$

$\dot{I}_4 = \dot{I}_b - \dot{I}_c = \boxed{0.269 \angle -31.1° \,[\mathrm{A}]}$

## 問 4-13

ループ電流法

$$\begin{vmatrix} 10+j5 & -j5 & 0 \\ -j5 & 5+j3 & -(3-j4) \\ 0 & -(3-j4) & 8-j4 \end{vmatrix}\begin{vmatrix} \dot{I}_a \\ \dot{I}_b \\ \dot{I}_c \end{vmatrix} = \begin{vmatrix} 5+10\angle 45° \\ -10\angle 45° \\ 0 \end{vmatrix}$$

$\dot{I}_1 = \dot{I}_a = \boxed{0.912 \angle -9.4° \,[\mathrm{A}]}$

$\dot{I}_3 = \dot{I}_b = \boxed{0.936 \angle 150.2° \,[\mathrm{A}]}$

$\dot{I}_5 = \dot{I}_c = \boxed{0.523 \angle 123.6° \,[\mathrm{A}]}$

$\dot{I}_4 = \dot{I}_b - \dot{I}_c = \boxed{0.524 \angle 176.8° \,[\mathrm{A}]}$

$P = 10 \times 0.912^2 + 2 \times 0.936^2$

$\qquad + 3 \times 0.524^2 + 5 \times 0.523^2$

$\quad = \boxed{12.26 \,[\mathrm{W}]}$

## 問 4-14

節点電圧法

$$\dot{V} = \cfrac{\dfrac{20\angle 50°}{j12} + \dfrac{60\angle 70°}{3} + \dfrac{40}{-j1}}{\dfrac{1}{j12} + \dfrac{1}{3} + \dfrac{1}{-j1}}$$

$\quad = \boxed{60\angle 12° \,[\mathrm{A}]}$

$\dot{I}_1 = \dfrac{20\angle 50° - 60\angle 12°}{j12} = \boxed{3.83\angle 86.5° \,[\mathrm{A}]}$

$\dot{I}_2 = \dfrac{60\angle 70° - 60\angle 12°}{3} = \boxed{19.4\angle 131° \,[\mathrm{A}]}$

$\dot{I}_3 = \dfrac{40 - 60\angle 12°}{-j1} = \boxed{22.5\angle -56.3° \,[\mathrm{A}]}$

## 問 4-15

節点電圧法

$$\dot{V}_a = \frac{\left(\dfrac{42}{1} + \dfrac{120\angle -120°}{2} + \dfrac{120\angle 120°}{2}\right)}{\left(1 + \dfrac{1}{2} + \dfrac{1}{2}\right)}$$

$$= -9\,[\mathrm{V}]$$

$$\dot{I}_1 = \frac{-9-42}{1} = -51\,[\mathrm{A}]$$

$$\dot{I}_2 = \frac{-9-120\angle -120°}{2} = 57.9\angle 63.9°\,[\mathrm{A}]$$

$$\dot{I}_3 = \frac{-9-120\angle 120°}{2} = 57.9\angle -63.9°\,[\mathrm{A}]$$

## 問 4-16

節点電圧法

$$\begin{cases} \dfrac{\dot{V}_1 - 100}{2} + \dfrac{\dot{V}_1}{j2} + \dfrac{\dot{V}_1 - \dot{V}_2}{2} = 0 \\[2mm] \dfrac{\dot{V}_2 - \dot{V}_1}{2} + \dfrac{\dot{V}_2}{j2} + \dfrac{\dot{V}_2}{2+j2} = 0 \end{cases}$$

$$\begin{cases} \left(\dfrac{1}{2} + \dfrac{1}{j2} + \dfrac{1}{2}\right)\dot{V}_1 - \dfrac{1}{2}\dot{V}_2 = 50 \\[2mm] -\dfrac{1}{2}\dot{V}_1 + \left(\dfrac{1}{2} + \dfrac{1}{j2} + \dfrac{1}{2+j2}\right)\dot{V}_2 = 0 \end{cases}$$

$$\dot{V}_1 = 46.9\angle 38.7°\,[\mathrm{V}]$$

$$\dot{V}_2 = 22.1\angle 83.7°\,[\mathrm{V}]$$

## 問 4-17

節点電圧法

$$\frac{\dot{V}_a - 50}{5} + \frac{\dot{V}_a}{j2} + \frac{\dot{V}_a - \dot{V}_b}{4} = 0$$

$$\frac{\dot{V}_b - \dot{V}_a}{4} + \frac{\dot{V}_b}{-j2} + \frac{\dot{V}_b - 50\angle 90°}{2} = 0$$

$$\dot{V}_a = 24.8\angle 72.2°\,[\mathrm{V}], \quad \dot{V}_b = 34.3\angle 52.8°\,[\mathrm{V}]$$

$$\dot{I}_{(5\Omega)} = \frac{50-24.8\angle 72.2°}{5}$$

$$= 9.71\angle -29.1°\,[\mathrm{A}]$$

$$\dot{I}_{(4\Omega)} = \frac{24.8\angle 72.2° - 34.3\angle 52.8°}{4}$$

$$= 3.42\angle -164°\,[\mathrm{A}]$$

$$\dot{I}_{(2\Omega)} = \frac{34.3\angle 52.8° - 50\angle 90°}{2}$$

$$= 15.37\angle -47.7°\,[\mathrm{A}]$$

$$P = 5 \times 9.71^2 + 4 \times 3.42^2 + 2 \times 15.37^2$$

$$= 991\,[\mathrm{W}]$$

## 問 4-18

テブナンの定理

$$\dot{Z}_T = j5 + \frac{5 \times (3+j4)}{5+3+j4}$$

$$= 2.5 + j6.25$$

$$= 6.73\angle 68.2°\,[\Omega]$$

$$\dot{E}_T = \frac{100\angle 0°}{5+3+j4} \times (3+j4)$$

$$= 50 + j25$$

$$= 55.9\angle 26.6°\,[\mathrm{V}]$$

## 問 4-19

テブナンの定理，最大消費電力定理

$$\dot{Z}_T = \frac{(5+j5) \times (3-j4)}{(5+j5)+(3-j4)} = 4.23 - j1.154\,[\Omega]$$

$$\dot{E}_T = 25\angle 90° + \frac{100-25\angle 90°}{8+j1} \times (3-j4)$$

$$= 40.4\angle -64.7°\,[\mathrm{V}]$$

$$\dot{Z} = \bar{\dot{Z}}_T = 4.23 + j1.154\,[\Omega]$$

$$P = 4.23 \times \left(\frac{40.4}{2 \times 4.23}\right)^2 = 96.5\,[\mathrm{W}]$$

## 問 4-20

テブナンの定理

$$\dot{Z}_T = \frac{(3+j4) \times (5-j5)}{(3+j4)+(5-j5)} = 4.23 + j1.154\,[\Omega]$$

$$\dot{E}_T = 60\angle -90° + \frac{100-60\angle -90°}{8-j1} \times (5-j5)$$

$$= 124.7\angle -35.5°\,[\mathrm{V}]$$

$$\dot{I} = \frac{124.7\angle -35.5°}{(4.23+j1.154)+(4+j3)}$$

$$= 13.53\angle -62.2°\,[\mathrm{A}]$$

$$P = 4 \times 13.53^2 = 732\,[\mathrm{W}]$$

### 問 4-21

ノートンの定理

$$\dot{Z}_N = j5 + \frac{5 \times (3+j4)}{5+3+j4}$$

$$= 2.5 + j6.25 = 6.73\angle 68.2°\,[\Omega]$$

$$\dot{I}_N = \frac{100\angle 0°}{5 + \frac{(3+j4)\times j5}{3+j4+j5}} \times \frac{3+j4}{3+j4+j5}$$

$$= 6.21 - j5.52 = 8.31\angle -41.6°\,[\mathrm{A}]$$

### 問 4-22

最大消費電力定理

$\dot{Z}_{ab} = 20+j10\,[\Omega]$ の共役インピーダンス

$\dot{Z} = 20-j10\,[\Omega]$ を接続する.

$$\dot{I} = \frac{100}{(20+j10)+(20-j10)} = 2.5\,[\mathrm{A}]$$

$$P = 20 \times 2.5^2 = 125\,[\mathrm{W}]$$

### 問 4-23

テブナンの定理, 最大消費電力定理

$$\dot{Z}_T = \frac{3 \times (2+j10)}{3 + (2+j10)} = 2.64 + j0.72$$

$$= 2.74\angle 15.3°\,[\Omega]$$

$$\dot{E}_T = \frac{50\angle 45°}{3+2+j10} \times (2+j10)$$

$$= 45.6\angle 60.3°\,[\mathrm{V}]$$

$$\dot{Z} = 2.64 - j0.72\,[\Omega]$$

$$I = \frac{45.6}{2.64+2.64} = 8.64\,[\mathrm{A}]$$

$$P = 2.64 \times 8.64^2 = 197\,[\mathrm{W}]$$

### 問 4-24

Δ－Y 変換

$$\Delta = (5+j15) + (15-j5) + (10+j30)$$

$$= 30+j40 = 50\angle 53.1°\,[\Omega]$$

$$\dot{Z}_A = \frac{(15-j5)\,(10+j30)}{30+j40} = 10\,[\Omega]$$

$$\dot{Z}_B = \frac{(10+j30)\,(5+j15)}{30+j40} = j10\,[\Omega]$$

$$\dot{Z}_C = \frac{(5+j15)\,(15-j5)}{30+j40} = 5\,[\Omega]$$

### 問 4-25

Δ－Y 変換

$$\Delta = -j8 + 5 + j4 = 5 - j4$$

$$\dot{Z}_a = \frac{-j8 \times j4}{5-j4} = 5\angle 38.7°\,[\Omega]$$

$$\dot{Z}_b = \frac{j4 \times 5}{5-j4} = 3.12\angle 128.7°\,[\Omega]$$

$$\dot{Z}_c = \frac{5 \times (-j8)}{5-j4} = 6.25\angle -51.3°\,[\Omega]$$

$$\dot{Z} = \dot{Z}_a + \frac{(\dot{Z}_b - j6) \times (\dot{Z}_c + j8)}{(\dot{Z}_b - j6) + (\dot{Z}_c + j8)}$$

$$= 10\angle -38.5° = 7.81 - j6.22\,[\Omega]$$

$$\dot{I} = \frac{100}{10\angle -38.5°} = 10\angle 38.5°\,[\mathrm{A}]$$

### 問 4-26

Δ－Y 変換

$$\dot{Z}_Y = \frac{1}{3}\,(12-j9) = 4 - j3\,[\Omega]$$

$$\dot{Z} = 2+(4-j3)+\frac{4 \times 4}{4 + 4}$$

$$= 8 - j3 = 8.54\angle -20.6°\,[\Omega]$$

$$\dot{I} = \frac{120}{8.54\angle -20.6°} = 14.1\angle 20.6°\,[\mathrm{A}]$$

### 問 4-27

Y－Δ 変換

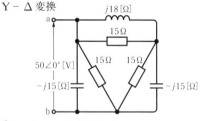

$$\dot{Z} = 6.93\angle -27.7°\,[\Omega]$$

$$\dot{I} = \frac{50\angle 0°}{6.93\angle -27.7°} = 7.22\angle 27.7°\,[\mathrm{A}]$$

### 問 4-28

Y－Δ 変換

$$\dot{Z}_1 = \frac{(12-j16) \times j9}{(12-j16) + j9} = 13\angle 67.1°\,[\Omega]$$

$$\dot{Z} = \frac{\dot{Z}_1 \times 2\dot{Z}_1}{\dot{Z}_1 + 2\dot{Z}_1} = 8.67\angle 67°[\Omega]$$

$$\dot{I} = \frac{100}{8.67\angle 67°} = 11.53\angle -67°[A]$$

---
問 4-29
---

$\Delta - Y$ 変換

$$\dot{Z}_y = \frac{1}{3} \times 12\angle 30° = 4\angle 30°[\Omega]$$

$$\dot{Z}_Y = \frac{4\angle -45° \times 4\angle 30°}{4\angle -45° + 4\angle 30°}$$

$$= 2.52\angle -7.5°[\Omega]$$

でY回路を構成する.

---
問 4-30
---

ブリッジ平衡条件

$R_1(R_x+j\omega L_x) = R_2(R_3+j\omega L_3)$ より,

$$R_x = \frac{R_2}{R_1}R_3[\Omega] \quad L_x = \frac{R_2}{R_1}L_3[H]$$

---
問 4-31
---

ブリッジ平衡条件

$(10^3-j10^3)(R_x+j10^3L_x) = 10^4$

上式より,

$$\begin{cases} 10^3R_x+10^6L_x-10^4 = 0 & (1) \\ 10^6L_x-10^3R_x = 0 & (2) \end{cases}$$

(2)から, $R_x = 10^3L_x$ (3)

(3)を(1)に代入して,

$$L_x = 5[mH] \quad R_x = 5[\Omega]$$

---
問 4-32
---

可逆の定理

$$\dot{I}_1 = \dot{I}_2 = 10.11\angle 129°[A]$$

---
問 4-33
---

可逆の定理

$$\dot{I}_1 = \dot{I}_2 = 2.17\angle 57.5°[A]$$

---
問 4-34
---

図1, 2, 3には, 直流分, 基本波, 第2高調波が表示されている. 各図を参照し, 「直流分－基本波－第2高調波」を作図する. 電流 $i$ [A]の波形は図4となる.

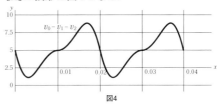

図4

---
問 4-35
---

直流, 基本波, 第3高調波に対する抵抗およびインピーダンスを求める.

$$R = 10[\Omega]$$

$$\dot{Z}_1 = 10 + j10 = 14.14\angle 45°[\Omega]$$

$$\dot{Z}_3 = 10 + j(3\times 10) = 31.6\angle 71.6°[\Omega]$$

$$I_0 = \frac{100}{10} = 10[A]$$

$$\dot{I}_1 = \frac{50/\sqrt{2}}{14.14\angle 45°} = 2.5\angle -45°[A]$$

$$\dot{I}_3 = \frac{20/\sqrt{2}}{31.6\angle 71.6°} = 0.448\angle -71.6°[A]$$

したがって, 電流 $i$ [A]は, 次式となる.

$$i = 10+2.5\sqrt{2}\sin(\omega t-45°) + 0.448\sqrt{2}\sin(\omega t-71.6°)[A]$$

---
問 4-36
---

回路の電圧は, 直流と基本波である. 直流に対する抵抗 $R$ [$\Omega$], 基本波に対するインピーダンス $\dot{Z}$ [$\Omega$]を求める.

$$R_0 = 9[\Omega], \dot{Z} = 9 + j12 = 15\angle 53.1°[\Omega]$$

$$I = \frac{45}{9} = 5[A]$$

$$\dot{I} = \frac{90\angle 0°}{15\angle 53.1°} = 6\angle -53.1°[A]$$

$$i = 5 + 6\sqrt{2}\sin(\omega t-53.1°)[A]$$

直流および基本波の消費電力

$P_0 = 9 \times 5^2 = 225 \, [\mathrm{W}]$

$P_1 = 9 \times 6^2 = 324 \, [\mathrm{W}]$

全消費電力 $P = 225 + 324 = 549 \, [\mathrm{W}]$

## 問 4-37

重ね合わせの理

直流分： $I = \dfrac{16}{8} = 2 \, [\mathrm{A}]$

交流分： $\dot{Z} = \dfrac{(6-j2)(8+j4)}{(6-j2)+(8+j4)} = 4 \, [\Omega]$

$$\dot{I} = \frac{20}{4} \times \frac{6-j2}{14+j2}$$
$$= 2.24 \angle -26.6° \, [\mathrm{A}]$$

$i = 2 + 2.24\sqrt{2} \, \sin(\omega t - 26.6°) \, [\mathrm{A}]$

## 問 4-38

電圧は基本波と第3高調波の和である．それぞれに対するインピーダンス $\dot{Z}_1 [\Omega]$, $\dot{Z}_3 [\Omega]$ を求める．

$\dot{Z}_1 = 8 + j6 = 10 \angle 36.9° \, [\Omega]$

$\dot{Z}_3 = 8 + j(3 \times 6) = 19.7 \angle 66° \, [\Omega]$

基本波および第3高調波電流 $\dot{I}_1 [\mathrm{A}]$ および $\dot{I}_3 [\mathrm{A}]$ を求める．

$\dot{I}_1 = \dfrac{100}{10 \angle 36.9°} = 10 \angle -36.9° \, [\mathrm{A}]$

$\dot{I}_3 = \dfrac{60}{19.7 \angle 66°} = 3.05 \angle -66° \, [\mathrm{A}]$

したがって，回路に流れる電流は，

$i = 10\sqrt{2} \, \sin(\omega t - 36.9°)$
$\qquad + 3.05\sqrt{2} \, \sin(3\omega t - 66°) \, [\mathrm{A}]$

となる．電圧 $v \, [\mathrm{V}]$ および電流 $i \, [\mathrm{A}]$ の波形を図1, 図2に示す．

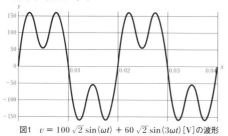

図1　$v = 100\sqrt{2}\sin(\omega t) + 60\sqrt{2}\sin(3\omega t) \, [\mathrm{V}]$ の波形

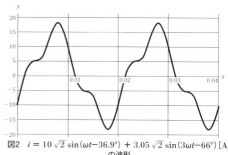

図2　$i = 10\sqrt{2}\sin(\omega t - 36.9°) + 3.05\sqrt{2}\sin(3\omega t - 66°) \, [\mathrm{A}]$ の波形

## 問 4-39

基本波および第3高調波の電圧に対するインピーダンスを求める．

$\dot{Z}_1 = 6 + j6 = 8.49 \angle 45° \, [\Omega]$

$\dot{Z}_3 = 6 + j(3 \times 6) = 19.0 \angle 71.6° \, [\Omega]$

基本波電流 $\dot{I}_1$ および $\dot{I}_3$ は，

$\dot{I}_1 = \dfrac{170}{8.49 \angle 45°} = 20.0 \angle -45° \, [\mathrm{A}]$

$\dot{I}_3 = \dfrac{85}{19.0 \angle 71.6°} = 4.47 \angle -71.6° \, [\mathrm{A}]$

したがって，回路に流れる電流 $i$ は，

$i = 20.0\sqrt{2} \, \sin(\omega t - 45°)$
$\qquad + 4.47\sqrt{2} \, \sin(\omega t - 71.6°) \, [\mathrm{A}]$

となる．

(1), (2) 電圧および電流の実効値を求める．

$$V = \sqrt{170^2 + 85^2} = 190 \, [\mathrm{V}]$$
$$I = \sqrt{20.0^2 + 4.47^2} = 20.5 \, [\mathrm{A}]$$

(3) 皮相電力 $S$ は，

$$S = VI = 190 \times 20.5 = 3,895 \, [\mathrm{VA}]$$

(4) 各調波の消費電力および全消費電力を求める．

$$P_1 = 170 \times 20.0 \times \cos(45°) = 2,404 \, [\mathrm{W}]$$
$$P_3 = 85 \times 4.47 \times \cos(71.6°) = 120 \, [\mathrm{W}]$$
$$P = P_1 + P_3 = 2,404 + 120 = 2,524 \, [\mathrm{W}]$$

## 問 4-40

直流および基本波, 第3高調波に対する抵抗, インピーダンスを求める．

$\dot{Z}_1 = 2 + j1.155 = 2.31 \angle 30° [\Omega]$

$\dot{Z}_3 = 2 + j(3 \times 1.155) = 4 \angle 60° [\Omega]$

(1) 電流を求める.

$I_0 = \dfrac{4}{2} = 2[A]$

$\dot{I}_1 = \dfrac{20}{2.31 \angle 30°} = 8.66 \angle -30° [A]$

$\dot{I}_3 = \dfrac{10}{4 \angle 60°} = 2.5 \angle -60° [A]$

$i = 2 + 8.66\sqrt{2} \sin(\omega t - 30°)$
$\quad + 2.5\sqrt{2} \sin(3\omega t - 60°) [A]$

(2), (3) 電圧・電流の実効値

$V = \sqrt{4^2 + 20^2 + 10^2} = 22.7[V]$

$I = \sqrt{2^2 + 8.66^2 + 2.5^2} = 9.23[A]$

(4) 消費電力を求める.

$P = 2 \times (2^2 + 8.66^2 + 2.5^2) = 170[W]$

---

## 問 4-41

電圧・電流の実効値を求める.

(1) $V = \sqrt{\left(\dfrac{100}{\sqrt{2}}\right)^2 + \left(\dfrac{50}{\sqrt{2}}\right)^2} = 79.1 [V]$

(2) $I = \sqrt{\left(\dfrac{20}{\sqrt{2}}\right)^2 + \left(\dfrac{17.32}{\sqrt{2}}\right)^2} = 18.71 [A]$

(3) 皮相電力 $S$ は,

$S = VI = 79.1 \times 18.71 = 1,480 [VA]$

(4) 有効電力を求める.

$P_1 = \dfrac{100}{\sqrt{2}} \times \dfrac{20}{\sqrt{2}} \times \cos(30°) = 866 [W]$

$P_2 = \dfrac{50}{\sqrt{2}} \times \dfrac{17.32}{\sqrt{2}} \times \cos(60°) = 217 [W]$

全有効電力

$P = 866 + 217 = 1,083 [W]$

(5) 力率

$\cos(\theta) = \dfrac{P}{VI} = \dfrac{1,083}{79.1 \times 18.71} = 0.73$

---

## 問 4-42

(1) 全消費電力は同一周波数である電圧と電流間の消費電力から求める.

$P_1 = \dfrac{100 \times 60}{2} \cos(60°) = 1,500 [W]$

$P_2 = \dfrac{40 \times 20}{2} \cos(30°) = 346 [W]$

したがって, 全消費電力は,

$P = 1,500 + 346 = 1,846 [VA]$

となる.

(2) 電圧・電流の実効値を求める.

$V = \dfrac{1}{\sqrt{2}} \sqrt{100^2 + 40^2} = 76.2 [V]$

$I = \dfrac{1}{\sqrt{2}} \sqrt{60^2 + 20^2} = 44.7 [A]$

(3) 以上の結果から力率を求める.

力率 $= \dfrac{P}{VI} = \dfrac{1,846}{76.2 \times 44.7} = 0.542$

---

## 問 4-43

基本波および第3高調波に対するインピーダンス $\dot{Z}_1 [\Omega]$, $\dot{Z}_3 [\Omega]$ を求める.

$\dot{Z}_1 = 2 + j(314 \times 3.19 \times 10^{-3})$
$\quad - j\dfrac{1}{314 \times 1.062 \times 10^{-6}}$
$\quad = 2 + j(1-3) = 2.83 \angle -45° [\Omega]$

$\dot{Z}_3 = 2 + j(3-1) = 2.83 \angle 45° [\Omega]$

(1) 各高調波の電流および電流 $i [A]$ を求める.

$\dot{I}_1 = \dfrac{100}{2.83 \angle -45°} = 35.3 \angle 45° [A]$

$\dot{I}_3 = \dfrac{20}{2.83 \angle 45°} = 7.07 \angle -45° [A]$

$i = 35.3\sqrt{2} \sin(314t + 45°)$
$\quad + 7.07\sqrt{2} \sin(3 \times 314t - 45°) [A]$

(2) 消費電力を求める.

$P_1 = 2 \times 35.3^2 = 2,492 [W]$

$P_3 = 2 \times 7.07^2 = 100 [W]$

$P = P_1 + P_3 = 2,492 + 100 = 2,592 [W]$

# 自習問題解答

## 5章 交流回路計算❸ 三相回路

### 問5-1

相電圧・線間電圧関係

$\dot{E}_{AB} = \dot{E}_A - \dot{E}_B = 346\angle 30°\,[\mathrm{V}]$

$\dot{E}_{BC} = \dot{E}_B - \dot{E}_C = 346\angle -90°\,[\mathrm{V}]$

$\dot{E}_{CA} = \dot{E}_C - \dot{E}_A = 346\angle 150°\,[\mathrm{V}]$

### 問5-2

三相電力

$V_p = \dfrac{210}{\sqrt{3}} = 121\,[\mathrm{V}]$

$I_p = \dfrac{121}{14} = 8.64\,[\mathrm{A}]$

$\cos(\pi/6) = 0.866$

$P = 3 \times 121 \times 8.64 \times 0.866 = 2.72\,[\mathrm{kW}]$

### 問5-3

相電圧・線間電圧関係

(1) $\dot{Z} = 6 - j8 = 10\angle -53.1°\,[\Omega]$

$\dot{V}_{an} = 20 \times 10\angle -53.1°$
$= 200\angle -53.1°\,[\mathrm{V}]$

$\dot{V}_{bn} = 20\angle -120° \times 10\angle -53.1°$
$= 200\angle -173.1°\,[\mathrm{V}]$

$\dot{V}_{cn} = 20\angle 120° \times 10\angle -53.1°$
$= 200\angle 66.9°\,[\mathrm{V}]$

(2) $\dot{V}_{ab} = \dot{V}_{an} - \dot{V}_{bn} = 346\angle -23.1°\,[\mathrm{V}]$

$\dot{V}_{bc} = \dot{V}_{bn} - \dot{V}_{cn} = 346\angle -143.1°\,[\mathrm{V}]$

$\dot{V}_{ca} = \dot{V}_{cn} - \dot{V}_{an} = 346\angle 96.9°\,[\mathrm{V}]$

### 問5-4

相電圧・線間電圧関係

$\dot{Z} = 12 + j16 = 20\angle 53.1°\,[\Omega]$

$\dot{Z}' = 1 + 12 + j16 = 20.6\angle 50.9°\,[\Omega]$

$I_p = \dfrac{50}{20\angle 53.1°} = 2.5\angle -53.1°\,[\mathrm{A}]$

$V_p = 20.6 \times 2.5 = 51.5\,[\mathrm{V}]$

$V_\ell = \sqrt{3} \times 51.5 = 89.2\,[\mathrm{V}]$

### 問5-5

相電圧・線間電圧関係

$V_p = \dfrac{200}{\sqrt{3}} = 115.5\,[\mathrm{V}]$

$Z = \dfrac{115.5}{50} = 2.31\,[\Omega]$

$10 \times 10^3 = 3 \times 115.5 \times 50 \times \cos\theta$

$\cos\theta = 0.577, \quad \theta = \cos^{-1}0.577 = 54.8°$

$\dot{Z} = 2.31\angle 54.8°\,[\Omega]$

$\dot{Y} = \dfrac{1}{\dot{Z}} = 0.25 - j0.354\,[\mathrm{S}]$

$X = \dfrac{1}{0.354} = 2.83\,[\Omega]$

### 問5-6

相電圧・線間電圧関係

$\dot{V}_L = j3 \times 50 = j150\,[\mathrm{V}]$

$\dot{V}_p = 50R\,[\mathrm{V}]$

$250^2 = (50R)^2 + 150^2$

$R = 4\,[\Omega]$

(1) $V_p = 4 \times 50 = 200\,[\mathrm{V}]$

(2) $V_\ell = \sqrt{3} \times 200 = 346\,[\mathrm{V}]$

### 問5-7

三相電力

$\dot{Z} = 24 + j15 - j8 = 25\angle 16.3°\,[\Omega]$

$I_p = \dfrac{1,000}{25} = 40\,[\mathrm{A}]$

$P_p = 24 \times 40^2 = 38.4\,[\mathrm{kW}]$

$P = 3P_p = 115.2\,[\mathrm{kW}]$

### 問5-8

負荷 $\Delta - Y$ 変換

(1) $I_\ell = \sqrt{3} \times \dfrac{200}{10} = 34.6\,[\mathrm{A}]$

(2) $R' = \dfrac{1}{3} \times 10 = 3.33\,[\Omega]$

(3) $I_\ell' = \dfrac{200/\sqrt{3}}{3.33} = 34.7\,[\mathrm{A}]$

## 問5-9

三相各種電力

$\dot{Z} = 40 + j30 = 50\angle36.9°\,[\Omega]$

$\cos 36.9° = 0.8,\ \sin 36.9° = 0.6$

$I_p = \dfrac{200}{50} = 4\,[A]$

$S = 3 \times 200 \times 4 = 2.4\,[kV\cdot A]$

$P = 2.4 \times 0.8 = 1.92\,[kW]$

$Q = 2.4 \times 0.6 = 1.44\,[kvar]$

## 問5-10

相電流・線電流

$\dot{Z} = \dfrac{5 \times (-j5)}{5 - j5} = 3.54\angle-45°\,[\Omega]$

(1) $\dot{I}_{ab} = \dfrac{200\angle0°}{3.54\angle-45°} = 56.5\angle45°\,[A]$

$\dot{I}_{bc} = 56.5\angle-75°\,[A]$

$\dot{I}_{ca} = 56.5\angle165°\,[A]$

(2) $\dot{I}_A = \dot{I}_{ab} - \dot{I}_{ca} = 97.9\angle15°\,[A]$

$\dot{I}_B = \dot{I}_{bc} - \dot{I}_{ab} = 97.9\angle-105°\,[A]$

$\dot{I}_C = \dot{I}_{ca} - \dot{I}_{bc} = 97.9\angle135°\,[A]$

## 問5-11

相電流・線電流・線間電圧

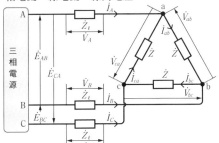

(1) $\dot{Z} = 300 + j1,000 = 1,044\angle73.3°\,[\Omega]$

$\dot{Z}_\ell = 10 + j20 = 22.4\angle63.4°\,[\Omega]$

$\dot{I}_{ab} = \dfrac{16,000\angle0°}{1,044\angle73.3°} = 15.33\angle-73.3°\,[A]$

$\dot{I}_{bc} = \dfrac{16,000\angle-120°}{1,044\angle73.3°} = 15.33\angle-193.3°\,[A]$

$\dot{I}_{ca} = \dfrac{16,000\angle120°}{1,044\angle73.3°} = 15.33\angle46.7°\,[A]$

(2) $\dot{I}_A = \dot{I}_{ab} - \dot{I}_{ca} = 26.5\angle-103.3°\,[A]$

$\dot{I}_B = \dot{I}_{bc} - \dot{I}_{ab} = 26.5\angle136.7°\,[A]$

$\dot{I}_C = \dot{I}_{ca} - \dot{I}_{bc} = 26.5\angle16.7°\,[A]$

(3) $\dot{V}_A = \dot{Z}_\ell\dot{I}_A = 22.4\angle63.4° \times 26.5\angle-103.3°$

$= 594\angle-40°\,[V]$

$\dot{V}_B = \dot{Z}_\ell\dot{I}_B = 22.4\angle63.4° \times 26.5\angle136.7°$

$= 594\angle-160°\,[V]$

$\dot{V}_C = \dot{Z}_\ell\dot{I}_C = 22.4\angle63.4° \times 26.5\angle16.7°$

$= 594\angle80°\,[V]$

$\dot{E}_{AB} = \dot{V}_A + \dot{V}_{ab} - \dot{V}_B = 17\angle0°\,[kV]$

$\dot{E}_{BC} = 17\angle-120°\,[kV]$

$\dot{E}_{CA} = 17\angle120°\,[kV]$

## 問5-12

Y-Δ回路

(1) $V_\ell = \sqrt{3} \times 200 = 346\,[V]$

(2) $I_\ell = \sqrt{3} \times \dfrac{346}{40} = 15\,[A]$

(3) $P = \sqrt{3} \times 346 \times 15 = 9\,[kW]$

## 問5-13

Y-Δ回路

$\dot{Z} = 8 + j6 = 10\angle36.9°\,[\Omega]$

$\cos 36.9° = 0.8$

$I_p = \dfrac{60}{\sqrt{3}} = 34.6\,[A]$

(1) $V_\ell = 10 \times 34.6 = 346\,[V]$

$V_p = \dfrac{346}{\sqrt{3}} = 200\,[V]$

(2) $P = \sqrt{3} \times 346 \times 60 \times 0.8 = 28.8\,[kW]$

## 問5-14

Y-Δ回路

$\dot{Z}_Y = \dfrac{1}{3}(27 + j48) = 9 + j16\,[\Omega]$

$\dot{Z} = 3 + 9 + j16 = 20\angle53.1°\,[\Omega]$

(1) $I_\ell = \dfrac{100}{20} = 5\,[A]$

(2) $P_\ell = 3 \times (3 \times 5^2) = 225\,[W]$

(3) $P = 3 \times 9 \times 5^2 = 675\,[W]$

## 問 5-15

各種電力

$\dot{Z} = 8 - j6 = 10\angle-36.9°\,[\Omega]$

$\cos 36.9° = 0.8, \ \sin 36.9° = 0.6$

電源 $\Delta - Y$ 変換

$V_p = \dfrac{420}{\sqrt{3}} = 242\,[\mathrm{V}]$

$I_p = \dfrac{242}{10} = 24.2\,[\mathrm{A}]$

$S = 3 \times 242 \times 24.2 = \boxed{17.57}\,[\mathrm{kV{\cdot}A}]$

$P = 17.57 \times 0.8 = \boxed{14.06}\,[\mathrm{kW}]$

$Q = 17.57 \times 0.6 = \boxed{10.54}\,[\mathrm{kvar}]$

## 問 5-16

消費電力

$\dot{Z} = \dfrac{(6+j8) \times (6-j8)}{(6+j8) + (6-j8)} = 8.33\angle 0°\,[\Omega]$

$I_{\ell} = \dfrac{100}{8.33} = 12\,[\mathrm{A}]$

$P = 3 \times 100 \times 12 = \boxed{3.6}\,[\mathrm{kW}]$

## 問 5-17

消費電力

$\dot{Z} = \dfrac{15 \times 10\angle 30°}{15 + 10\angle 30°} = 6.2\angle 18°\,[\Omega]$

$V_p = \dfrac{240}{\sqrt{3}} = 138.6\,[\mathrm{V}]$

$I_p = \dfrac{138.6}{6.2} = 22.4\,[\mathrm{A}]$

$P = 3 \times 138.6 \times 22.4 \times \cos 18°$

$\quad = \boxed{8.86}\,[\mathrm{kW}]$

## 問 5-18

各種電力, $\Delta - Y$ 変換

$\dot{Z}_Y = \dfrac{12\angle 30°}{3} = 4\angle 30°\,[\Omega]$

$\dot{Z} = \dfrac{4\angle 30° \times 5\angle 45°}{4\angle 30° + 5\angle 45°} = 2.24\angle 36.7°\,[\Omega]$

$\cos 36.7° = 0.8, \ \sin 36.7° = 0.6$

$V_p = \dfrac{208}{\sqrt{3}} = 120\,[\mathrm{V}]$

(1) $I_{\ell} = I_p = \dfrac{120}{2.24} = \boxed{53.6}\,[\mathrm{A}]$

(2) $S = 3 \times 120 \times 53.6 = \boxed{19.3}\,[\mathrm{kV{\cdot}A}]$

$\quad P = 19.3 \times 0.8 = \boxed{15.44}\,[\mathrm{kW}]$

$\quad Q = 19.3 \times 0.6 = \boxed{11.58}\,[\mathrm{kvar}]$

## 問 5-19

(1) $\dot{Z}_Y = 3 + j4 = 5\angle 53.1°\,[\Omega]$

$\quad V_p = \dfrac{200}{\sqrt{3}} = 115.5\,[\mathrm{V}]$

$\quad I_{\ell} = \dfrac{115.5}{5} = \boxed{23.1}\,[\mathrm{A}]$

(2) $S_p = 200 \times 13.33 = 2.67\,[\mathrm{kVA}]$

$\quad P_p = 2.67 \times \cos 53.1 = 1.60\,[\mathrm{kW}]$

$\quad Q_p = 2.67 \times \sin 53.1 = 2.14\,[\mathrm{kvar}]$

$\quad I_C = \dfrac{200}{X_C}\,[\mathrm{A}]$

$\quad Q_C = 200 \times \dfrac{200}{X_C}\,[\mathrm{var}]$

$\quad 2.14 \times 10^3 = \dfrac{200^2}{X_C}$

$\quad X_C = \dfrac{200^2}{2.14 \times 10^3} = 18.7\,[\Omega]$

$\quad 18.7 = \dfrac{1}{314C}\,[\Omega]$

$\quad C = \dfrac{1}{314 \times 18.7} = \boxed{170}\,[\mu\mathrm{F}]$

## 問 5-20

誘導リアクタンス・消費電力

(1) $Z = \dfrac{210/\sqrt{3}}{14/\sqrt{3}} = 15\,[\Omega]$

$\quad \cos\theta = 0.8, \ \sin\theta = 0.6$

$\quad \dot{Z} = 15(0.8 + j0.6) = 12 + j9\,[\Omega]$

$\quad X = \boxed{9}\,[\Omega]$

(2) $V_{\ell} = \sqrt{3} \times 200 = 346\,[\mathrm{V}]$

$\quad I_p = \dfrac{346}{15} = 23.1\,[\mathrm{A}]$

$\quad P = 3 \times 346 \times 23.1 \times 0.8$

$\quad = \boxed{19.2}\,[\mathrm{kW}]$

## 問 5-21

2電力計算法

$P = 6 + 2.5 = 8.5\,[\text{kW}]$

$$8.5 \times 10^3 = \sqrt{3}\,V_\ell\,I_\ell\,\cos\theta$$
$$= \sqrt{3} \times 200 \times 30 \times \cos\theta$$

$$\cos\theta = \frac{8.5}{10.39} = 0.818$$

## 問 5-22

2電力計法

$\text{W}_1$は$\dot{V}_{ab}$と$\dot{I}_a$, $\text{W}_2$は$\dot{V}_{cb}$と$\dot{I}_c$が加わる. 次のベクトル図参照.

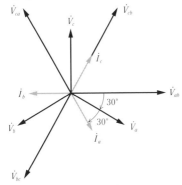

$$\dot{Z} = 10\sqrt{3} + j10 = 20\angle 30°\,[\Omega]$$

$$I_p = \frac{200/\sqrt{3}}{20} = \frac{10}{\sqrt{3}} = 5.77\,[\text{A}]$$

$P_1 = 200 \times 5.77 \times \cos 60° = 0.577\,[\text{kW}]$

$P_2 = 200 \times 5.77 = 1.155\,[\text{kW}]$

## 問 5-23

2電力計法

$\text{W}_1$は$\dot{V}_{ac}$と$\dot{I}_a$, $\text{W}_2$は$\dot{V}_{bc}$と$\dot{I}_b$が加わる.
右のベクトル図参照.

$$P_1 = 200 \times 30 \times \cos(\theta - 30°)$$
$$= 6{,}000\left\{\cos\theta \times \frac{\sqrt{3}}{2} + \sin\theta \times \frac{1}{2}\right\}$$

$$P_2 = 200 \times 30 \times \cos(\theta + 30°)$$
$$= 6{,}000\left\{\cos\theta \times \frac{\sqrt{3}}{2} - \sin\theta \times \frac{1}{2}\right\}$$

$$P_1 + P_2 = \sqrt{3} \times 6 \times \cos\theta\,[\text{kW}]$$
$$\sqrt{3} \times 6 \times \cos\theta = 5.8 + 3.2$$
$$\cos\theta = \frac{9}{\sqrt{3} \times 6} = \frac{\sqrt{3}}{2} = 0.866$$

## 問 5-24

不平衡三相回路

(1) $\dot{I}_A = \dfrac{127\angle 0°}{6} = 21.2\angle 0°\,[\text{A}]$

$\dot{I}_B = \dfrac{127\angle -120°}{5\angle 45°} = 25.4\angle -165°\,[\text{A}]$

$\dot{I}_C = \dfrac{127\angle 120°}{6\angle 30°} = 21.2\angle 90°\,[\text{A}]$

(2) $P_a = 6 \times 21.2^2 = 2.7\,[\text{kW}]$

$P_b = 127 \times 25.4 \times \cos 45° = 2.28\,[\text{kW}]$

$P_c = 127 \times 21.2 \times \cos 30° = 2.32\,[\text{kW}]$

$P = 7.3\,[\text{kW}]$

## 問 5-25

不平衡三相回路

$\dot{Z}_a = 10\,[\Omega]$

$\dot{Z}_b = 15 + j10 = 18\angle 33.7°\,[\Omega]$

$\dot{Z}_c = 12 - j12 = 17\angle -45°\,[\Omega]$

(1) $\dot{I}_a = \dfrac{208\angle 0°}{10} = 20.8\angle 0°\,[\text{A}]$

$\dot{I}_b = \dfrac{208\angle -120°}{18\angle 33.7°} = 11.56\angle -154°\,[\text{A}]$

$\dot{I}_c = \dfrac{208\angle 120°}{17\angle -45°} = 12.24\angle 165°\,[\text{A}]$

(2) $\dot{I}_A = \dot{I}_a - \dot{I}_c = 32.8\angle -5.55°\,[\text{A}]$

$\dot{I}_B = \dot{I}_b - \dot{I}_a = 31.6\angle -170.8°\,[\text{A}]$

$\dot{I}_C = \dot{I}_c - \dot{I}_b = 8.36\angle 100°\,[\text{A}]$

## 問 5-26

(1) $R = 9$ [Ω] を Δ－Y 変換

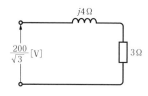

$\dot{Z} = 3 + j4 = 5\angle 53.1°$ [Ω]

$I_\ell = \dfrac{115.5}{5} = 23.1$ [A]

$I_{ab} = \dfrac{23.1}{\sqrt{3}} = 13.34$ [A]

(2)

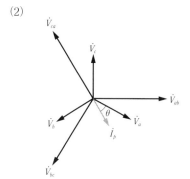

ベクトル図から $\dot{V}_{ca}$ [V] と $\dot{I}_p$ [A] の
位相差は $90° - 53° = 37°$

したがって

$P = 200 \times 23 \times \cos 37°$
$\quad = 3.67$ [kW]

## 問 5-27

(1) Δ－Y 変換

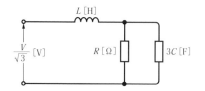

$\dot{Z} = j\omega L + \dfrac{R \cdot \dfrac{1}{j3\omega C}}{R + \dfrac{1}{j3\omega C}}$

$\quad = \dfrac{R}{1 + (3\omega CR)^2}$

$\qquad + j \left\{ \omega L - \dfrac{3\omega CR^2}{1 + (3\omega CR)^2} \right\}$

力率 = 1 （虚部 = 0）より

$L = \dfrac{3CR^2}{1 + (3\omega CR)^2}$ [H]

(2) 力率 = 1 のとき

$\dot{Z} = \dfrac{R}{1 + (3\omega CR)^2}$ [Ω]

$I = \dfrac{V}{\sqrt{3} R} \{ 1 + (3\omega CR)^2 \}$ [A]

$\dot{V}_{cp} = I \cdot \dfrac{R}{R + \dfrac{1}{j3\omega C}} \cdot \dfrac{1}{j3\omega C}$

$\quad = \dfrac{V}{\sqrt{3}} \{ 1 + (3\omega CR)^2 \} \cdot \dfrac{1}{1 + j3\omega CR}$

$V_{cp} = \dfrac{V}{\sqrt{3}} \sqrt{1 + j3\omega CR}$ [V]

$V_c = V \sqrt{1 + (3\omega CR)^2}$ [V]

## 問 5-28

(1) 単相負荷のリアクタンス $\dot{Y}$

$\dot{Y} = \dfrac{1}{10} + \dfrac{1}{j10} + \dfrac{1}{-j20}$

$\quad = 0.112 \angle -26.6°$ [S]

$\dot{I} = 200 / \sqrt{3} \times 0.112 \angle -26.6°$ [A]

$\quad = 12.91 \angle -26.6°$ [A]

$|\dot{I}| = 12.91°$ [A]

(2) $P_p = 200 / \sqrt{3} \times 12.91 \times \cos 26.6°$

$\quad = 1.33$ [kW]

$P = 3 \times 1.33 = 4$ [kW]

## 問 5-29

(1) $P = \sqrt{3}\, V_\ell\, I_\ell \cos\theta$ [W]

$Q = \sqrt{3}\, V_\ell\, I_\ell \sin\theta$ [Var]

$S = \sqrt{P^2 + Q^2} = \sqrt{3}\, V_\ell\, I_\ell$ [VA]

$S = \sqrt{2.4^2 + 3.2^2} = 4$ [kVA]

$S = 4 \times 10^3 = \sqrt{3} \times 200\, I$

$I = \dfrac{4 \times 10^3}{\sqrt{3} \times 200} = 11.55$ [A]

(2) 図1の回路の無効電力 $Q = 3.2$ [kvar] である．したがって $\Delta$ 接続した静電容量 $C$ [F] の無効電力が $Q_C = 3.2$ [kvar] であることが望まれる．

$Q_C = 3 \times \dfrac{200^2}{\dfrac{1}{2\pi 50\, C}}$

$\quad = 3 \times 200^2 \times 314\, C$ [var]

$37.7 \times 10^6\, C = 3{,}200$

$C = \dfrac{3{,}200}{37.7 \times 10^6} = 84.9 \times 10^{-6}$ [F]

$\quad = 84.9$ [$\mu$F]

## 問 5-30

(1) $\dot{Z} = 6 + j8 = 10\angle 53.1°$ [$\Omega$]

$I_1 = \dfrac{115.5}{10} = 11.55$ [A]

$I_2 = \dfrac{200}{r}$

$\dfrac{200}{r} = 11.55$

$r = \dfrac{200}{115.5} = 17.32$ [$\Omega$]

(2) Y 回路

$\dot{I}_p = \dfrac{115.5}{10\angle 53.1°} = 11.55\angle -53.1°$ [A]

$P_Y = 3 \times 6 \times 11.55^2 = 2.4$ [kW]

$r = 17.32$ [$\Omega$] より

$P_\Delta = 3 \times \dfrac{200^2}{17.32} = 6.93$ [kW]

$P = P_Y + P_\Delta = 2.4 + 6.93$

$\quad = 9.33$ [kW]

## 問 5-31

(1) $V_p = \dfrac{200}{\sqrt{3}} = 115.5$ [V]

$P = 3 \times \dfrac{115.5^2}{1} = 40$ [kW]

$Q = 3 \times \dfrac{115.5^2}{\dfrac{4}{3}} = 30$ [kvar]

(2) $Q' = 3 \times \dfrac{115.5^2}{\dfrac{2}{3}} = 60$ [kvar]

コンデンサ接続

$Q_C = 3 \times \dfrac{200^2}{\dfrac{1}{314\, C}}$

$(60 - 30) \times 10^3 = 3 \times 200^2 \times 314\, C$

$C = 796.2$ [$\mu$F]

## 問 5-32

(1) $X_L = \omega L$

$\quad = 314 \times 5 \times 10^{-3} = 1.57$ [$\Omega$]

$\dot{Z} = 5 + j1.57$

$\quad = 5.24\angle 17.4°$ [$\Omega$]

$\cos 17.4° = 0.95$，$\sin 17.4° = 0.3$

$I = \dfrac{115.5}{5.24} = 22.0$ [A]

$P = 3 \times 115.5 \times 22.0 \times 0.95$

$\quad = 7.24$ [kW]

(2) $Q_L = \sqrt{3}\, VI \sin\theta$

$\quad = \sqrt{3}\, V \cdot \dfrac{V}{\sqrt{3}\, Z} \cdot \dfrac{X}{Z}$

$\quad = \dfrac{X}{Z^2} V^2$ [var]

コンデンサの無効電力 $Q_C$

$Q_C = 3\omega C V^2$

$$3\omega CV^2 = \frac{V^2}{Z^2} X_L$$

$$C = \frac{\omega L}{3\omega \sqrt{R^2 + \omega^2 L^2}}$$

$$= \frac{L}{3\sqrt{R^2 + \omega^2 L^2}}$$

# 自習問題解答

## 6章　過渡現象
## 過渡現象の計算

### 問6-1

$R-C$直列回路における時定数 $\tau = RC$ [s] であることを念頭において選びましょう.

図4

### 問6-2

(5)

### 問6-3

(2)

### 問6-4

スイッチ S を投入後の定常状態では, コンデンサ $C$ [F] は充電され, 電流が流れない状態になっています. またインダクタンスの逆起電力は 0 であり, 短絡状態であります. 電源の負荷は $R_2$ と $R_3$ 並列接続であります.

よって,

$$I = \frac{V}{\dfrac{R_2 R_3}{R_2 + R_3}} = \frac{V \cdot (R_2 + R_3)}{R_2 R_3} \quad [\text{A}]$$

### 問6-5

(5)

### 問6-6

$R-C$ 直列回路の時定数は $\tau = RC$ [s] である.

$\tau = 1{,}000 \times 100 \times 10^{-6} = 0.1$ [s]

スイッチ S が閉じられる前にコンデンサに蓄えられていたエネルギーは

$$W = \frac{1}{2}CV^2 = \frac{1}{2} \times 100 \times 10^{-6} \times 1{,}000^2$$

$$= 50 [\text{J}]$$

であり, それらが S を閉じたことにより $R$ で消費される.

(2)

### 問6-7

(1)

### 問6-8

(3)

# 付録：理解しておこう／覚えておこう　基本法則と公式

## 直流回路

### ●オームの法則

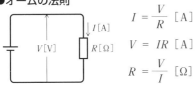

$$I = \frac{V}{R} \ [\mathrm{A}]$$

$$V = IR \ [\mathrm{A}]$$

$$R = \frac{V}{I} \ [\Omega]$$

### ●電　力

$$P = VI \ [\mathrm{W}]$$

$$P = RI^2 \ [\mathrm{W}]$$

$$P = \frac{V^2}{R} \ [\mathrm{W}]$$

### ●電力量

$$W = Pt \ [\mathrm{W \cdot h}] \quad \text{ワット時}$$

### ●キルヒホッフの法則

#### 電流則（第1法則）

節点において，流れ込む電流の和は流れ出る電流の和に等しい.

$$I = I_1 + I_2 + I_3 \ [\mathrm{A}]$$

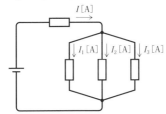

#### 電圧則（第2法則）

閉回路において，時計向き電圧の和は反時計向き電圧の和に等しい.

$$V = V_1 + V_2 + V_3 \ [\mathrm{V}]$$

### ●抵抗とコンダクタンス

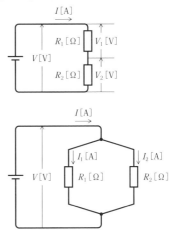

### 直列回路

$$R_t = R_1 + R_2 \ [\Omega]$$

$$I = \frac{V}{R_t} \ [\mathrm{V}]$$

### 並列回路

$$R_t = \frac{R_1 \times R_2}{R_1 + R_2} \ [\Omega]$$

$$I = \frac{V}{R_t} \ [\mathrm{V}]$$

$$G_1 = \frac{1}{R_1} \ [\mathrm{S}]$$

$$G_2 = \frac{1}{R_2} \ [\mathrm{S}]$$

$$G_t = G_1 + G_2 \ [\mathrm{S}]$$

$$I_1 = G_1 V \ [\mathrm{A}] \qquad I_2 = G_2 V \ [\mathrm{A}]$$

$$I = G_t V \ [\mathrm{A}]$$

## 直流回路

### ●分　圧

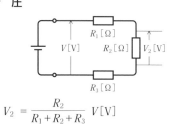

$$V_2 = \frac{R_2}{R_1 + R_2 + R_3}\, V\,[\mathrm{V}]$$

### ●分　流

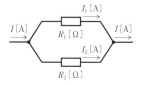

$$I_1 = I \times \frac{R_2}{R_1 + R_2}\,[\mathrm{A}]$$

$$I_2 = I \times \frac{R_1}{R_1 + R_2}\,[\mathrm{A}]$$

### ●ブリッジ回路の平衡条件

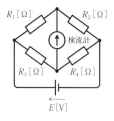

$$R_1 \times R_4 = R_2 \times R_3$$

$$\frac{R_1}{R_2} = \frac{R_3}{R_4}$$

### ●Δ－Y変換

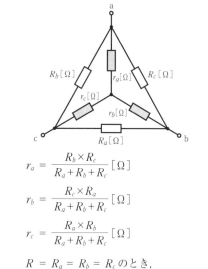

$$r_a = \frac{R_b \times R_c}{R_a + R_b + R_c}\,[\Omega]$$

$$r_b = \frac{R_c \times R_a}{R_a + R_b + R_c}\,[\Omega]$$

$$r_c = \frac{R_a \times R_b}{R_a + R_b + R_c}\,[\Omega]$$

$R = R_a = R_b = R_c$ のとき,

$$r = \frac{R}{3}\,[\Omega] \quad （\Delta-\mathrm{Y}\ 変換）$$

### ●Y－Δ変換

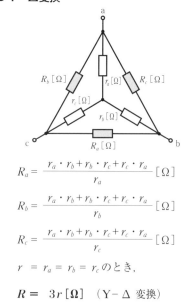

$$R_a = \frac{r_a \cdot r_b + r_b \cdot r_c + r_c \cdot r_a}{r_a}\,[\Omega]$$

$$R_b = \frac{r_a \cdot r_b + r_b \cdot r_c + r_c \cdot r_a}{r_b}\,[\Omega]$$

$$R_c = \frac{r_a \cdot r_b + r_b \cdot r_c + r_c \cdot r_a}{r_c}\,[\Omega]$$

$r = r_a = r_b = r_c$ のとき,

$$R = 3r\,[\Omega] \quad （\mathrm{Y}-\Delta\ 変換）$$

## 交流回路

### ●正弦波交流電圧
$v = V_m \sin(\omega t + \alpha)$ [V]

### ●正弦波交流電流
$i = I_m \sin(\omega t + \beta)$ [A]

### ●ラジアンと度数
$$\alpha\,[\text{rad}] \;\rightarrow\; \alpha \times \frac{180}{\pi}\ [°]$$

$$\beta\,[°] \;\rightarrow\; \beta \times \frac{\pi}{180}\ [\text{rad}]$$

### ●実効値と最大値
$$V = \frac{1}{\sqrt{2}} \times V_m = 0.707 \times V_m\,[\text{V}]$$

$$I = \frac{1}{\sqrt{2}} \times I_m = 0.707 \times I_m\,[\text{A}]$$

### ●平均値と最大値
$$V_a = \frac{2}{\pi} \times V_m = 0.637 \times V_m\,[\text{V}]$$

$$I_a = \frac{2}{\pi} \times I_m = 0.637 \times I_m\,[\text{A}]$$

### ●角速度と周波数
$$\omega = 2\pi f\,[\text{rad/s}]$$
$$f = \frac{\omega}{2\pi}\ [\text{Hz}]$$

### ●周波数と周期
$$f = \frac{1}{T}\ [\text{Hz}] \quad T = \frac{1}{f}\ [\text{s}]$$

### ●複素数の四則
$\dot{A} = a + jb = A\angle\alpha$
$\dot{B} = c + jd = B\angle\beta$

和 $\dot{A} + \dot{B} = (a + jb) + (c + jd)$
$\qquad = (a + c) + j(b + d)$

差 $\dot{A} - \dot{B} = (a + jb) - (c + jd)$
$\qquad = (a - c) + j(b - d)$

積 $\dot{A} \times \dot{B} = (A\angle\alpha) \times (B\angle\beta)$
$\qquad = A \times B \angle(\alpha + \beta)$

商 $\dfrac{\dot{A}}{\dot{B}} = \dfrac{A\angle\alpha}{B\angle\beta} = \dfrac{A}{B}\angle(\alpha - \beta)$

### ●リアクタンス

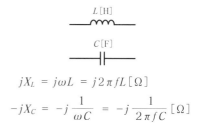

$$jX_L = j\omega L = j2\pi f L\,[\Omega]$$

$$-jX_C = -j\frac{1}{\omega C} = -j\frac{1}{2\pi f C}\,[\Omega]$$

### ●オームの法則

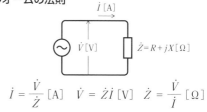

$$\dot{I} = \frac{\dot{V}}{\dot{Z}}\,[\text{A}] \quad \dot{V} = \dot{Z}\dot{I}\,[\text{V}] \quad \dot{Z} = \frac{\dot{V}}{\dot{I}}\,[\Omega]$$

### ●単相電力
力率 $= \cos\theta$，無効率 $= \sin\theta$
皮相電力 $S = VI = ZI^2\,[\text{V·A}]$
有効電力 $P = VI\cos\theta = RI^2\,[\text{W}]$
無効電力 $Q = VI\sin\theta = XI^2\,[\text{var}]$

### ●直列共振周波数
$$f_r = \frac{1}{2\pi\sqrt{LC}}\ [\text{Hz}]$$

### ●三相電力
力率 $= \cos\theta$，無効率 $= \sin\theta$
皮相電力 $S = 3V_p I_p$
$\qquad = \sqrt{3}\,V_\ell I_\ell\,[\text{V·A}]$
有効電力 $P = 3V_p I_p\cos\theta$
$\qquad = \sqrt{3}\,V_\ell I_\ell\cos\theta\,[\text{W}]$
無効電力 $Q = 3V_p I_p\sin\theta$
$\qquad = \sqrt{3}\,V_\ell I_\ell\sin\theta\,[\text{var}]$

## 直角三角形と三角比

### ●忘れないで sin, cos, tan

直角三角形が与えられたとき，$\sin\theta$，$\cos\theta$，$\tan\theta$ は辺の比で，

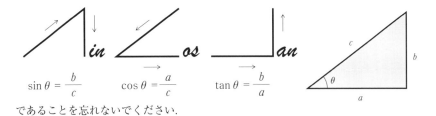

$$\sin\theta = \frac{b}{c} \qquad \cos\theta = \frac{a}{c} \qquad \tan\theta = \frac{b}{a}$$

であることを忘れないでください．

### ●直角三角形と辺の長さ

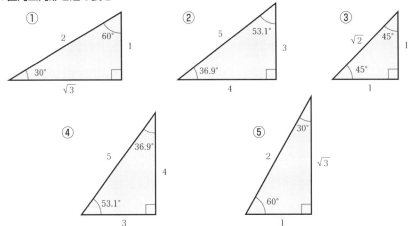

### ●直角三角形の三角比と sin, cos, tan の値

| 角度 | 0° | 30° | 36.9° | 45° | 53.1° | 60° | 90° |
|------|-----|------|-------|------|-------|------|------|
| sin | 0 | $\dfrac{1}{2}=0.5$ | $\dfrac{3}{5}=0.6$ | $\dfrac{1}{\sqrt{2}}\fallingdotseq0.707$ | $\dfrac{4}{5}=0.8$ | $\dfrac{\sqrt{3}}{2}\fallingdotseq0.866$ | $\dfrac{1}{1}=1$ |
| cos | 1 | $\dfrac{\sqrt{3}}{2}\fallingdotseq0.866$ | $\dfrac{4}{5}=0.8$ | $\dfrac{1}{\sqrt{2}}\fallingdotseq0.707$ | $\dfrac{3}{5}=0.6$ | $\dfrac{1}{2}=0.5$ | 0 |
| tan | 0 | $\dfrac{1}{\sqrt{3}}\fallingdotseq0.577$ | $\dfrac{3}{4}=0.75$ | $\dfrac{1}{1}=1$ | $\dfrac{4}{3}\fallingdotseq1.333$ | $\dfrac{\sqrt{3}}{1}\fallingdotseq1.732$ | $\infty$ |

## 三角関数の公式

### ●各象限におけるsin, cos, tan

| $\sin\theta$ | | | $\cos\theta$ | | | $\tan\theta$ | |
|:-:|:-:|---|:-:|:-:|---|:-:|:-:|
| $+$ | $+$ | | $-$ | $+$ | | $-$ | $+$ |
| $-$ | $-$ | | $-$ | $+$ | | $+$ | $-$ |

### ●余角の関係

$\sin(-\theta) = -\sin\theta$

$\cos(-\theta) = \cos\theta$

$\tan(-\theta) = -\tan\theta$

$\sin\theta = \cos(90°-\theta)$

$\cos\theta = \sin(90°-\theta)$

$\tan\theta = \cot(90°-\theta) = \dfrac{1}{\tan(90°-\theta)}$

### ●平方関係

$\sin^2\theta + \cos^2\theta = 1$

$1 + \tan^2\theta = \dfrac{1}{\cos^2\theta} = \sec^2\theta$

$1 + \cot^2\theta = \dfrac{1}{\sin^2\theta} = \operatorname{cosec}^2\theta$

### ●加法定理

$\sin(\alpha+\beta) = \sin\alpha\,\cos\beta + \cos\alpha\,\sin\beta$

$\sin(\alpha-\beta) = \sin\alpha\,\cos\beta - \cos\alpha\,\sin\beta$

$\cos(\alpha+\beta) = \cos\alpha\,\cos\beta - \sin\alpha\,\sin\beta$

$\cos(\alpha-\beta) = \cos\alpha\,\cos\beta + \sin\alpha\,\sin\beta$

$\tan(\alpha+\beta) = \dfrac{\tan\alpha + \tan\beta}{1 - \tan\alpha\,\tan\beta}$

$\tan(\alpha-\beta) = \dfrac{\tan\alpha - \tan\beta}{1 + \tan\alpha\,\tan\beta}$

### ●三角関数の合成

$a\sin\theta + b\cos\theta = \sqrt{a^2+b^2}\,\sin(\theta+\alpha)$

$$\text{ただし,}\quad \tan a = \dfrac{b}{a}$$

$\sin\alpha = \dfrac{b}{\sqrt{a^2+b^2}}$

$\cos\alpha = \dfrac{a}{\sqrt{a^2+b^2}}$

### ●三角関数間の関係

$\tan\theta = \dfrac{\sin\theta}{\cos\theta}$

$\cot\theta = \dfrac{\cos\theta}{\sin\theta} = \dfrac{1}{\tan\theta}$

$\sin(90°+\theta) = \cos\theta$

$\cos(90°+\theta) = -\sin\theta$

$\tan(90°+\theta) = -\cot\theta = -\dfrac{1}{\tan\theta}$

$\sin(90°-\theta) = \cos\theta$

$\cos(90°-\theta) = \sin\theta$

$\tan(90°-\theta) = \cot\theta = \dfrac{1}{\tan\theta}$

$\sin(180°-\theta) = \sin\theta$

$\cos(180°-\theta) = -\cos\theta$

$\tan(180°-\theta) = -\tan\theta$

$\sin(180°+\theta) = -\sin\theta$

$\cos(180°+\theta) = -\cos\theta$

$\tan(180°+\theta) = \tan\theta$

$\sin(270°-\theta) = -\cos\theta$

$\cos(270°-\theta) = -\sin\theta$

$\tan(270°-\theta) = \cot\theta = \dfrac{1}{\tan\theta}$

$\sin(270°+\theta) = -\cos\theta$

$\cos(270°+\theta) = \sin\theta$

$\tan(270°+\theta) = -\cot\theta = \dfrac{1}{\tan\theta}$

## 三角関数の公式

### ●2倍角の公式

$$\sin 2\theta = 2\sin\theta\cos\theta$$

$$\cos 2\theta = \cos^2\theta - \sin^2\theta$$

$$= 1 - 2\sin^2\theta$$

$$= 2\cos^2\theta - 1$$

$$\tan 2\theta = \frac{2\tan\theta}{1 - \tan^2\theta}$$

$$\sin^2\theta = \frac{1 - \cos 2\theta}{2}$$

$$\cos^2\theta = \frac{1 + \cos 2\theta}{2}$$

### ●余弦定理

$$a^2 = b^2 + c^2 - 2bc\cos A$$

$$b^2 = c^2 + a^2 - 2ca\cos B$$

$$c^2 = a^2 + b^2 - 2ab\cos C$$

$$\cos A = \frac{b^2 + c^2 - a^2}{2bc}$$

$$\cos B = \frac{c^2 + a^2 - b^2}{2ca}$$

$$\cos C = \frac{a^2 + b^2 - c^2}{2ab}$$

### ●積を和に直す公式

$$\sin\alpha\cos\beta = \frac{1}{2}\left\{\sin(\alpha+\beta) + \sin(\alpha-\beta)\right\}$$

$$\cos\alpha\sin\beta = \frac{1}{2}\left\{\sin(\alpha+\beta) - \sin(\alpha-\beta)\right\}$$

$$\cos\alpha\cos\beta = \frac{1}{2}\left\{\cos(\alpha+\beta) + \cos(\alpha-\beta)\right\}$$

$$\sin\alpha\sin\beta = \frac{1}{2}\left\{\cos(\alpha-\beta) - \cos(\alpha+\beta)\right\}$$

### ●和を積に直す公式

$$\sin A + \sin B = 2\sin\frac{A+B}{2}\cos\frac{A-B}{2}$$

$$\sin A - \sin B = 2\cos\frac{A+B}{2}\sin\frac{A-B}{2}$$

$$\cos A + \cos B = 2\cos\frac{A+B}{2}\cos\frac{A-B}{2}$$

$$\cos A - \cos B = -2\sin\frac{A+B}{2}\sin\frac{A-B}{2}$$

## 微分・積分の公式

### ●微 分

$y = k$（定数） → $y' = 0$

$y = x^n$ → $y' = nx^{n-1}$

$y = \sin x$ → $y' = \cos x$

$y = \cos x$ → $y' = -\sin x$

$y = \tan x$ → $y' = \dfrac{1}{\cos^2 x} = \sec^2 x$

$y = \log x$ → $y' = \dfrac{1}{x}$

$y = a^x$ → $y' = a^x \log a$

$y = e^x$ → $y' = e^x$

$$（ただし，\ y' = \frac{dy}{dx}\ ）$$

### ●積 分

$$\int a\,dx = ax + c$$

$$\int x^n dx = \frac{x^{n+1}}{n+1} + c \quad [\,n \neq -1\,]$$

$$\int \sin x\,dx = -\cos x + c$$

$$\int \cos x\,dx = \sin x + c$$

$$\int \sec^2 x\,dx = \tan x + c$$

$$\int \frac{1}{x}\,dx = \log |\,x\,| + c$$

$$\int a^x\,dx = \frac{a^x}{\log a} + c$$

$$\int e^x\,dx = e^x + c$$

$$\int \sin^2 x\,dx = \int \frac{1 - \cos 2x}{2}\,dx$$

$$\int \cos^2 x\,dx = \int \frac{1 + \cos 2x}{2}\,dx$$

$$（ただし，\ c\ は定数）$$

基礎から学ぶ 電気回路計算（第3版）

| 2008 年 5 月 20 日 | 第 1 版第1刷発行 |
| 2015 年 12 月 23 日 | 改訂2版第1刷発行 |
| 2023 年 11 月 9 日 | 第 3 版第1刷発行 |

著　者　永田博義
発行者　村上和夫
発行所　株式会社オーム社
　　　　郵便番号　101-8460
　　　　東京都千代田区神田錦町 3-1
　　　　電話　03(3233)0641(代表)
　　　　URL　https://www.ohmsha.co.jp/

© 永田博義 2023

組版 さくら工芸社　印刷・製本 三美印刷
ISBN 978-4-274-23084-4　Printed in Japan

**本書の感想募集** https://www.ohmsha.co.jp/kansou/

本書をお読みになった感想を上記サイトまでお寄せください．
お寄せいただいた方には，抽選でプレゼントを差し上げます．